U0259058

“十四五”国家重点出版物出版规划项目

基础科学基本理论及其热点问题研究

鲁海峰 陈善成 孙 林 等◎著

煤层底板岩体参数随机场及采动稳定可靠度研究

Study on Random Field of Coal Seam Floor Rock Parameters and Reliability of Mining Stability

中国科学技术大学出版社

内 容 简 介

本书主要将随机场与可靠度理论应用到煤层底板采动破坏与稳定可靠度的计算中，为底板水害防治提供理论依据。全书共分为10章，首先论述了有关概率论与随机变量等方面的基本理论，在此基础上引入随机场理论并对岩土参数的随机场建模进行阐述，最后对煤层底板采动稳定可靠度进行计算。本书注重将学科的基本理论与应用相结合，用基本原理作主线，贯穿全书，使得各部分内容有机联系，构成统一整体。

本书结构严谨、条理清晰、内容充实、深入浅出，可作为地质工程、采矿工程以及岩土工程等有关专业的参考用书，亦可供相关行业科研和生产人员参考。

图书在版编目(CIP)数据

煤层底板岩体参数随机场及采动稳定可靠度研究/鲁海峰等著. —合肥：中国科学技术大学出版社，2022.12

(基础科学基本理论及其热点问题研究)

"十四五"国家重点出版物出版规划项目

ISBN 978-7-312-05546-1

Ⅰ. 煤… Ⅱ. 鲁… Ⅲ. 煤层—岩石力学—研究 Ⅳ. TD823.2

中国版本图书馆CIP数据核字(2022)第235320号

煤层底板岩体参数随机场及采动稳定可靠度研究

MEICENG DIBAN YANTI CANSHU SUIJI CHANG JI CAIDONG WENDING KEKAODU YANJIU

出版 中国科学技术大学出版社

安徽省合肥市金寨路96号，230026

http://press.ustc.edu.cn

https://zgkxjsdxcbs.tmall.com

印刷 安徽国文彩印有限公司

发行 中国科学技术大学出版社

开本 787 mm×1092 mm 1/16

印张 12.25

字数 286千

版次 2022年12月第1版

印次 2022年12月第1次印刷

定价 98.00元

前言

我国煤炭资源非常丰富,成煤期多,储量大,分布广,煤种齐全,煤炭资源量和产量目前均居世界前列。在我国能源结构中,煤炭作为第一能源矿产的地位在今后相当长的时间内不会改变和动摇,煤炭在国民经济和国家经济及能源战略安全中仍然占据重要地位。

目前我国煤炭产量大部分来自华北煤田,近年来随着开采深度和开采规模的不断扩大,由煤层底板采动破坏导致其下部灰岩水突入回采工作面的威胁日益增大,极大地制约了矿井的安全生产。由于煤层底板岩体沉积环境不同和构造作用等原因造成了岩体参数具有明显的空间差异性,因此宜用随机场理论来描述,采用定值法研究底板采动破坏并不能够反映真实的安全度。目前大量学者将随机场理论引入到岩土工程研究中,但少有从随机场角度研究煤层底板力学参数空间变化规律,并以此为基础探讨煤层采动底板突水危险性和可靠度评估。为此,本书系统性地介绍了通过开展随机条件下的煤层采动数值模拟,研究底板岩体参数随机场建模及采动突水危险性和可靠度评估。

全书共分为10章,主要内容有绪论、随机事件与概率、随机变量及其分布特征、多维随机变量及其分布、随机变量的统计特性、随机场的基本理论、岩土参数随机场的表征、随机场的离散与模拟、煤层底板采动稳定可靠度计算、桃园煤矿10煤可靠度分析。本书是在总结笔者多年科研工作的基础上,结合本学科研究现状和发展前沿编写的,同时反映了笔者的最新研究成果。为便于读者在工程中将实践与随机场理论方法相结合,本书在论述的过程中,给出了大量实例以及实例求解的MATLAB、Python源程序,便于读者理解和掌握。

全书编写分工如下:第2章、第3章由安徽理工大学李茹编写,第4章、第6.1节由安徽省煤田地质局勘查研究院陈善成编写,第5章、第10.1和10.2节由安徽省煤田地质局第三勘探队孙林编写,第8章由安徽理工大学孟祥帅编写,其余由安徽理工大学鲁海峰编写。鲁海峰对全书进行了统稿。值得指出的是,本书的成稿绝非一二人之功,淮河能源煤业公司贺世芳,淮北矿业集团公司庞迎春、胡杰、倪金虎、金学良、张治、把其欢,皖北煤电集团公司吴玉泉、解建以及中勘资源勘探科技股份有限公司年宾等为本书的编写提供了宝贵的资料,并提出了修改意见,在此致以诚挚的谢意。此外,安徽理工大学科研部张平松、地球与环境学院刘启蒙、姚多喜、吴基文、吴荣新、许光泉、赵志根等领导、老师对本书的顺利编写与出版提供了大量的帮助,在此一并予以感谢。中国科学技术大学出版社为本书的出版提供了支持,安徽理工大学地质工程硕士研究生李慧颖、张丽雯、宋涛、祝绍猛、刘阳、宁明诚、王天皓、陈小艳等在图表制作以及数据的整理上做了大量的工作,在此一并致谢。

本书的出版得到了国家自然科学基金"随机溶孔-裂隙网络地质建模及其渗透特性研究"(41977253)的资助,还得到了安徽省高等学校自然科学研究重大项目(KJ2019ZD11)的资助,谨表衷心感谢!

由于时间仓促,加之笔者水平有限,书中可能还存在不少问题,敬请读者不吝指教。

鲁海峰

2022年6月

目 录

第1章　绪　论

1.1　研究背景及意义

煤炭是重要的化石能源之一，在我国能源结构中占据主体地位，且在相当长的时期内不会改变。煤炭的安全高效开采是关系到国计民生的大事[1-3]。目前我国煤炭大部分来自华北煤田。近年来随着开采深度和开采规模的扩大，下部承压含水层灰岩水对煤层开采威胁日益增大[4]，严重影响着矿井的生产效率以及人员生命财产安全。据相关统计，近年来我国共发生各类矿井水害事故1400余起，死亡近6000人，经济损失高达35亿元[5-6]。在已发生的重大突水事故中，绝大部分是由煤层底板灰岩水突入回采工作面造成的，如何实现承压水上安全采煤一直是当前研究的热点问题。几十年来，众多学者从多维度采用多方法对底板防治水进行研究，并取得了丰硕成果，提出了"突水系数"[7]"关键层"[8]"原位张裂与零位破坏"[9]"递进导升"[10]"板模型"[11]和"下三带"[12]等理论学说，从各个方面揭示了底板突水发生的机理，对矿井安全生产起到了重要的指导作用。但由于岩体介质的复杂性和岩体力学参数的随机性，煤层底板突水预测预报研究一直得不到质的突破，重大突水事故仍时有发生。目前，底板采动破坏分析的常用方法主要有理论计算、现场实测、数值模拟和相似模拟等[13-18]。纵观这些方法，理论计算法不但需要以现场实测数据作为基础，而且为简化计算还需进行诸多假设，故结果往往与实际存在较大误差；现场实测虽然是目前获得底板破坏深度最准确、最可靠的一种方法，但该方法受限于地质环境，实施较为复杂；相似模拟是对现场环境的室内还原，可靠度较高，但成本大，不宜大量使用。数值模拟计算简单，成本较低，且不受外界环境影响，在煤矿底板水害防治研究中已日益成为主要方法之一。但在数值模拟中，因材料参数、边界条件的限制，计算结果往往也不符合实际，如何使数值模型的参数条件、应力条件及边界条件等与现场实际条件达到最大的一致性一直是众多学者努力研究的方向。单独从模型岩体力学参数的角度看，一般情况下，为便于处理，大多数学者都将岩层视为均质各向同性体来进行研究，由此将岩体参数直接定为固定值，但在实际情况下，岩土体由于矿物组成、沉积环境和构造作用等不同而具有不同程度的差异，岩土参数在空间上具有变异性。研究表明，岩土体根据其空间变异性可分为各向同性岩土体和各向异性岩土体[19]，如图1.1所示。岩土体的空间变异性是岩土参数随机性的主要来源，同一层岩体的不同位置岩体参数也可能有较大差异，若在数值模拟中直接忽略岩体参数的空间变异性、随机性容易导致研究结果与实际结果相差较大。因此，如何准确地描述岩土参数的空间变异性并将其与数值模拟软件进行耦合,对于有效采用数值模拟手段解决岩土工程问题具有重要意义。针对这一问题,从岩体参数随机性的角度出发,依据现场及室内试验数据,基于随机场理论建立岩体参数随机场模型,将参数随机场与数值模拟软件进行耦合,从岩体参数方面最大程度保证数值软件对实际情况的反映,而后运用随机有限元从应力场方面进行可靠度计算与分析,这一方面目前前人所做的工作还较少,且多数研究针对于边坡、地基等浅表工程[20-24],在底板岩体随机场建模方面尚未开展相关工作。

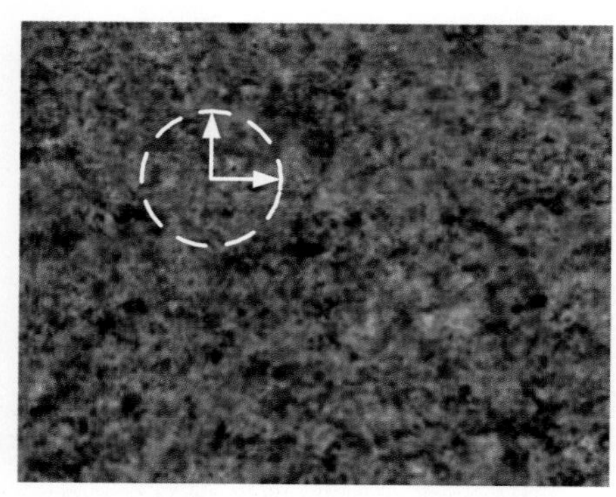

(a) 各向同性岩土体　　(b) 各向异性岩土体

图 1.1　天然岩土体的空间变异性[20]

本书针对煤层底板进行随机场建模与采动可靠度研究,旨在更加准确地模拟煤层采动下底板破坏情况,评估底板突水危险性,为煤矿底板水害防治工作提供参考依据。本书依托于国家自然科学基金资助项目"随机溶孔-裂隙网络地质建模及其渗透特性研究(No:41977253)",运用随机场理论进行了多方法随机场离散和模拟,选取最优方法模拟随机场,开展了随机有限元条件的煤层采动稳定可靠度研究,最后将研究结果应用于淮北矿业集团桃园煤矿主采煤层10煤底板,对其参数随机场特征进行研究,并对煤层采动可靠性进行了评价。研究成果可以为煤矿安全开采提供依据。

1.2　国内外研究现状

本书主要研究基于随机有限元条件下的煤层底板采动稳定可靠度,研究内容主要涉及煤层底板岩体参数随机场建模及采动稳定可靠度计算理论与方法,其研究现状如下。

1.2.1　随机场研究现状

随机性和不确定性是自然界的普遍现象,也是科学和工程技术中经常碰到的问题,其根源来自自然和社会现象的复杂性以及现有理论模型和我们认知能力的局限性[25],正是由于这个原因,随机过程引起了学者的广泛研究并取得了大量研究成果,在物理化学、机械电气、生物医药和社会金融等多类学科中获得了广泛应用，在科技研究中发挥着越来越重要的作用。随机过程理论引入岩土工程中的时间较晚。人们最初研究岩土参数不确定性问题时，将岩土力学参数视为不确定的变量，以随机变量模型处理，变量服从一定的概率分布，单个变量的分布利用边缘概率密度函数描述[26]，很多数据资料和假设检验结果都表明，正态分布适宜描述岩土体特性参数。Lumb[27]，Christakis[22]分别对土体强度参数进行了假设检验，均得出试验参数服从正态分布。但正态分布会出现负值，与实际不符。为规避这一缺点，一些学者引入其他分布类型，Lumb[27]认为beta分布在描述不排水抗剪强度和内摩擦角的变异性方面优于正态分布；陈立宏等[28]对水利工程中抗剪强度试验资料进行KS检验，结果表明一般情况下的抗剪强度指标都服从对数正态分布；在前人对岩土体参数的分布类型有了清晰的认识后，Leemis[29]，Bhattacharya[30]，Houmadi[20]，刘勇[31]等均基于随机变量模型对岩土体参数的不确定性进行了研究。然而，大量的工程实践表明，随机变量模型并不能真实地反映岩土介质本身所具有的空间变异性和自相关性。随着研究的深入，随机场理论应运而生，随机场是随机过程在空间域上的推广。将土体剖面视为具有自相关结构特性的空间坐标随机函数，以此描述和模拟土体参数，这一方法显得更加科学合理[32]，且在工程实践中有些不确定性因素必须采用随机场模型才能较好地反映实际情况。随机场理论初步形成于20世纪70年代。1971年，Cornell首先提出把土层看成是随机场，开启了土性参数空间变异性研究的新篇章；1975年，Lumb首次提出土的空间变异性概念；1977年，Vanmarcke[33]首次提出了土层剖面的随机场模型，提出用齐次正态随机场来模拟土性剖面，用方差折减系数、相关函数、相关距离来描述土体的空间变异性，把点的变异性和空间变异性联系起来。Vanmarcke还引入了相关距离的概念，指出在相关距离内，土性参数具有相关性；在相关距离外，土性可视为不相关。1983年，Vanmarcke[25]出版了专著*Random Field：Analysis and Synthesis*。该书成为了工程科学和工程技术领域最早系统介绍随机场理论和应用的专著，自此随机场理论的基础逐渐趋于完善。土工随机场开始被广大研究者所引用。大量学者进行了相关研究，Fenton和Vanmarcke[34]认为土体参数相关距离取决于土体沉积过程中的地质作用。Jaksa[35]，Connor[36]，Meek[37]等学者对实测数据岩土体参数的波动范围进行了详细的统计分析，使其计算与评价方法日趋完善。在国内，冷伍明[38]改进了相关距离计算的递推空间法程序。罗书学[39]对相关函数法计算相关距离的方法、函数形式选择、拟合范围等问题进行了探讨，得出了一般土层相关距离的分布范围。李小勇等[40]根据工程勘察资料和室内强度试验，分析了太原典型黏土强度指标的空间变异性，并对比分析了不同方法求得的参数相关距离。韩宪军[41]在土性相关距离的计算中考虑了统计不确定性，并探讨了它对计算结果的影响。阎澎旺等[42]探讨了相关距离不同计算方法的差异。汪莹鹤[43]、林军等[67]以及郭林坪[23]等分别利用静力触探锥尖阻力资料对中国广东沿海软土、江苏中部海相黏土以及天津沿海黏土的相关距离等随机场特性进行了系统研究，并对该地区软土参数空间变异性进行了统计归纳。

在随机场离散与模拟方面，主要有以下六种方法：① 移动平均法（MA）；② 离散傅里叶变换法（DFT）；③ 协方差矩阵分解法（CMD）；④ 循环嵌入法（EMD）；⑤ 转动条带法（TBM）；⑥ 局部平均细分法（LAS）。总的看来，MA法和DFT法精度较高，但效率过低；CMD法虽然精度很高，但对协方差矩阵阶数的限制比较严格，阶数过高时，效率大幅度降低;EMD法是近些年兴起的一种随机场模拟方法,其计算精度高,计算速度快,因此使用面也越来越广。DFT法虽精度也较高,也可以模拟各向异性随机场,但相对复杂,应用简便性低;TBM法继承了DFT法的精度和效率,在模拟精度要求不高时,可以极大地提高模拟效率,然而模拟高维随机场却与真实情况不符;LAS法和上面所提方法相比是基于完全不同的模拟概念而得到的,精度和效率虽略低于EMD法和TBM法,但应用简便性较高,而且有利于同有限元结合进行数值计算,因此在岩土工程中应用较为理想。大量学者在随机场模拟方面做过研究并取得了良好的研究成果,Vanmarcke[25]在随机场模型中首次提出了局部平均的概念,并建立了一维、二维、三维随机场的局部平均离散法。苏成等提出了用于二维随机场离散的任意八节点曲边单元,并给出基于该单元随机场局部平均的二阶统计特性的计算方法。王涛[44]提出了用于二维随机场离散的三角形单元局部平均法,给出了三角形单元局部平均随机场协方差矩阵计算的解析解和数值解,并与传统的四边形单元里离散法进行了对比。林道锦[45]用随机场模型描述随机结构参数的空间变异特征,讨论了可靠度随机有限元分析中随机场的离散方法,提出了选择随机场离散方案的4个基本要求,得出了线性回归理论建立的随机场离散方案比其他方法有更大的灵活性和更高的效率的结论。蒋国明[46]等基于岩土工程中土性复杂性、空间性和边界无限元特性,提出一种三维随机场离散的综合法,并对地基建立随机有限元-无限元耦合模型,进行基础沉降计算分析。

1.2.2　可靠度理论研究现状

可靠度理论的研究始于20世纪上半叶,但最开始是应用于电子、航空工业。当时主要是围绕飞机失效进行研究的[47]。第二次世界大战中,德国曾用可靠度方法分析火箭。50年代开始,美国国防部专门建立了可靠度研究机构,对一系列可靠度问题进行研究,随着研究的深入,矿业、机械、建筑等领域开始引入可靠度理论进行分析研究,并取得了良好的成果。

Freudenthal于1946年发表了《结构的安全度》一文,自此学者们开始集中讨论可靠度在结构设计中的应用。同期,苏联的尔然尼钦提出了一次二阶矩理论的基本概念和计算结构失效概率的方法及对应的可靠指标公式。但此后一段时间内可靠度相关研究仍都局限于古典概型理论,设计中随机变量完全为其均值和标准差所确定。此后,Ang[48]发展了Freudenthal的工作,对各种结构的不确定性进行了分析,并与Tang合著了《工程规划合乎设计中的概率概念》一书。Cornell在1969年提出了与结构失效概率相联系的可靠指标β作为衡量结构安全度的一种统一数量指标,并建立了结构安全度的二阶矩模式[49]。1971年,Smith在《土木工程中的概率统计学(导论)》一书中的可靠度理论涉及岩土结构的计算问题,二阶矩可靠度方法开始被引入到岩土工程研究中。我国从20世纪50年代开始开展了极限状态设计方法和研究工作,50年代中期,采用了苏联提出的极限状态设计方法。60年代,土木工程界广泛开展结构安全度的研究与讨论。70年代开始在建筑结构领域开展结构可靠度理论和应用研究工作,并把半经验、半概率方法应用到工业与民用建筑、水利水电工程、港口工程、公路桥梁和铁路桥梁六种有关结构设计的规范中。对工程结构可靠度的研究,中国土木工程学会桥梁和结构工程学会成立了结构可靠度委员会,从1987年起全国工程结构可靠度学术会议已经成功举办了四届，同时，相应的国内期刊也发表了许多关于工程结构可靠度的研究论文，标志着可靠度研究在我国仍然保持良好的发展趋势。与此形成鲜明对照的是，岩土工程领域可靠性研究的进程相对缓慢，造成这一局面的原因是多方面的，其中最主要的原因是岩土材料的特点以及岩土工程的特点，即研究对象（岩、土）自身的天然性、不确定性、失效准则的复杂性以及工程规模大、衡量尺度小等原因。

自Cassgrand在1956年论述了土木工程和基础工程中计算风险问题开始，岩土工程可靠度理论研究已有60余年的研究历史，并取得了很大进展和大量研究成果。可靠度理论在海洋平台土坡稳定以及挡土墙设计、桩基基础工程、边坡工程等方面得到广泛应用。Baker对近海结构物的可靠性分析做了一般性的论述。Wuetal针对近海场地勘察及沙土的抗剪强度问题做了概率分析。Powrie在传统极限平衡分析中，对挡土墙应力计算中的土性参数和挡土墙的安全系数的选取进行了研究分析。Smith利用概率理论方法对嵌入式悬臂挡土墙的安全度进行了计算。高大钊对桩基础的可靠性进行了系统的研究。傅旭东在其博士论文中对钻孔灌注桩可靠度理论研究和工程应用做了许多工作。可靠性理论在边坡工程中的应用则要晚一些。70年代初，有关学者开始运用可靠度理论来分析土坡稳定的概率问题。Alonso，Catalan分别用概率统计方法分析了敏感性土坡的风险和土坡稳定的可靠度。Husein等系统地研究了边坡可靠度分析方法；Gui等对边坡在考虑渗流作用下的稳定概率进行了一定的研究。我国国内岩土工程领域可靠度研究起步较晚，20世纪70年代，我国在编制土木工程有关规范时，对结构安全度问题进行了大量的调查研究工作，为后续理论系统建立和完善提供了基础。自80年代以来我国学者在结构安全度方面的研究开始有了较大进展，一大批结构可靠度理论的专著和研究成果涌现，尤其是在边坡稳定可靠度问题上做了大量工作，祝玉学[50]的著作对此进行了较为系统的总结。此后可靠度理论被逐渐应用到地基、地下工程中，李亮[51]等基于极限平衡理论应用随机规划的区间概率法求取了边坡承载力的可靠度指标；谢立全[52]等在考虑土体空间变异性的基础上结合强度折减法和蒙特卡罗模拟，运用随机有限元对土石坝坡稳定可靠度进行了研究；刘春元[53]对岩体参数空间随机场的特性进行了研究，并运用GIS研制开发了“建筑地基地理信息系统”；王丽[54]针对岩土参数随机场对钻孔灌注桩基础的可靠性进行了分析，并给出了不同情况下极限方程的求解方法；陈东方[55]基于随机有限元理论对层状岩体失稳风险进行研究，将参数随机场与FLAC3D进行耦合，模拟了层状岩体洞室失稳过程并给出了优化建议。

1.3 存在的问题

（1）岩土工程现场试验数据十分有限，尤其对于深部岩体力学参数而言，通过大规模的现场原位试验获取大量的试验数据是不现实的。目前常采用的方法是通过相同岩性的数据进行推断或取样进行室内试验，如何采用有限的岩石力学参数结果来表征区域岩体力学参数仍是一个重要研究方向。

（2）煤层底板随机场建模工作目前研究较少，高深度地下岩体能否用常规随机场理论进行描述，这是一个问题。随机场的离散方法多样，需要比较各种方法的优缺点及适用性，得出最适合底板岩体随机场离散的方法。

(3) 底板采动稳定可靠度研究成果较少，目前依据参数定值法进行力学分析、理论计算、数值模型的研究成果较少，同时结合岩体力学参数随机场的底板可靠度的数值计算等研究目前尚未有学者开展。

1.4 研究内容与技术路线

(1) 随机过程与随机场相关理论的研究。包括随机过程与随机场的基本性质、高斯随机过程、随机场的平稳性及各态历经性检验、随机场的方差折减函数和相关函数、相关距离的求解方法以及随机场离散与模拟的基本原理和应用方法等。

(2) 编写岩体参数随机场离散与模拟程序，对比局部平均法、移动平均法、循环嵌入法和协方差矩阵分解法实现二维高斯随机场离散的具体步骤与优缺点，确定最优化的随机场离散与模拟方法、简化岩土参数随机场的计算生成过程，尝试将其应用于具体矿区底板岩体参数随机场的模拟研究中。

(3) 利用蒙特卡罗模拟方法进行采动稳定可靠度研究，分析评价底板岩体突水危险性。开展基于随机有限元的采动稳定可靠度数值模拟，设计固定值参数和随机场、随机变量与随机场、不同岩性组合、不同竖向相关距离四种情况下的采动稳定可靠度模拟试验，对比模拟结果，评价底板采动稳定可靠度。

(4) 将研究结果应用于具体工程实例，分析实际问题中随机场理论的应用及上述模拟方案得到的结论对实际工程的指导作用，运用上述理论方法研究实例工程的煤层采动底板稳定可靠度，并与传统突水系数法进行对比，总结一般性规律为新的工程实践服务。

本书的技术路线如图1.2所示。

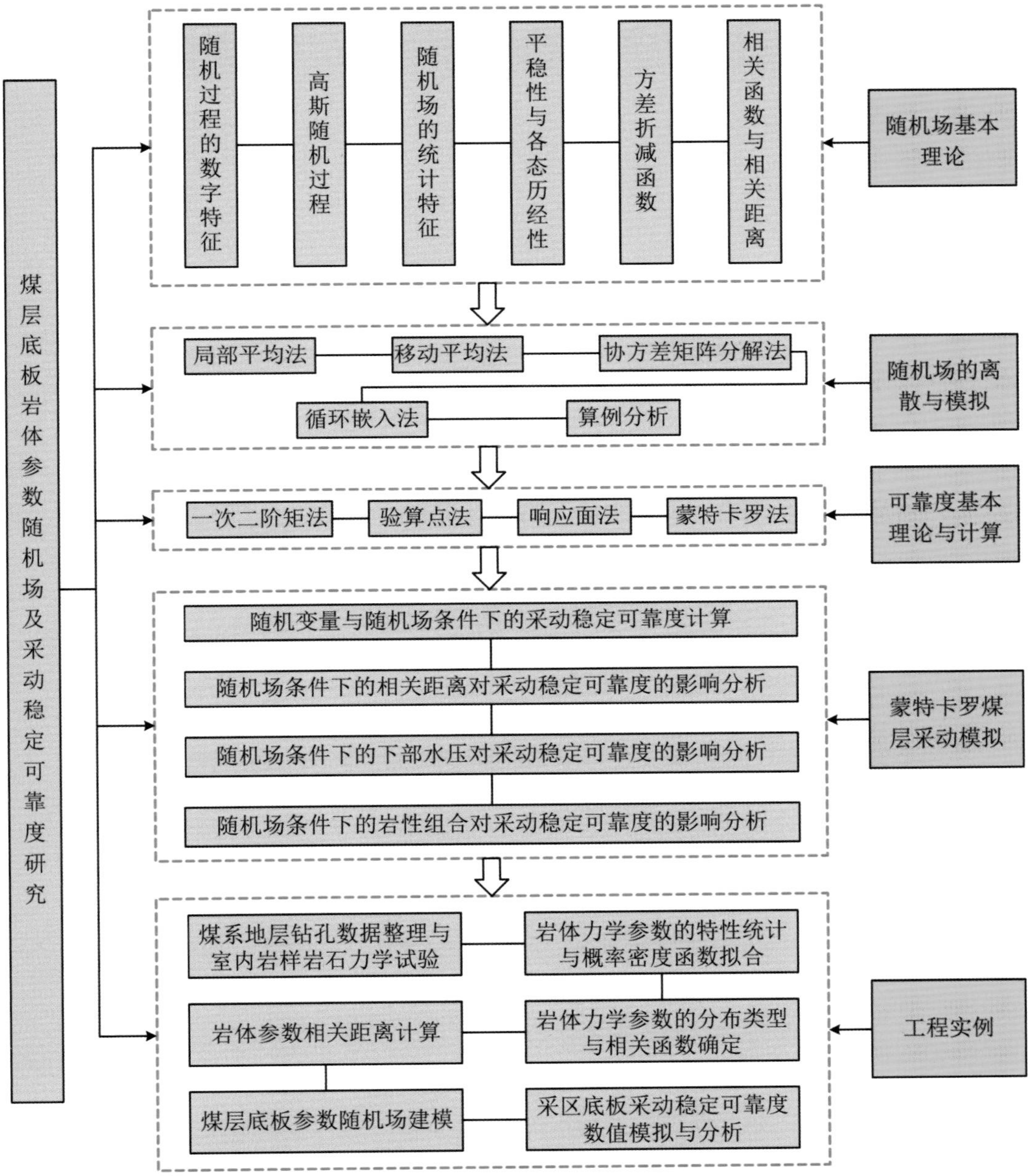

煤层底板岩体参数随机场及采动稳定可靠度研究

随机场基本理论

随机过程的数字特征
高斯随机过程
随机场的统计特征
平稳性与各态历经性
方差折减函数
相关函数与相关距离

随机场的离散与模拟

局部平均法
移动平均法
协方差矩阵分解法
循环嵌入法
算例分析

可靠度基本理论与计算

一次二阶矩法
验算点法
响应面法
蒙特卡罗法

蒙特卡罗煤层采动模拟

随机变量与随机场条件下的采动稳定可靠度计算
随机场条件下的相关距离对采动稳定可靠度的影响分析
随机场条件下的下部水压对采动稳定可靠度的影响分析
随机场条件下的岩性组合对采动稳定可靠度的影响分析

工程实例

煤系地层钻孔数据整理与室内岩样岩石力学试验
岩体力学参数的特性统计与概率密度函数拟合
岩体力学参数的分布类型与相关函数确定
岩体参数相关距离计算
煤层底板参数随机场建模
采区底板采动稳定可靠度数值模拟与分析

图 **1.2** 技术路线图

第2章　随机事件与概率

2.1 随机现象

自然界和社会上发生的现象是多种多样的。在观察、分析、研究各种现象时，通常我们将它们分为两类：

（1）在一定条件下必然出现的现象。例如，在标准大气压下，纯水加热到100℃必然沸腾；向空中抛掷一颗骰子，骰子必然会下落；在没有外力作用下，物体必然静止或做匀速直线运动；太阳每天必然从东边升起，西边落下，等等，我们称这一类现象为确定性现象或必然现象。

（2）在一定条件下，我们无法准确预知其结果的现象称为随机现象（或偶然现象）。例如，在相同条件下，抛掷一枚硬币（表2.1），其结果可能是正面朝上，也可能是反面朝上，并且在每次抛掷之前无法确定抛掷的结果是什么。

表2.1　抛掷硬币试验

试验者	抛掷次数	正面次数	正面频率
DeMorgan	2048	1061	0.5181
Buffon	4040	2048	0.5069
PearsonK	12000	6019	0.5016
PearsonK	24000	12012	0.5005

2.2 随机试验

人们经过长期实践和深入研究之后，发现随机现象在个别试验中，偶然性起着支配作用，呈现出不确定性，但在相同条件下的大量重复试验中，却呈现出某种规律性。随机现象的这种规律性我们称为统计规律性。概率论与数理统计是研究和揭示随机现象的统计规律性的一门数学学科。

为了对随机现象的统计规律性进行研究，就需要对随机现象进行重复观察，把对随机现象的观察称为随机试验,随机试验简称试验,记为E。

随机试验具有以下特点:

(1) 可重复性:可以在相同条件下重复进行;

(2) 可观察性:每次试验的可能结果不止一个,但是事先明确试验的所有可能结果;

(3) 不确定性:进行一次试验之前不能确定哪一个结果会出现。

注 这类的随机试验称为可重复的随机试验。

2.3 样本空间

我们把随机试验的每一种可能的结果称为一个样本点,记为ω,它们的全体称为样本空间,记为Ω。

试验的样本空间的实例:

E_1:抛一枚硬币,观察正面H、反面T出现的情况。则样本空间为

$$\Omega_1=\{H,T\}$$

E_2:将一枚硬币抛掷三次,观察正面H、反面T出现的情况。则样本空间为

$$\Omega_2=\{HHH,HHT,HTH,THH,HTT,THT,TTH,TTT\}$$

E_3:将一枚硬币抛掷三次,观察正面H出现的次数。则样本空间为

$$\Omega_3=\{0,1,2,3\}$$

2.4 随机事件

样本空间中某些样本点组成的集合称为随机事件,简称事件。用英文大写字母A,B,C表示事件。事件是样本空间的子集。

设A是一个事件,当且仅当试验中出现的样本点$\omega\in A$时,称事件A在该次试验中发生。

E:在一大批电视机中任意抽取一台,测试其寿命;

$W=\{t|t\geqslant 0\}$中,若测试出电视机的寿命$t=11000$小时,则事件"电视机为合格品"$=A=\{t|t>10000\}$在该次试验中发生;同样地,若测试出电视机的寿命$t=6000$小时,则在该次试验中事件A没有发生。

显然,要判定一个事件是否在一次试验中发生,只有当该次试验有了结果以后才能知道。

基本事件:由单个样本点组成的事件。

事件的分类:

(1) 随机事件:在试验中可能发生也可能不发生的事件。通常用字母A,B,C表示。

(2) 必然事件:在每次试验中都必然发生的事件。用字母Ω或S表示。

(3) 不可能事件:在任何一次试验中都不可能发生的事件。用$\varnothing$表示。

必然事件与不可能事件都是确定性事件,为方便讨论,今后将它们看作是两个特殊的随机事件。

例 2.1 对于试验E_2:将一枚硬币抛掷三次,观察正面H、反面T出现的情况。

(1) 事件A_1:“第一次出现的是正面H”,则

$$A_1=\{HHH,HHT,HTH,HTT\}$$

(2) 事件A_2:“三次出现同一面”,则

$$A_2=\{HHH,TTT\}$$

(3) 事件A_3:“出现二次正面”,则

$$A_3=\{HHT,HTH,THH\}$$

2.5 事件间的关系

事件是一个集合,因而事件间的关系与事件的运算自然按照集合论中集合之间的关系和集合运算来处理。根据“事件发生”的含义,下面给出事件的关系在概率论中的提法和含义。

事件的关系:

1. 包含关系

若属于A的样本点必属于B,则称事件B包含事件A,记为$A\subset B$(图2.1)。即事件A发生必然导致事件B发生。

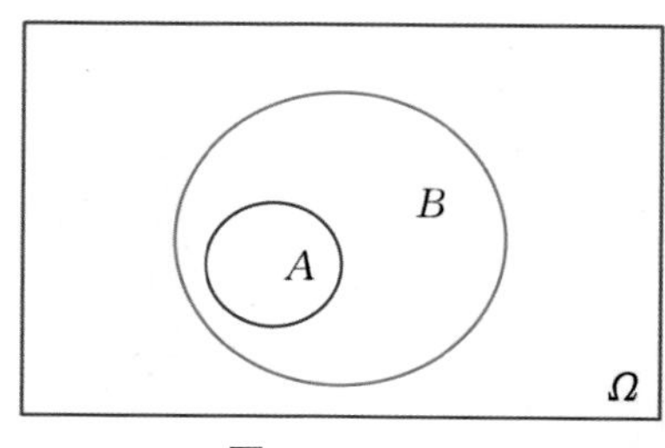

图 2.1 $A\subset B$

2. 相等关系

若属于A的样本点必属于B,且属于B的样本点必属于A,则称事件A与事件B相等,记为$A=B$。

$$A=B\Leftrightarrow A\subset B \text{ 且 } B\subset A$$

例 2.2 抛两粒骰子,A=“两粒骰子点数之和为奇数”,B=“两粒骰子的点数为一奇一偶”,则事件A发生必然导致B发生,而且B发生必然导致A发生,所以$A=B$。

3. 互不相容

若事件A与事件B没有相同的样本点,则称事件A与B互不相容(或互斥)。

A与B互不相容，即事件A与事件B不可能同时发生(图2.2)。

$$A\text{与}B\text{互不相容} \Leftrightarrow A\cap B=\varnothing \Leftrightarrow AB=\varnothing$$

基本事件互不相容。

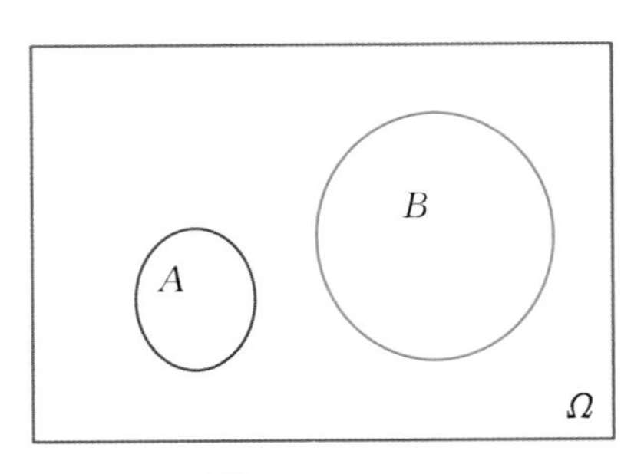

图2.2　$AB=\varnothing$

2.6　事件的运算

1. 事件的并

由事件A与B中所有样本点(相同的样本点只计入一次)组成的新事件称为事件A与B的并或和(图2.3)。

$$A\cup B=\{x|x\in A\text{或}x\in B\}$$

当且仅当A,B中至少有一个发生时，事件$A\cup B$发生。

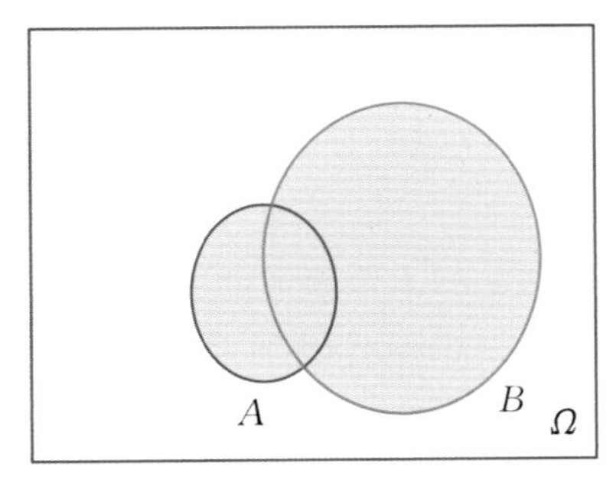

图2.3　$A\cup B$

例2.3　抛一粒骰子，事件A="出现点数不超过3"，B="出现偶数点"。则$A=\{1,2,3\}$，$B=\{2,4,6\}$。所以，$A\cup B=\{1,2,3,4,6\}$。

在MATLAB命令窗口键入：

```
>> A=[1 2 3]
>> B=[2 4 6]
>> union(A,B)
```

回车后显示结果为

```
ans =
      1   2   3   4   6
```

例 2.4 有两门火炮同时向一个目标各射击一次，设 A 表示甲火炮击中目标，B 表示乙火炮击中目标，C 表示目标被击中，则 C 意味着事件 A 或 B 至少有一个发生，即

$$C=A\cup B$$

2. 事件的交

由事件 A 与 B 中公共的样本点组成的新事件称为事件 A 与 B 的交或积。

$$A\cap B=AB=\{x|x\in A\text{ 且 }x\in B\}$$

当且仅当 A 与 B 同时发生时，事件 AB 发生。

显然，若 $A\subset B$，则 $A\cup B=B$，$AB=A$。

例 2.5 抛一粒骰子，事件 $A=$“出现点数不超过3”，$B=$“出现偶数点”。则 $A=\{1,2,3\}$，$B=\{2,4,6\}$。所以，$A\cap B=\{2\}$。

在MATLAB命令窗口键入：

```
>> A=[1 2 3]
>> B=[2 4 6]
>> intersect(A,B)
```

回车后显示结果为

```
ans =
      2
```

类似地，n 个事件 $A_1,A_2,\cdots,A_n$ 同时发生这一事件称为事件 $A_1,A_2,\cdots,A_n$ 的积事件（交事件），记作 $A_1A_2\cdots A_n$ 或

$$\prod_{i=1}^{n}A_i=\bigcap_{i=1}^{n}A_i$$

3. 事件的差

由属于事件 A 而不属于事件 B 的样本点组成的新事件称为事件 A 对 B 的差（图2.4）。

$$A-B=\{x|x\in A\text{ 且 }x\notin B\}$$

当且仅当 A 发生，而 B 不发生时，事件 $A-B$ 发生。

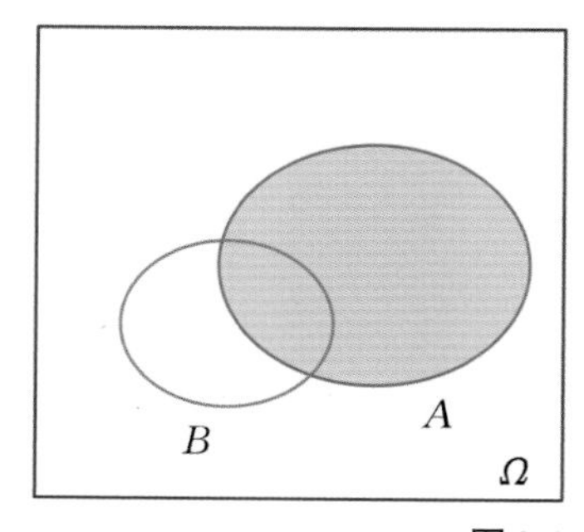

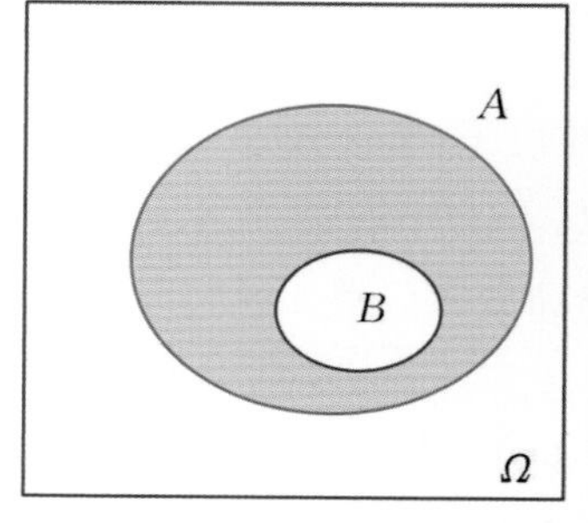

图2.4 $A-B$

例 2.6　抛一粒骰子,事件A=“出现点数不超过3”,B=“出现偶数点”。则$A=\{1,2,3\}$,$B=\{2,4,6\}$。所以,$A-B=\{1,3\}$。

在MATLAB命令窗口键入:

```
>> A=[1 2 3]
>> B=[2 4 6]
>> setdiff(A,B)
```

回车后显示结果为

```
ans =
        1    3
```

问:$B-A=?$

$A-B$是由属于A但不属于B的样本点组成的集合。

4. 对立事件

由在样本空间Ω中而不在A中的样本点组成的事件称为A的对立事件或逆事件。

$$事件A与B互为对立事件 \Leftrightarrow A\cup B=\Omega 且 A\cap B=\varnothing$$

A的对立事件记作$B=\bar{A}$。

显然,$\bar{A}=\Omega-A$,$A-B=A\bar{B}=A-AB$。

例 2.7　抛一粒骰子,事件A=“出现点数不超过3”。则$A=\{1,2,3\}$,而$\Omega=\{1,2,3,4,5,6\}$。所以,$\bar{A}=\{4,5,6\}$。

事件B是事件A的对立事件(或逆事件)是指事件A与B互不相容,并且它们中必有一事件发生,即$A\cup B=\Omega$且$A\cap B=\varnothing$。同时,事件A也是事件B的对立事件(或逆事件)。

显然

$$\bar{A}=A,\quad A\bar{A}=\varnothing,\quad A\cup\bar{A}=\Omega$$

5. 完备事件组

若事件$A_1,A_2,\cdots,A_n$两两互不相容,且$A_1\cup A_2\cup\cdots\cup A_n=\Omega$,则称$n$个事件$A_1,A_2,\cdots,A_n$构成一个完备事件组。

2.7　事件的运算规则

(1) 交换律

$$A\cup B=B\cup A,\quad AB=BA$$

(2) 结合律

$$(A\cup B)\cup C=A\cup(B\cup C)$$
$$(AB)C=A(BC)$$

(3) 分配律

$$(A\cup B)C=(AC)\cup(BC)$$

$$(AB)\cup C=(A\cup C)(B\cup C)$$

(4) 对偶律

$$\overline{A\cup B}=\bar{A}\cap\bar{B},\quad \overline{AB}=\bar{A}\cup\bar{B}$$

可推广

$$\overline{\bigcup_k A_k}=\bigcap_k\overline{A_k},\quad \overline{\bigcap_k A_k}=\bigcup_k\overline{A_k}$$

例 2.8 甲、乙、丙三人各射靶一次,记A=“甲中靶”,B=“乙中靶”,C=“丙中靶”,用上述事件表示下列各事件:

(1) 甲未中靶:$\bar{A}$;

(2) 甲中靶而乙未中靶:$A\bar{B}$;

(3) 三人中只有丙未中靶:$AB\bar{C}$;

(4) 三人中恰好有一人中靶:$A\bar{B}\bar{C}\cup\bar{A}B\bar{C}\cup\bar{A}\bar{B}C$;

(5) 三人中至少有一人中靶:$A\cup B\cup C$;

(6) 三人中至少有一人未中靶:$\bar{A}\cup\bar{B}\cup\bar{C}$;

(7) 三人中恰有两人中靶:$AB\bar{C}\cup A\bar{B}C\cup\bar{A}BC$;

(8) 三人中至少两人中靶:$AB\cup AC\cup BC$;

(9) 三人均未中靶:$\bar{A}\bar{B}\bar{C}$;

(10) 三人中至多一人中靶:$A\bar{B}\bar{C}\cup\bar{A}B\bar{C}\cup\bar{A}\bar{B}C\cup\bar{A}\bar{B}\bar{C}$;

(11) 三人中至多两人中靶:$\bar{A}\cup\bar{B}\cup\bar{C}$。

本章小结

随机试验的全部可能结果组成的集合S称为样本空间。样本空间S的子集称为事件,当且仅当这一子集中的一个样本点出现时,称这一事件发生。事件是一个集合,因而事件间的关系与事件的运算自然按照集合论中集合之间的关系和集合的运算来处理。集合间的关系和集合的运算,读者是熟悉的,重要的是要知道它们在概率论中的含义。

在一次试验中,一个事件(除必然事件与不可能事件外)可能发生也可能不发生,其发生的可能性的大小是客观存在的。事件发生的频率以及它的稳定性,表明能用一个数来表征事件在一次试验中发生的可能性的大小。我们从频率的稳定性及频率的性质受到启发,给出了概率的定义。

事件的独立性是概率论中的一个非常重要的概念。概率论与数理统计中的很多内容都是在独立的前提下讨论的。应该注意到,在实际应用中,对于事件的独立性,我们往往不是根据定义来验证而是根据实际意义来加以判断的。根据实际背景判断事件的独立性,往往并不困难。

第3章 随机变量及其分布特征

为了对随机试验进行全面和深入的研究，从中揭示出客观存在的统计规律性，我们常把随机试验的结果与实数对应起来，即把随机试验的结果数量化，引入随机变量的概念。随机变量是概率论与数理统计的基本概念。

3.1 随机变量的概念

在随机现象中，许多随机试验的结果是可以用数量表示的。有些随机试验的结果虽然与数量没有直接关系，但是却可以将其结果数量化。

例3.1 设有10件产品，其中正品5件，次品5件。现从中任取3件产品，问这3件产品中的次品数是多少？

显然，次品数可以是0，1，2，3，即试验结果是数量性的。我们用X表示取到3件产品中的次品件数，则可以用$X=0,1,2,3$分别表示这3件产品中没有次品、有一件次品、有两件次品和有3件次品。这里X是一变量，它究竟取什么值与试验的结果有关，即与试验的样本空间的基本事件有关。用Ω表示试验的样本空间，用ω表示样本空间中的元素即基本事件，并记成$\Omega=\{\omega\}$。

例3.1中试验的样本空间$\Omega=\{\omega\}=\{$没有次品，有1件次品，有2件次品，有3件次品$\}$，因此，可把变量X看作定义在样本空间Ω上的函数：

$$X=\begin{cases}0, & \omega=\text{没有次品}\\ 1, & \omega=\text{有1件次品}\\ 2, & \omega=\text{有2件次品}\\ 3, & \omega=\text{有3件次品}\end{cases}$$

从而可以记$X=X(\omega)$。由于基本事件是随机出现的，因此，$X(\omega)$的取值也是随机出现的，称$X(\omega)$为随机变量。

例3.2 抛掷一枚硬币，观察出现正反面的情况。

该试验只有两个可能的结果：出现正面和出现反面，即

$$\Omega=\{\omega\}=\{\text{出现正面},\text{出现反面}\}$$

很明显，试验结果是非数量性的，与数量没有直接关系。为了研究的需要，我们可以用一个数来代表一个试验结果，例如，用1代表出现正面，用0代表出现反面。可设

$$X=\begin{cases}0, & \omega=\text{出现反面}\\1, & \omega=\text{出现正面}\end{cases}$$

X是定义在样本空间Ω上的函数,也是一随机变量。

下面我们给出随机变量的定义。

定义3.1 设试验E的样本空间$\Omega=\{\omega\}$,如果对每一个$\omega\in\Omega$,有一个实数$X(\omega)$与之对应,得到一个定义在Ω上的单值实值函数$X(\omega)$,称$X(\omega)$为随机变量,并简记为X。

随机变量示意图如图3.1所示。

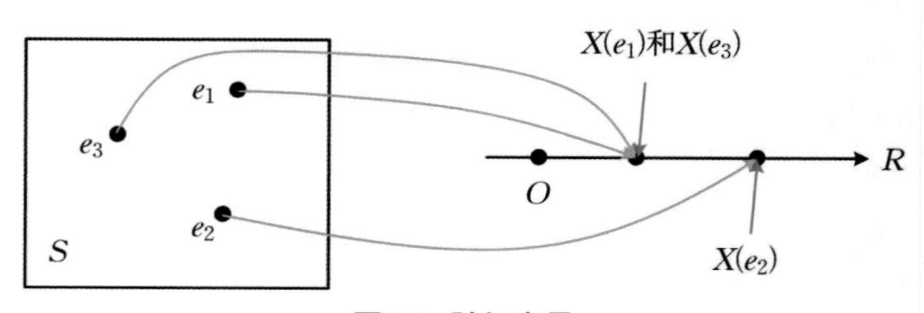

图3.1 随机变量

随机变量随着试验结果的不同而取不同的值,它是根据试验结果取值的变量。现实中的随机变量很多,例如,某地区每年的降雨量;掷一粒骰子出现的点数;炮弹落地点与目标之间的距离;某工厂生产的灯泡的寿命等。

引入随机变量后,随机事件就可以用随机变量来表示。这样,对随机事件的研究就转化为对随机变量的研究。由于有了数量化的随机变量,从而就有可能帮助我们使用微积分和线性代数等工具来研究随机试验。

随机变量按照其取值的不同,一般分为两类:一类称为离散型随机变量;一类称为连续型随机变量。

3.2 离散型随机变量

定义3.2 对于随机变量X,如果它只可能取有限个或可列个值,则称X为离散型随机变量。

如例3.1中的随机变量X所有可能的取值是4个,而例3.2中的随机变量X可能的取值是2个,这是属于有限个值的情况,它们都是离散型随机变量。又例如,一射手向某一目标射击,直到击中该目标时的射击次数是个随机变量,它所有可能的取值是1,2,3,…,是属于可列个值的情况,它也是离散型随机变量。

设离散型随机变量X所有可能的取值是$X_1,X_2,\cdots,X_k$,为了完全地描述随机变量X,除了知道X可能的取值以外,还要知道X取各个值的概率。设

$$P\{X=X_k\}=p_k\quad(k=1,2,\cdots)\tag{3.1}$$

称(3.1)式为离散型随机变量的概率分布或分布律。

离散型随机变量的分布律具有下列性质：

(1) $p_k \geqslant 0$ ($k=1,2,\cdots$)；

(2) $\sum_{k=1}^{\infty} p_k = 1$。

分布律也可以用表格的形式表示，如表3.1所示。

表3.1　离散型随机变量的分布律

X	x_1	x_2	x_3	$\cdots$	x_k	$\cdots$
P	p_1	p_2	p_3	$\cdots$	p_k	$\cdots$

表3.1比较直观地表示了随机变量X的概率分布。

例3.3　讨论例3.1中的随机变量X的概率分布。

解　X是表示取出的3件产品中的次品数，它所有可能取的值是0，1，2，3。下面分别计算$P\{X=0\}$，$P\{X=1\}$，$P\{X=2\}$和$P\{X=3\}$。

显然这是一古典概型，容易计算。

X的概率分布写成表格形式为

X	0	1	2	3
P	1/12	5/12	5/12	1/12

以上问题可在MATLAB中进行求解，在命令窗口键入：

```
>> hygepdf(0,10,5,3)
>> hygepdf(1,10,5,3)
>> hygepdf(2,10,5,3)
>> hygepdf(3,10,5,3)
```

回车后显示结果为

```
ans =
      0.0833

ans =
      0.4167

ans =
      0.4167

ans =
      0.0833
```

例3.4　一射手对靶连续不断地进行射击，直到第一次击中为止，如每次射击命中的概率为p，试求所需射击次数X的概率分布。

解 首先确定X的可能取值，然后再定出取这些值的概率，易知X的可能取值是1，2，…，现计算$P\{X=i\}$的值，由于事件$\{X=i\}$表示射手第i次射击首次命中目标，而前$i-1$次射击均未命中，所以

$$P\{X=i\}=pq^{i-1}\quad (i=1,2,\cdots)$$

其中$q=1-p$。故X的概率分布为

X	1	2	…	n	…
$P\{X=i\}$	p	pq	…	pq^{i-1}	…

3.3 离散型随机变量的分布

1. 两点分布

定义 3.3 若一个随机变量X只有两个可能取值，且其分布为$P\{X=x_1\}=p$，$P\{X=x_2\}=1-p(0<p<1)$，则称X服从x_1，x_2处参数为p的两点分布。

特别地，若X服从$x_1=1$，$x_2=0$处参数为p的两点分布，即

X	0	1
P	$1-p$	p

则称X服从参数为p的0-1分布。习惯上常记$q=1-p$。易见$0<p,q<1,p+q=1$。

对于一个随机试验，针对所关心的任何一个事件A，$0<P(A)<1$，都可以在S上定义一个服从0-1分布的随机变量

$$X=X(e)=\begin{cases}0, & e\notin A\\ 1, & e\in A\end{cases}$$

来描述这个随机试验的结果。

2. 伯努利试验和二项分布

设随机试验只有两种可能的结果：事件A发生或者事件A不发生，则称这样的试验为伯努利(Bernoulli)试验。记

$$P(A)=p,\quad P(\bar{A})=1-p=q\quad (0<p<1,p+q=1)$$

将伯努利试验在相同条件下独立地重复进行n次，称这一串重复的独立试验为n重伯努利试验，或简称为伯努利概型。

特点：

(1) 事件A在每次试验中发生的概率均为p；

(2) 每次试验之间是独立的。

定理 3.1 (伯努利定理)设在一次试验中，事件A发生的概率为$p(0<p<1)$，则在n重伯努利试验中，事件A恰好发生k次的概率为

$$b(k;n,p)=C_n^k p^k(1-p)^{n-k} \quad (k=0,1,\cdots,n)$$

推论3.1 设在一次试验中，事件A发生的概率为$p(0<p<1)$，则在伯努利试验序列中，事件A在第k次试验中才首次发生的概率为

$$p(1-p)^{k-1} \quad (k=1,2,\cdots)$$

在n重伯努利试验中，设每次试验中事件A发生的概率为p，用X表示n重伯努利试验中事件A发生的次数，则X的可能取值为$0,1,\cdots,n$，且对每一个$k(0\leqslant k\leqslant n)$，事件$\{X=k\}$即为"$n$次试验中事件$A$恰好发生$k$次"，根据伯努利概型，有

$$P\{X=k\}=C_n^k p^k(1-p)^{n-k} \quad (k=0,1,\cdots,n)$$

定义3.4 若一个随机变量X的概率分布由下式给出，则称X服从参数为n,p的二项分布。记为$X\sim b(n,p)$（或$B(n,p)$）。

$$P\{X=k\}=C_n^k p^k q^{n-k} \quad (k=0,1,\cdots,n;q=1-p)$$

$$\sum_{k=0}^{n} P\{X=k\}=(p+q)^n=1$$

注 当$n=1$时，上式化为

$$P\{X=k\}=p^k q^{1-k} \quad (k=0,1;q=1-p)$$

此时，随机变量X即服从0-1分布。

例3.5 按规定，某种型号电子元件的使用寿命超过1500小时的为一级品。已知某一大批产品的一级品率为0.2，现在从中随机地抽查20只。问20只元件中恰有k只$(k=0,1,\cdots,20)$为一级品的概率是多少？

解 这是不放回抽样，但由于这批元件的总数很大，且抽查的元件的数量相对于元件的总数来说又很小，因而可以当作放回抽样来处理，这样做会有一些误差，但误差不大。我们将检查一只元件，把它是否为一级品看成是一次试验，检查20只元件相当于做20重伯努利试验。以X记20只元件中一级品的只数，那么，X是一个随机变量，且有$X\sim b(20,0.2)$。所求概率为

$$P\{X=k\}=C_{20}^k(0.2)^k(0.8)^{20-k} \quad (k=0,1,\cdots,20)$$

将计算结果列表如下：

$P\{X=0\}=0.012$	$P\{X=4\}=0.218$	$P\{X=8\}=0.022$
$P\{X=1\}=0.058$	$P\{X=5\}=0.175$	$P\{X=9\}=0.007$
$P\{X=2\}=0.137$	$P\{X=6\}=0.109$	$P\{X=10\}=0.002$
$P\{X=3\}=0.205$	$P\{X=7\}=0.055$	

以上问题可在MATLAB中进行求解，在命令窗口键入：

```
>> binopdf(0,20,0.2)
```

回车后显示结果为

```
ans =
      0.0115
```

其他结果读者可自行编程实现。

为了对本题的结果有一个直观了解，我们作出上表的图形，如图3.2所示。

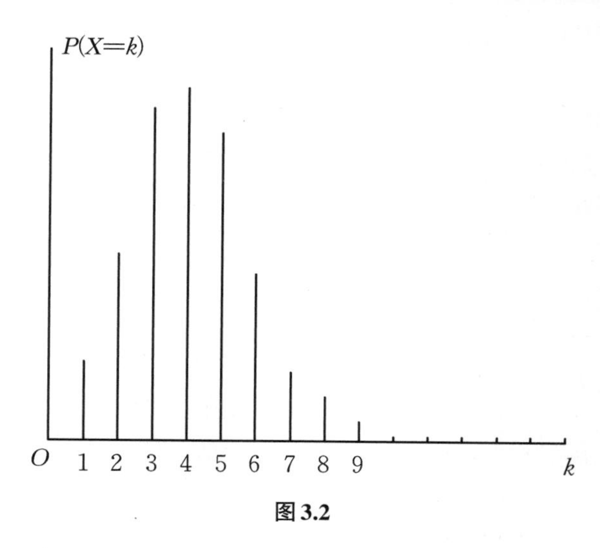

图3.2

图3.2为MATLAB所画图，本图所用命令如下：

```
x=0:15;
y=0:8;
plot([0 0],[min(y),max(y)],'k',[min(x),max(x)],[0 0],'k');
axis off
hold on
text(15,-0.5, 'k')
text(0.2,8, 'P(X=k)')
plot([1,1],[0,1.6],'k')
plot([2,2],[0,3.8],'k')
plot([3,3],[0,6.8],'k')
plot([4,4],[0,7.2],'k')
plot([5,5],[0,6.3],'k')
plot([6,6],[0,3.4],'k')
plot([7,7],[0,1.4],'k')
plot([8,8],[0,0.9],'k')
plot([9,9],[0,0.4],'k')
text(-0.3,-0.3, 'O')
text(1,-0.5, '1')
text(2,-0.5, '2')
text(3,-0.5, '3')
text(4,-0.5, '5')
```

```
text(5,-0.5,'5')
text(6,-0.5,'6')
text(7,-0.5,'7')
text(8,-0.5,'8')
text(9,-0.5,'9')
plot([10,10],[0,0.1],'k')
plot([11,11],[0,0.1],'k')
plot([12,12],[0,0.1],'k')
plot([13,13],[0,0.1],'k')
plot([14,14],[0,0.1],'k')
plot([15,15],[0,0.1],'k')
```

从图3.2中看到，当k增加时，概率$P\{X=k\}$先是随之增加，直至达到最大值(本例中当$k=4$时取到最大值)，随后单调减少。我们指出，一般地，对于固定的n及p，二项分布$b(n,p)$都具有这一性质。

例3.6　某人进行射击，设每次射击的命中率为0.02，独立射击400次，试求至少击中两次的概率。

解　将一次射击看成是一次试验。设击中的次数为X，则$X\sim b(400,0.02)$。X的分布律为

$$P\{X=k\}=C_{400}^{k}(0.02)^{k}(0.98)^{400-k}\quad(k=0,1,\cdots,400)$$

于是所求概率为

$$\begin{aligned}P\{X\geqslant 2\}&=1-P\{X=0\}-P\{X=1\}\\&=1-(0.98)^{400}-400(0.02)(0.98)^{399}=0.9972\end{aligned}$$

以上问题可在MATLAB中进行求解，在命令窗口键入：

```
>> 1-binocdf(1,400,0.02)
```

回车后显示结果为

```
ans =
    0.9972
```

这个概率很接近于1。我们从两方面来讨论这一结果的实际意义。其一，虽然每次射击的命中率很小(为0.02)，但如果射击400次，则击中目标至少两次是几乎可以肯定的。这一事实说明，一个事件尽管在一次试验中发生的概率很小，但只要试验次数很多，而且试验是独立进行的，那么这一事件的发生几乎是肯定的。这也告诉人们绝不能轻视小概率事件。其二，如果射手在400次射击中，击中目标的次数竟不到两次，由于概率$P\{X<2\}\approx 0.003$很小，根据实际推断原理，我们将怀疑"每次射击的命中率为0.02"这一假设，即认为该射手射击的命中率达不到0.02。

例3.7　设有80台同类型设备，各台工作是相互独立的，发生故障的概率都是0.01，且一台设备的故障能由一个人处理。考虑两种配备维修工人的方法，其一是由4人维护，每人负

责20台；其二是由3人共同维护80台。试比较这两种方法在设备发生故障时不能及时维修的概率的大小。

解 按第一种方法。以X记"第1人维护的20台中同一时刻发生故障的台数"，以$A_i(i=1,2,3,4)$表示事件"第i人维护的20台中发生故障不能及时维修"，则知80台中发生故障而不能及时维修的概率为

$$P(A_1\cup A_2\cup A_3\cup A_4)\geqslant P(A_i)=P\{X\geqslant 2\}$$

而$X\sim b(20,0.01)$，故有

$$P\{X\geqslant 2\}=1-\sum_{k=0}^{1}P\{X=k\}=1-\sum_{k=0}^{1}C_{20}^{k}(0.01)^k(0.99)^{20-k}=0.0169$$

即有$P(A_1\cup A_2\cup A_3\cup A_4)\geqslant 0.0169$。

以上问题可在MATLAB中进行求解，在命令窗口键入：

```
>> 1-binocdf(1,20,0.01)
```

回车后显示结果为

```
ans =
    0.0169
```

按第二种方法。以Y记80台中同一时刻发生故障的台数。此时，$Y\sim b(80,0.01)$，故80台中发生故障而不能及时维修的概率为

$$P\{Y\geqslant 4\}=1-\sum_{k=0}^{3}C_{80}^{k}(0.01)^k(0.99)^{80-k}=0.0087$$

以上问题可在MATLAB中进行求解，在命令窗口键入：

```
>> 1-binocdf(3,80,0.01)
```

回车后显示结果为

```
ans =
    0.0087
```

我们发现，后一种情况下尽管任务重了(每人平均维护约27台)，但工作效率不仅没有降低，反而提高了。

3. 泊松分布

定义3.5 若一个随机变量X的概率分布为

$$P\{X=k\}=e^{-\lambda}\frac{\lambda^k}{k!}\quad(k=0,1,2,\cdots;\ \lambda>0)$$

则称X服从参数为λ的泊松分布，记为$X\sim P(\lambda)$。

易见：

(1) $P\{X=k\}\geqslant 0(k=0,1,2,\cdots)$；

(2) $\sum_{k=0}^{\infty}P\{X=k\}=\sum_{k=0}^{\infty}e^{-\lambda}\frac{\lambda^k}{k!}=e^{-\lambda}\sum_{k=0}^{\infty}\frac{\lambda^k}{k!}=e^{-\lambda}e^{\lambda}=1$。

例3.8 计算机硬件公司制造某种特殊型号的微型芯片，次品率达0.1%，各芯片成为次品相互独立。求在1000只产品中至少有两只次品的概率。以X记产品中的次品数，$X \sim b(1000,0.001)$。

解 所求概率为

$$P\{X \geqslant 2\}=1-P\{X=0\}-P\{X=1\}=1-(0.999)^{1000}-C_{1000}^{1}(0.999)^{999}(0.001)$$
$$\approx 1-0.3676954-0.3680635 \approx 0.2642411$$

$\lambda=1000 \times 0.001=1$。

$$P\{X \geqslant 2\}=1-P\{X=0\}-P\{X=1\}=1-\mathrm{e}^{-1}-\mathrm{e}^{-1} \approx 0.2642411$$

以上问题可在MATLAB中进行求解，在命令窗口键入：

```
>> 1-binocdf(1,1000,0.001)
>> 1-poisscdf(1,1)
```

回车后显示结果均为

```
ans =
      0.2642
```

一般地，当$n \geqslant 20$，$p \leqslant 0.05$时，用$\dfrac{\lambda^{k}\mathrm{e}^{-\lambda}}{k!}$ $(\lambda=np)$作为$C_{n}^{k}p^{k}(1-p)^{n-k}$的近似值效果颇佳。

3.4　连续型随机变量

在实践中有很多随机现象所出现的试验结果是不可列的。例如，测量的误差、排队等待的时间和元器件的使用寿命等。这些随机变量是在一个区间内连续取值的，对这类随机变量不能像离散型随机变量那样建立其分布律，只有知道它取值于某一区间的概率，才能掌握其取值的概率分布情况。

定义3.6 对于随机变量X，若存在非负可积函数$f(x)(-\infty<x<+\infty)$，使得X取值于任意区间(a,b)的概率为

$$P\{a<X<b\}=\int_{a}^{b} f(x)\mathrm{d}x$$

则称X为连续型随机变量，称$f(x)$为X的概率密度函数，简称为概率密度。

由定义可知概率密度函数$f(x)$具有下列性质：

(1) $f(x) \geqslant 0(-\infty<x<+\infty)$；

(2) $\int_{-\infty}^{+\infty} f(x)\mathrm{d}x=P\{-\infty<X<+\infty\}=1$。

这些性质表明，概率密度函数的曲线位于x轴的上方，且曲线与x轴之间的面积恒为1。通常我们以此来确定概率密度函数中的待定系数。反之，若满足以上两个条件的函数$f(x)$，

则一定是某个连续型随机变量的概率密度函数。因此，概率密度函数全面地描述了连续型随机变量取值的概率规律。

对于连续型随机变量X，对任何正整数n，都有事件$\left\{a-\frac{1}{n}<X<a+\frac{1}{n}\right\}$包含事件$\{X=a\}$，即有

$$P\{X=a\}\leqslant P\left\{a-\frac{1}{n}<X<a+\frac{1}{n}\right\}=\int_{a-\frac{1}{n}}^{a+\frac{1}{n}}f(x)\mathrm{d}x$$

由于上式对任何正整数n都是成立的，则当$n\to\infty$时，

$$P\{X=a\}\leqslant\lim_{n\to\infty}\int_{a-\frac{1}{n}}^{a+\frac{1}{n}}f(x)\mathrm{d}x=0$$

但概率不能小于零，于是有$P\{X=a\}=0$，即连续型随机变量取任一指定实数值a的概率均为零。

这样，在计算连续型随机变量X取值于某一区间的概率时，可以不必区分该区间是开区间或闭区间或半开半闭区间，即有

$$P\{X<a<b\}=P\{a\leqslant X<b\}=P\{a<X\leqslant b\}=P\{a\leqslant X\leqslant b\}=\int_a^b f(x)\mathrm{d}x$$

例3.9 设随机变量X的概率密度为

$$f(x)=\begin{cases}A\mathrm{e}^{-2x}, & x>0\\ 0, & x\leqslant 0\end{cases}$$

确定常数A，并求$P\{X>1\}$。

解 由概率密度的性质(2)知

$$\int_{-\infty}^{+\infty}f(x)\mathrm{d}x=\int_0^{+\infty}A\mathrm{e}^{-2x}\mathrm{d}x=A\int_0^{+\infty}\mathrm{e}^{-2x}\mathrm{d}x=\frac{A}{2}=1$$

从而$A=2$。由此可得

$$P\{X>1\}=\int_1^{+\infty}f(x)\mathrm{d}x=\int_1^{+\infty}2\mathrm{e}^{-2x}\mathrm{d}x=\mathrm{e}^{-2}=0.1353$$

以上问题可在MATLAB中进行求解，在命令窗口键入：

```
>> syms A x
>> fx=A*exp(-2*x)
>> Fx=int(fx,x,0,inf)
```

回车后显示结果为

```
Fx =
    A/2
```

由$A/2=1$得，$A=2$。

接着求$P\{X>1\}$，在命令窗口键入：

```
>> syms x
>> A=2
>> fx=A*exp(-2*x)
>> format
>> f1=int(fx,x,1,inf)
```

回车后显示结果为

```
f1 =
     exp(-2)
```

3.5　连续型随机变量的分布

1. 均匀分布

设连续型随机变量X具有概率密度

$$f(x)=\begin{cases}\dfrac{1}{b-a}, & a<x<b\\ 0, & 其他\end{cases}$$

则称X在区间(a,b)上服从均匀分布，记为$X\sim U(a,b)$。

易知$f(x)\geqslant 0$，且$\int_{-\infty}^{+\infty}f(x)\mathrm{d}x=1$。

$f(x)$的图形如图3.3所示。

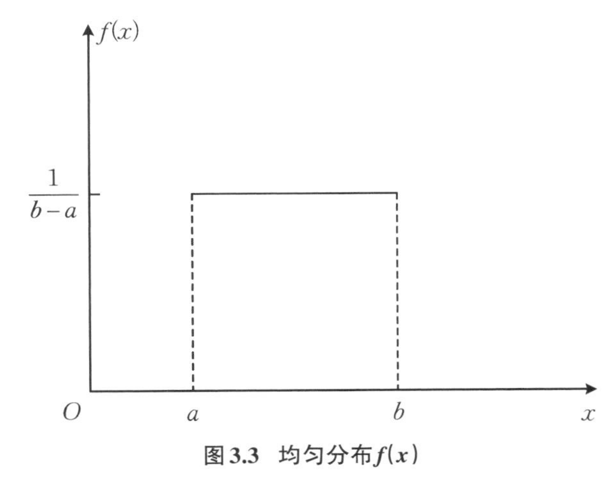

图3.3　均匀分布$f(x)$

图3.3为MATLAB所画图，本图所用命令如下：

```
x=0:10;
y=0:10;
plot([0 0],[min(y),max(y)],'k',[min(x),max(x)],[0 0],'k');
axis off
hold on
ax=[max(x),max(x)-0.3,max(x)-0.3;0,0.2,-0.2];
fill(ax(1,:),ax(2,:),'k');
ay=[0,0.15,-0.15;max(y),max(y)-0.4,max(y)-0.4];
fill(ay(1,:),ay(2,:),'k');
text(10,-0.5, 'x')
text(0.2,10, 'f(x)')
text(-0.5,-0.5, 'O')
text(2,-0.5, 'a')
text(6,-0.5, 'b')
plot([2,6],[5,5],'k')
plot([0,0.2],[5,5],'k')
plot([2,2],[0,5],'--k')
plot([6,6],[0,5],'--k')
plot([-1,-0.2],[5,5],'k')
text(-0.8,5.3, '1')
text(-0.9,4.7, 'b-a')
```

在(a,b)上服从均匀分布的随机变量X落在(a,b)中任一等长度的子区间内的可能性是相同的，或者说X落在(a,b)子区间的概率只依赖于子区间的长度，而与子区间的位置无关。

X的分布函数为

$$F(x)=\begin{cases}0, & x<a \\ \dfrac{x-a}{b-a}, & a\leqslant x\leqslant b \\ 1, & x\geqslant b\end{cases}$$

$F(x)$的图形如图3.4所示。

图3.4为MATLAB所画图，本图所用命令如下：

```
x=0:10;
y=0:10;
plot([0 0],[min(y),max(y)],'k',[min(x),max(x)],[0 0],'k');
axis off
hold on
ax=[max(x),max(x)-0.3,max(x)-0.3;0,0.2,-0.2];
fill(ax(1,:),ax(2,:),'k');
```

```
ay=[0,0.15,-0.15;max(y),max(y)-0.4,max(y)-0.4];
fill(ay(1,:),ay(2,:),'k');
text(10,-0.5, 'x')
text(0.2,10, 'F(x)')
text(-0.5,-0.5, 'O')
text(2,-0.5, 'a')
text(6,-0.5, 'b')
plot([2,6],[0,5],'k')
plot([0,0.2],[5,5],'k')
plot([6,6],[0,5],'--k')
plot([6,9],[5,5],'k')
text(-0.4,5, '1')
```

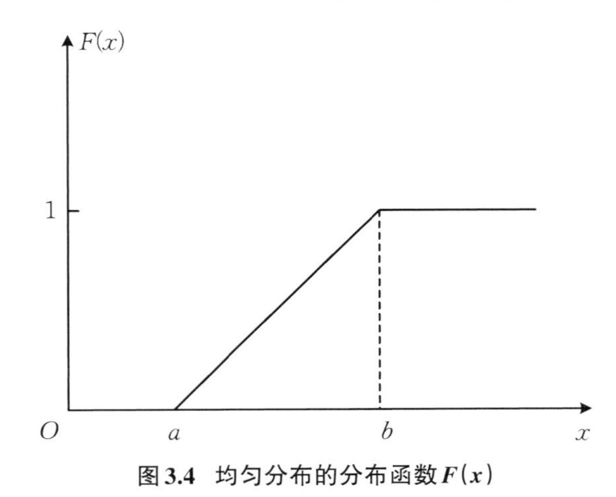

图3.4　均匀分布的分布函数$F(x)$

例3.10　设电阻值R是一个随机变量,均匀分布在900～1100 Ω。求R的概率密度及R落在950～1050 Ω的概率。

解　按题意,R的概率密度为

$$f(r)=\begin{cases}\dfrac{1}{1100-900}, & 900<r<1100\\ 0, & \text{其他}\end{cases}$$

故有$P\{950<R\leqslant 1050\}=\int_{950}^{1050}\frac{1}{200}\mathrm{d}r=0.5$。

以上问题可在MATLAB中进行求解,在命令窗口键入:

```
>> unifcdf(1050,900,1100)-unifcdf(950,900,1100)
```

回车后显示结果为

```
ans =
      0.5000
```

2. 指数分布

设连续型随机变量X概率密度为

$$f(x)=\begin{cases}\lambda e^{-\lambda x}, & x>0\\ 0, & x\leqslant 0\end{cases}$$

其中$\lambda>0$为常数，则称X服从参数为λ的指数分布。

易知$f(x)\geqslant 0$且$\int_{-\infty}^{+\infty}f(x)dx=\int_0^{+\infty}\lambda e^{-\lambda x}dx=1$。

$f(x)$的图形如图3.5所示。

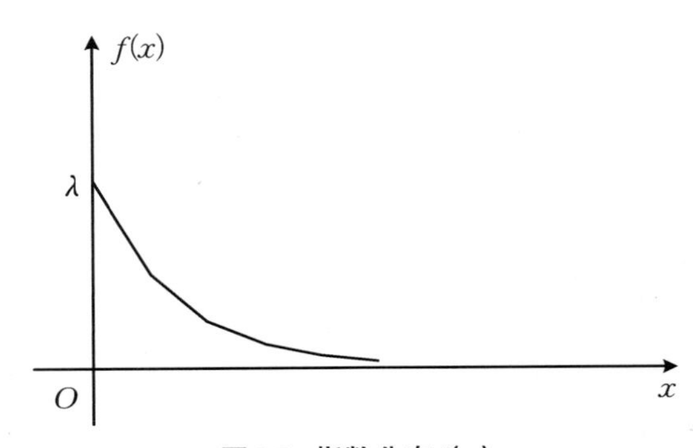

图3.5　指数分布$f(x)$

图3.5为MATLAB所画图，本图所用命令如下：

```
x=-2:10;
y=-3:10;
plot([0 0],[min(y),max(y)],'k',[min(x),max(x)],[0 0],'k');
axis off
hold on
ax=[max(x),max(x)-0.3,max(x)-0.3;0,0.2,-0.2];
fill(ax(1,:),ax(2,:),'k');
ay=[0,0.15,-0.15;max(y),max(y)-0.4,max(y)-0.4];
fill(ay(1,:),ay(2,:),'k');
text(10,-0.5, 'x')
text(0.2,10, 'F(x)')
text(-0.5,-0.5, 'O')
text(-0.4,5, '\lambda')
x1 = 0:5;
y1 =5*( 0.5.^x1);
plot(x1, y1,'k')
```

X的分布函数为

$$F(x)=\begin{cases}1-e^{-\lambda x}, & x>0\\ 0, & \text{其他}\end{cases}$$

$F(x)$的图形如图3.6所示。

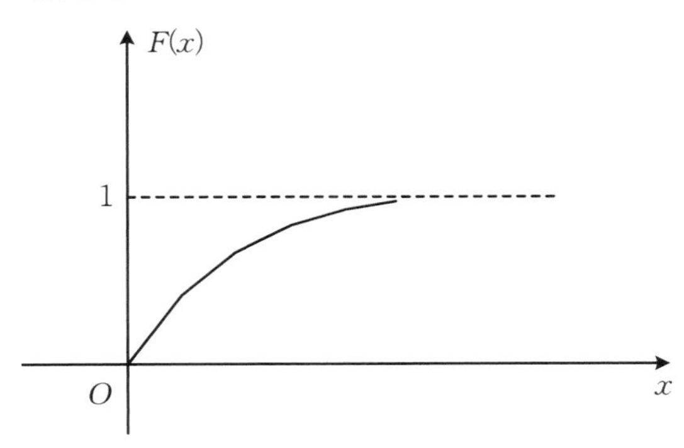

图3.6 指数分布的分布函数$F(x)$

图3.6为MATLAB所画图,本图所用命令如下:

```
x=-2:10;
y=-3:10;
plot([0 0],[min(y),max(y)],'k',[min(x),max(x)],[0 0],'k');
axis off
hold on
ax=[max(x),max(x)-0.3,max(x)-0.3;0,0.2,-0.2];
fill(ax(1,:),ax(2,:),'k');
ay=[0,0.15,-0.15;max(y),max(y)-0.4,max(y)-0.4];
fill(ay(1,:),ay(2,:),'k');
text(10,-0.5, 'x')
text(0.2,10, 'F(x)')
text(-0.5,-0.5, 'O')
plot([0,8],[4.7,4.7],'--k')
text(-0.3,4.7, '1')
x1 = 0:5;
y1 =5*(1-exp(-0.5*x1));
plot(x1, y1,'k')
```

3. 正态分布

X的分布函数为

$$F(x)=\frac{1}{\sqrt{2\pi}\,\sigma}\int_{-\infty}^{x}e^{\frac{-(t-\mu)^2}{2\sigma^2}}\mathrm{d}t$$

$F(x)$的图形如图3.7所示。

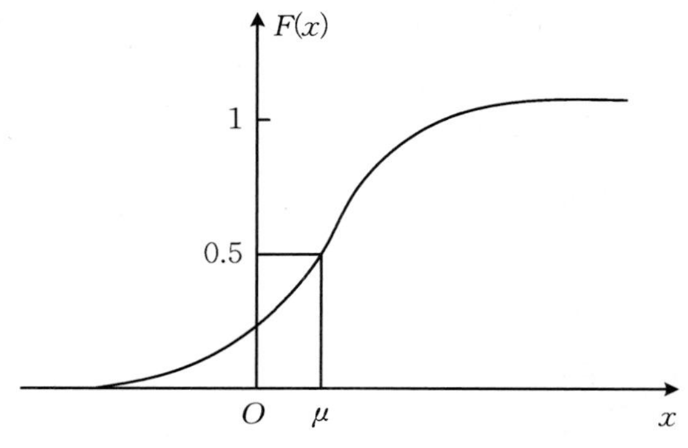

图3.7　正态分布的分布函数$F(x)$

例3.11　将一温度调节器放置在贮存着某种液体的容器内。调节器整定在d℃,液体的温度X(以℃计)是一个随机变量,且$X \sim N(d, 0.5^2)$。

(1) 若$d=90$℃,求X小于89℃的概率。

(2) 若要求保持液体的温度至少为80℃的概率不低于0.99,问d至少为多少?

解　(1) 所求概率为

$$P\{X<89\}=P\left\{\frac{X-90}{0.5}<\frac{89-90}{0.5}\right\}=\Phi\left(\frac{89-90}{0.5}\right)=\Phi(-2)=1-\Phi(2)$$
$$=1-0.9772=0.0228$$

以上问题可在MATLAB中进行求解,在命令窗口键入:

```
>> normcdf(89,90,0.5)
```

回车后显示结果为

```
ans =
      0.0228
```

(2) 按题意需求d满足

$$0.99\leqslant P\{X\geqslant 80\}=P\left\{\frac{X-d}{0.5}\geqslant\frac{80-d}{0.5}\right\}$$
$$=1-P\left\{\frac{X-d}{0.5}<\frac{80-d}{0.5}\right\}=1-\Phi\left(\frac{80-d}{0.5}\right)$$

即$\Phi\left(\frac{d-80}{0.5}\right)\geqslant 0.99=\Phi(2.327)$。亦即$\frac{d-80}{0.5}\geqslant 2.327$。

故需$d>81.1632$。

以上问题可在MATLAB中进行求解,在命令窗口键入:

```
>> norminv(0.99,80,0.5)
```

回车后显示结果为

```
ans =
      81.1632
```

本章小结

随机变量$X=X(e)$是定义在样本空间$S=\{e\}$上的实值单值函数。也就是说，它是随机试验结果的函数。它的取值随试验的结果而定，是不能预先确定的，它的取值有一定的概率。随机变量的引入，使概率论的研究由个别随机事件扩大为随机变量所表征的随机现象的研究。今后，我们主要研究随机变量和它的分布。

一个随机变量，如果它所有可能的值是有限个或可列无限个，这种随机变量称为离散型随机变量，不是这种情况则称为非离散型的。

对于离散型随机变量，我们需要掌握的是它可能取哪些值，以及它以怎样的概率取这些值，这就是离散型随机变量取值的统计规律性。

给定X的概率密度$f(x)$就能确定$F(x)$，由于$f(x)$位于积分号之内，故改变$f(x)$在个别点上的函数值并不改变$F(x)$的值。因此，改变$f(x)$在个别点上的值，是无关紧要的。

连续型随机变量X的分布函数是连续的，连续型随机变量取任一指定实数值a的概率为0，即$P\{X=a\}=0$。这两点性质离散型随机变量是不具备的。

第4章　多维随机变量及其分布

一个随机现象常常需要用多个随机变量描述，例如在一平面区域内取点，点的坐标需要用横坐标X与纵坐标Y同时描述，又如检查某地区人群的身体素质，就需要用更多项指标（如身高、体重、健康状况等）描述。因此，我们需要同时考虑两个或两个以上的随机变量。对于这样的多个随机变量，首先，要将其作为一个整体（称为多维随机变量，例如(X,Y)）研究其统计规律；其次，还要讨论构成这个多维随机变量的各个随机变量（例如X,Y）的统计规律，并进一步讨论各随机变量间相互影响的情况。这些问题就是本章要讨论的主要内容，我们重点讨论二维随机变量，相应结论不难推广到n维随机变量。在本章的最后还将给出关于二维随机变量函数分布的一些结果。

4.1　二维随机变量及其分布

上一章我们只限于讨论一个随机变量的情况，但在实际问题中，对于某些随机试验的结果需要同时用两个或两个以上的随机变量描述。例如，为了研究某一地区学龄前儿童的发育情况，对这一地区的儿童进行抽查。每个儿童都能观察到自己的身高H和体重W。在这里，样本空间$S=\{e\}=\{$某地区的全部学龄前儿童$\}$，而$H(e)$和$W(e)$是定义在S上的两个随机变量。又如炮弹落地点的位置需要由它的横坐标和纵坐标确定，而横坐标和纵坐标是定义在同一个样本空间的两个随机变量。

一般地，设E是一个随机试验，它的样本空间是$S=\{e\}$，设$X=X(e)$和$Y=Y(e)$是定义在S上的随机变量，由它们构成的一个向量(X,Y)，叫作二维随机向量或二维随机变量（图4.1）。第3章讨论的随机变量也叫一维随机变量。

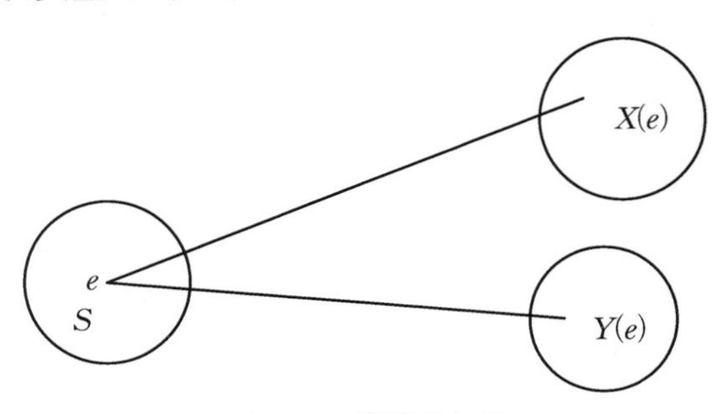

图4.1　二维随机向量

图4.1为MATLAB所画图，本图所用命令如下：

```
r1=2;%圆1的半径
r2=2;%圆2的半径
r3=1.8%;圆3的半径
alpha=0:pi/100:2*pi;%弧度范围
x1=r1*cos(alpha)+20.5;%圆1圆心横坐标
y1=r1*sin(alpha)+9;%圆1圆心纵坐标
plot(x1,y1,'k-');%画圆1
hold on;
x2=r2*cos(alpha)+8;%圆2圆心横坐标
y2=r2*sin(alpha)+5;%圆2圆心纵坐标
plot(x2,y2,'k-');%画圆2
hold on;
x3=r3*cos(alpha)+20;%圆3圆心横坐标
y3=r3*sin(alpha)+4;%圆3圆心纵坐标
plot(x3,y3,'k-');%画圆3
axis equal
hold on
line([8,19.5],[5,9.5],'linestyle','-','color','k')%连接位于两个圆内的(9,5)和(16,13)
line([8,19],[5,4],'linestyle','-','color','k')%同理连接(9,5)和(14,3)
text(7.5,5,'e');%在(8.6,5)处标记e
text(20.5,9,'X(e)');%在(16,13)处标记X(e)
text(20,4,'Y(e)');%在(14,3)处标注Y(e)
text(7.2,4,'S')%在(7,3)处标注S
axisoff
```

二维随机变量(X,Y)的性质不仅与X及Y有关，而且还依赖于这两个随机变量的相互关系。因此，逐个地研究X或Y的性质是不够的，还需将(X,Y)作为一个整体进行研究。

与一维的情况类似，我们也可以借助“分布函数”来研究二维随机变量。

定义4.1　设(X,Y)是二维随机变量，对于任意实数x,y，二元函数

$$F(x,y)=P\{(X\leqslant x)\cap(Y\leqslant y)\}\xlongequal{\text{记成}}P\{X\leqslant x,Y\leqslant y\}$$

称为二维随机变量(X,Y)的分布函数，或称为随机变量X和Y的联合分布函数。

如果将二维随机变量(X,Y)看成是平面上随机点的坐标，那么，分布函数$F(x,y)$在(x,y)处的函数值就是随机点(X,Y)落在如图4.2所示的，以点(x,y)为顶点而位于该点左下方的无穷矩形域内的概率。

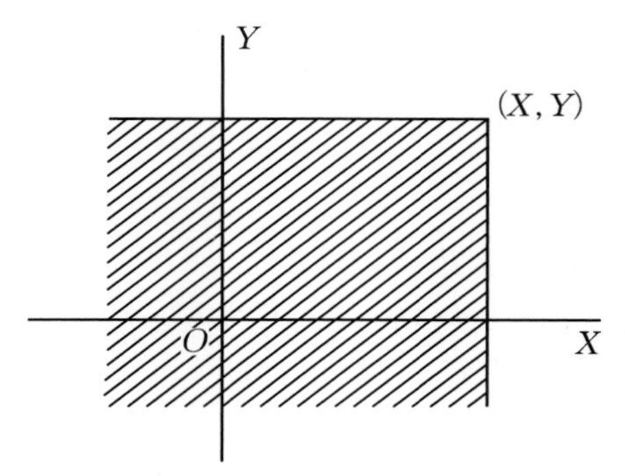

图4.2 $F(x,y)$在(x,y)处的函数值

图4.2为MATLAB所画图,本图所用命令如下:

```
clc
clear all
plot([-5,10],[0,0],'k','linewidth',1);hold on
plot([0,0],[-5,10],'k','linewidth',1)
plot([-3,7],[7,7],'k','linewidth',2)
plot([7,7],[-3,7],'k','linewidth',2)
axis([-7,12,-7,12])
b=-10:0.5:10;
for i=1:length(b);
  x=-3:0.1:7;
y=x+b(i);
for j=1:length(x);
if y(j)<-3
  y(j)=nan;
elseif y(j)>7
  y(j)=nan;
end
end
plot(x,y,'k','linewidth',1);hold on
end
text(-1,-0.5,'O','fontsize',15)
text(7.2,7.5,'(x,y)','fontsize',15)
text(9.5,-0.5,'x','fontsize',15)
text(0.2,9.8,'y','fontsize',15)
axis off
```

依照上述解释,借助于图4.3可以算出随机点(X,Y)落在矩形域$\{(x,y)|x_1<x\leqslant x_2,y_1<y\leqslant y_2\}$的概率为

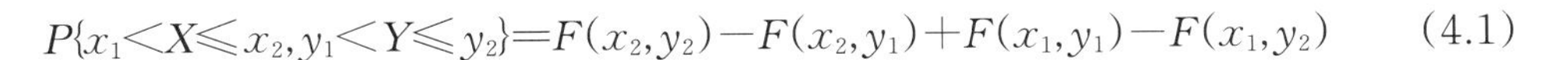

$$P\{x_1<X\leqslant x_2,y_1<Y\leqslant y_2\}=F(x_2,y_2)-F(x_2,y_1)+F(x_1,y_1)-F(x_1,y_2) \tag{4.1}$$

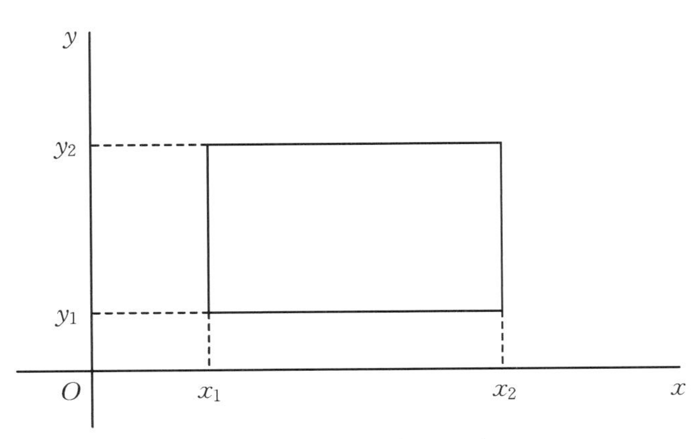

图4.3　随机点落在矩形域

图4.3为MATLAB所画图，本图所用命令如下：

```
plot([-1,10],[0,0],'k','linewidth',1);%作从-1到10的水平线
hold on
plot([0,0],[-1,6],'k','linewidth',1);%作从-1到10的竖直线
rectangle('Position',[2,1,5,3],'Curvature',[0,0]),axis equal
%rectangle为定义图形,[x,y,w,h]为xy坐标轴的起始坐标和两个方向的长度
%[u,v]表示两个方向的曲率,[0,0]为矩形,[1,1]为圆形
x1=2;%令x1=0.5
x2=7;%令x2=3.5
set(gca,'xTick',[x1 x2]);%更改x轴坐标刻度
set(gca,'xTickLabel',{'x1' 'x2'})%更改x轴坐标刻度标签
y1=1;%令y1=1
y2=4;%令y2=3
set(gca,'yTick',[y1 y2]);%更改y轴坐标刻度
set(gca,'yTickLabel',{'y1' 'y2'});%更改y轴坐标刻度标签
line([x1,x1],[0,y1],'linestyle','--','color','k');%用虚线连接(x1,0)和(x1,y1)
line([x2,x2],[0,y1],'linestyle','--','color','k');%用虚线连接(x2,0)和(x2,y1)
line([0,x1],[y1,y1],'linestyle','--','color','k')%用虚线连接(0,y1)和(x1,y1)
line([0,x1],[y2,y2],'linestyle','--','color','k')%用虚线连接(0,y2)和(x1,y2)
```

```
text(2,-0.5,'x','fontsize',15)%分别在各个点标记不同的字母
text(2.3,-0.7,'1','fontsize',10)
text(7,-0.5,'x','fontsize',15)
text(7.3,-0.7,'2','fontsize',10)
text(-0.7,1,'y','fontsize',15)
text(-0.4,0.7,'1','fontsize',10)
text(-0.7,4,'y','fontsize',15)
text(-0.4,3.7,'2','fontsize',10)
text(-0.5,-0.5,'O','fontsize',15)
text(10,-0.5,'x','fontsize',15)
text(-0.7,6,'y','fontsize',15)
axis off
```

分布函数$F(x,y)$具有以下的基本性质：

(1) $F(x,y)$是变量x和y的不减函数，即对于任意固定的y，当$x_2>x_1$时，$F(x_2,y)\geqslant F(x_1,y)$；对于任意固定的$x$，当$y_2>y_1$时，$F(x,y_2)\geqslant F(x,y_1)$。

(2) $0\leqslant F(x,y)\leqslant 1$，且

对于任意固定的y，$F(-\infty,y)=0$；

对于任意固定的x，$F(x,-\infty)=0$；

$F(-\infty,-\infty)=0$，$F(\infty,\infty)=1$。

上面四个式子可以从几何上加以说明。例如，在图4.2中将无穷矩形的右面边界向左无限平移(即$x\to-\infty$)，则“随机点(X,Y)落在这个矩形内”这一事件趋于不可能事件，故其概率趋于0，即有$F(-\infty,y)=0$；又如当$x\to\infty$，$y\to\infty$时，图4.2中的无穷矩形扩展到全平面，随机点(X,Y)落在其中这一事件趋于必然事件，故其概率趋于1，即$F(\infty,\infty)=1$。

(3) $F(x+0,y)=F(x,y)$，$F(x,y+0)=F(x,y)$，即$F(x,y)$关于x右连续，关于y也右连续。

(4) 对于任意(x_1,y_1)，(x_2,y_2)，$x_1<x_2$，$y_1<y_2$，下述不等式成立：

$$F(x_2,y_2)-F(x_2,y_1)+F(x_1,y_1)-F(x_1,y_2)\geqslant 0$$

这一性质由(4.1)式及概率的非负性即可得。

如果二维随机变量(X,Y)全部可能取到的值是有限对或可列无限多对，则称(X,Y)是离散型的随机变量。

设二维离散型随机变量(X,Y)所有可能取的值为$(x_i,y_j)(i,j=1,2,\cdots)$，记$P\{X=x_i,Y=y_j\}=p_{ij}(i,j=1,2,\cdots)$，则由概率的定义有

$$p_{ij}\geqslant 0,\quad \sum_{i=1}^{\infty}\sum_{j=1}^{\infty}p_{ij}=1$$

我们称$P\{X=x_i,Y=y_j\}=p_{ij}(i,j=1,2,\cdots)$为二维离散型随机变量$(X,Y)$的分布律，或随机变量$X$和$Y$的联合分布律。

我们也能用表格来表示X和Y的联合分布律，如表4.1所示。

表4.1　联合分布律

Y \ X	x_1	x_2	…	x_i	…
y_1	p_{11}	p_{21}	…	p_{i1}	…
y_2	p_{12}	p_{22}	…	p_{i2}	…
⋮	⋮	⋮		⋮	
y_j	p_{1j}	p_{2j}	…	p_{ij}	…
⋮	⋮	⋮		⋮	

例4.1　设随机变量X在1,2,3,4四个整数中等可能地取一个值,另一个随机变量Y在$1\sim X$中等可能地取一整数值。试求(X,Y)的分布律。

解　由乘法公式容易求得(X,Y)的分布律。易知$\{X=i,Y=j\}$的取值情况是$i=1,2,3,4$;j取不大于i的正整数,且

$$P\{X=i,Y=j\}=P\{Y=j|X=i\}P\{X=i\}=\frac{1}{i}\cdot\frac{1}{4}\quad(i=1,2,3,4,j\leqslant i)$$

于是(X,Y)的分布律为

Y \ X	1	2	3	4
1	$\frac{1}{4}$	$\frac{1}{8}$	$\frac{1}{12}$	$\frac{1}{16}$
2	0	$\frac{1}{8}$	$\frac{1}{12}$	$\frac{1}{16}$
3	0	0	$\frac{1}{12}$	$\frac{1}{16}$
4	0	0	0	$\frac{1}{16}$

将(X,Y)看成一个随机点的坐标,由图4.2知,离散型随机变量X和Y的联合分布函数为

$$F(x,y)=\sum_{x_i\leqslant x}\sum_{y_j\leqslant y}p_{ij}$$

其中和式是对一切满足$x_i\leqslant x,y_j\leqslant y$的$i,j$来求和的。

与一维随机变量相似,对于二维随机变量(X,Y)的分布函数$F(x,y)$,如果存在非负的函数$f(x,y)$使对于任意x,y有

$$F(x,y)=\int_{-\infty}^{y}\int_{-\infty}^{x}f(u,v)\,\mathrm{d}u\mathrm{d}v$$

则称(X,Y)是连续型的二维随机变量,函数$f(x,y)$称为二维随机变量(X,Y)的概率密度,或称为随机变量X和Y的联合概率密度。

按定义,概率密度$f(x,y)$具有以下性质:

(1) $f(x,y)\geqslant 0$。

(2) $\int_{-\infty}^{\infty}\int_{-\infty}^{\infty}f(x,y)\mathrm{d}x\mathrm{d}y=F(\infty,\infty)=1$。

(3) 设G是xOy平面上的区域，点(X,Y)落在G内的概率为

$$P\{(X,Y)\in G\}=\iint_G f(x,y)\mathrm{d}x\mathrm{d}y$$

(4) 若$f(x,y)$在点(x,y)连续，则有$\dfrac{\partial^2 F(x,y)}{\partial x\partial y}=f(x,y)$。

由性质(4)知，在$f(x,y)$的连续点处有

$$\lim_{\substack{\Delta x\to 0^+\\ \Delta y\to 0^+}}\frac{P\{x<X\leqslant x+\Delta x,y<Y\leqslant y+\Delta y\}}{\Delta x\Delta y}$$

$$\underline{\underline{\text{由}(1,1)}}\lim_{\substack{\Delta x\to 0^+\\ \Delta y\to 0^+}}\frac{1}{\Delta x\Delta y}[F(x+\Delta x,y+\Delta y)-F(x+\Delta x,y)-F(x,y+\Delta y)+F(x,y)]$$

$$=\frac{\partial^2 F(x,y)}{\partial x\partial y}=f(x,y)$$

这表示若$f(x,y)$在点(x,y)处连续，则当$\Delta x,\Delta y$很小时

$$P\{x<X\leqslant x+\Delta x,y<Y\leqslant y+\Delta y\}\approx f(x,y)\Delta x\Delta y$$

也就是点(X,Y)落在小长方形$(x,x+\Delta x]\times(y,y+\Delta y]$内的概率近似地等于$f(x,y)\Delta x\Delta y$。

在几何上$z=f(x,y)$表示空间的一个曲面。由性质(2)知，介于它和xOy平面的空间区域的体积为1。由性质(3)知，$P\{(X,Y)\in G\}$的值等于以G为底，以曲面$z=f(x,y)$为顶面的柱体体积。

例4.2 设二维随机变量(X,Y)具有概率密度

$$f(x,y)=\begin{cases}2\mathrm{e}^{-(2x+y)}, & x>0,y>0\\ 0, & \text{其他}\end{cases}$$

(1) 求分布函数$F(x,y)$；(2) 求概率$P\{Y\leqslant X\}$。

解 (1) 由$F(x,y)=\int_{-\infty}^{y}\int_{-\infty}^{x}f(x,y)\mathrm{d}x\mathrm{d}y=\begin{cases}\int_0^y\int_0^x 2\mathrm{e}^{-(2x+y)}, & x>0,y>0\\ 0, & \text{其他}\end{cases}$，即有

$$F(x,y)=\begin{cases}(1-\mathrm{e}^{-2x})(1-\mathrm{e}^{-y}), & x>0,y>0\\ 0, & \text{其他}\end{cases}$$

(2) 将(X,Y)看作是平面上随机点的坐标。即有

$$\{Y\leqslant X\}=\{(X,Y)\in G\}$$

其中G为xOy平面上直线$y=x$及其下方的部分，如图4.4所示。于是

$$P\{Y\leqslant X\}=P\{(X,Y)\in G\}=\iint_G f(x,y)\mathrm{d}x\mathrm{d}y=\int_0^{\infty}\int_y^{\infty}2\mathrm{e}^{-(2x+y)}\mathrm{d}x\mathrm{d}y=\frac{1}{3}$$

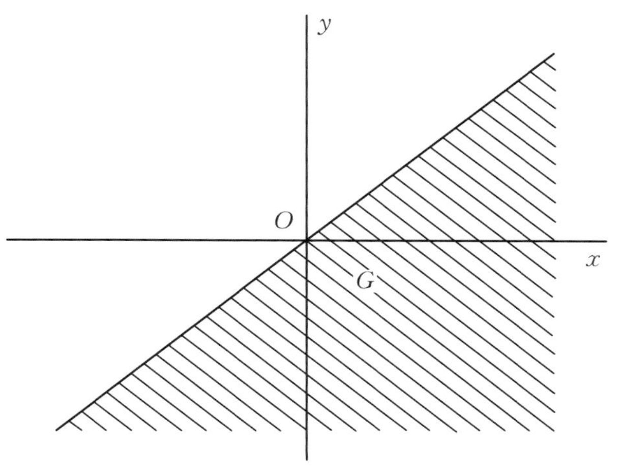

图4.4　二维随机变量分布函数区域*G*

图4.4为MATLAB所画图,本图所用命令如下:

```
clc
clear all
plot([-6,6],[0,0],'k','linewidth',1);hold on
plot([0,0],[-6,6],'k','linewidth',1)
plot([-5,5],[-5,5],'k','linewidth',2)
axis off
b=-10:0.5:10;
for i=1:length(b);
   x=-5:0.1:5;
y=-x+b(i);
for j=1:length(x);
if y(j)<-5
   y(j)=nan;
elseif y(j)>5
  y(j)=nan;
elseif y(j)>x(j)
  y(j)=nan;
end
end
plot(x,y,'k','linewidth',1);hold on
end
text(-1,0.5,'O','fontsize',15)
text(1,-1,'G','fontsize',15)
```

```
text(5.5,-0.5,'x','fontsize',15)
text(0.2,5.8,'y','fontsize',15)
```

4.2 随机变量的独立性

本节我们将利用两个事件相互独立的概念引出两个随机变量相互独立的概念,这是一个十分重要的概念。

定义 4.2 设$F(x,y)$及$F_X(x)$,$F_Y(y)$分别是二维随机变量(X,Y)的分布函数及边缘分布函数。若对于所有x,y有

$$P\{X\leqslant x,Y\leqslant y\}=P\{X\leqslant x\}P\{Y\leqslant y\} \tag{4.2}$$

即

$$F(x,y)=F_X(x)F_Y(y) \tag{4.3}$$

则称随机变量X和Y是相互独立的。

设(X,Y)是连续型随机变量,$f(x,y)$,$f_X(x)$,$f_Y(y)$分别为(X,Y)的概率密度和边缘概率密度,则X和Y相互独立的条件(4.3)等价于:等式

$$f(x,y)=f_X(x)f_Y(y) \tag{4.4}$$

在平面上几乎处处成立。

当(X,Y)是离散型随机变量时,X和Y相互独立的条件(4.3)式等价于:对于(X,Y)的所有可能取的值(x_i,y_i)有

$$P\{X=x_i,Y=y_i\}=P\{X=x_i\}P\{Y=y_i\} \tag{4.5}$$

在实际中使用(4.4)式或(4.5)式要比使用(4.3)式方便。

例4.2中的随机变量X和Y,由于

$$f_X(x)=\begin{cases}2\mathrm{e}^{-2x}, & x>0\\ 0, & \text{其他}\end{cases},\quad f_Y(y)=\begin{cases}\mathrm{e}^{-y}, & y>0\\ 0, & \text{其他}\end{cases}$$

故有$f(x,y)=f_X(x)f_Y(y)$,因而X,Y是相互独立的。

又如,若X,Y具有联合分布律

Y \ X	0	1	$P\{Y=j\}$
1	1/6	2/6	1/2
2	1/6	2/6	1/2
$P\{X=i\}$	1/3	2/3	1

则有

$$P\{X=0,Y=1\}=1/6=P\{X=0\}P\{Y=1\}$$

$$P\{X=0,Y=2\}=1/6=P\{X=0\}P\{Y=2\}$$
$$P\{X=1,Y=1\}=2/6=P\{X=1\}P\{Y=1\}$$
$$P\{X=1,Y=2\}=2/6=P\{X=1\}P\{Y=2\}$$

因而X,Y是相互独立的。

下面考察二维正态随机变量(X,Y)。它的概率密度为

$$f(x,y)=\frac{1}{2\pi\sigma_1\sigma_2\sqrt{1-\rho^2}}\cdot\exp\left\{\frac{-1}{2(1-\rho^2)}\left[\frac{(x-\mu_1)^2}{\sigma_1^2}-2\rho\frac{(x-\mu_1)(y-\mu_2)}{\sigma_1\sigma_2}+\frac{(y-\mu_2)^2}{\sigma_2^2}\right]\right\}$$

例4.3　一负责人到达办公室的时间均匀分布在8～12时，他的秘书到达办公室的时间均匀分布在7～9时，设他们两人到达的时间相互独立，求他们到达办公室的时间相差不超过5分钟(1/12小时)的概率。

解　设X和Y分别是负责人和他的秘书到达办公室的时间，由假设X和Y的概率密度分别为

$$f_X(x)=\begin{cases}\frac{1}{4}, & 8<x<12\\ 0, & 其他\end{cases},\quad f_Y(y)=\begin{cases}\frac{1}{2}, & 7<y<9\\ 0, & 其他\end{cases}$$

因为X,Y相互独立，故(X,Y)的概率密度为

$$f(x,y)=f_X(x)f_Y(y)=\begin{cases}\frac{1}{8}, & 8<x<12,7<y<9\\ 0, & 其他\end{cases}$$

按题意需要求概率$P\{|X-Y|\leqslant 1/12\}$。画出区域：$|x-y|\leqslant 1/12$，以及长方形$[8<x<12;7<y<9]$，它们的公共部分是四边形$BCC'B'$，记为G(图4.5)。显然仅当(X,Y)取值于G内时，他们两人到达的时间相差才不超过1/12小时。因此，所求的概率为

$$P\left\{|X-Y|\leqslant\frac{1}{12}\right\}=\iint_G f(x,y)\mathrm{d}x\mathrm{d}y=\frac{1}{8}\times(G的面积)$$

而

$$\begin{aligned}G的面积&=\triangle ABC的面积-\triangle AB'C'的面积\\&=\frac{1}{2}\left(\frac{13}{12}\right)^2-\frac{1}{2}\left(\frac{11}{12}\right)^2=\frac{1}{6}\end{aligned}$$

于是$P\left\{|X-Y|\leqslant\frac{1}{12}\right\}=\frac{1}{48}$。即负责人和他的秘书到达办公室的时间相差不超过5分钟的概率为1/48。

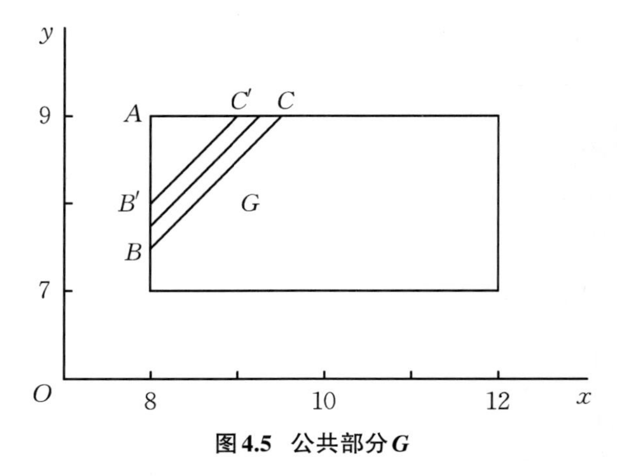

图4.5　公共部分G

图4.5为MATLAB所画图，本图所用命令如下：

```
clc
clear all
%axis off
plot([7,13],[6,6],'k','linewidth',1);hold on
plot([7,7],[6,10],'k','linewidth',1)
rectangle('position',[8,7,4,2]);
plot([8,9.5],[7.5,9],'k','linewidth',1)
plot([8,9.25],[7.75,9],'k','linewidth',1)
plot([8,9],[8,9],'k','linewidth',1)
axis([6,14,5,11])
plot([8,8],[6,6.1],'k','linewidth',1)
plot([9,9],[6,6.1],'k','linewidth',1)
plot([10,10],[6,6.1],'k','linewidth',1)
plot([11,11],[6,6.1],'k','linewidth',1)
plot([12,12],[6,6.1],'k','linewidth',1)
plot([7,7.1],[7,7],'k','linewidth',1)
plot([7,7.1],[8,8],'k','linewidth',1)
plot([7,7.1],[9,9],'k','linewidth',1)
text(6.6,5.9,'O','fontsize',15)
text(7.9,5.8,'8','fontsize',15)
text(9.9,5.8,'10','fontsize',15)
text(11.9,5.8,'12','fontsize',15)
text(12.9,5.8,'x','fontsize',15)
text(6.7,7,'7','fontsize',15)
text(6.7,9,'9','fontsize',15)
```

```
text(6.7,10,'y','fontsize',15)
text(7.7,7.5,'B','fontsize',15)
text(7.5,8.1,"B'",'fontsize',15)
text(7.7,9,'A','fontsize',15)
text(9,8,'G','fontsize',15)
text(8.8,9.2,"C'",'fontsize',15)
text(9.4,9.2,'C','fontsize',15)
axis off
```

4.3　n维随机变量

以上关于二维随机变量的讨论，不难推广到$n(n>2)$维随机变量的情况。一般地，设E是一个随机试验，它的样本空间是$S=\{e\}$，设$X_1=X_1(e),X_2=X_2(e),\cdots,X_n=X_n(e)$是定义在$S$上的随机变量，由它们构成的一个$n$维向量$(X_1,X_2,\cdots,X_n)$叫作$n$维随机向量或$n$维随机变量。

对于任意n个实数$x_1,x_2,\cdots,x_n$，n元函数

$$F(x_1,x_2,\cdots,x_n)=P\{X_1\leqslant x_1,X_2\leqslant x_2,\cdots,X_n\leqslant x_n\}$$

称为n维随机变量$(X_1,X_2,\cdots,X_n)$的分布函数或随机变量$X_1,X_2,\cdots,X_n$的联合分布函数。它具有类似于二维随机变量的分布函数的性质。

上面说过，n维随机变量$(X_1,X_2,\cdots,X_n)$的分布函数定义为

$$F(x_1,x_2,\cdots,x_n)=P\{X_1\leqslant x_1,X_2\leqslant x_2,\cdots,X_n\leqslant x_n\}$$

其中$x_1,x_2,\cdots,x_n$为任意实数。

若存在非负函数$f(x_1,x_2,\cdots,x_n)$，使对于任意实数$x_1,x_2,\cdots,x_n$有

$$F(x_1,x_2,\cdots,x_n)=\int_{-\infty}^{x_n}\int_{-\infty}^{x_{n-1}}\cdots\int_{-\infty}^{x_1}f(x_1,x_2,\cdots,x_n)\mathrm{d}x_1\mathrm{d}x_2\cdots\mathrm{d}x_n$$

则称$f(x_1,x_2,\cdots,x_n)$为$(X_1,X_2,\cdots,X_n)$的概率密度函数。

设$(X_1,X_2,\cdots,X_n)$的分布函数$F(x_1,x_2,\cdots,x_n)$为已知，则$(X_1,X_2,\cdots,X_n)$的$k(1\leqslant k<n)$维边缘分布函数就随之确定。例如$(X_1,X_2,\cdots,X_n)$关于X_1、关于(X_1,X_2)的边缘分布函数分别为

$$F_{X_1}(x_1)=F(x_1,\infty,\infty,\cdots,\infty)$$

$$F_{X_1,X_2}(x_1,x_2)=F(x_1,x_2,\infty,\infty,\cdots,\infty)$$

又若$f(x_1,x_2,\cdots,x_n)$是$(X_1,X_2,\cdots,X_n)$的概率密度，则$(X_1,X_2,\cdots,X_n)$关于X_1、关于(X_1,X_2)的边缘概率密度分别为

$$f_{X_1}(x_1)=\int_{-\infty}^{\infty}\int_{-\infty}^{\infty}\cdots\int_{-\infty}^{\infty}f(x_1,x_2,\cdots,x_n)\mathrm{d}x_2\mathrm{d}x_3\cdots\mathrm{d}x_n$$

$$f_{X_1,X_2}(x_1,x_2)=\int_{-\infty}^{\infty}\int_{-\infty}^{\infty}\cdots\int_{-\infty}^{\infty}f(x_1,x_2,\cdots,x_n)\mathrm{d}x_3\mathrm{d}x_4\cdots\mathrm{d}x_n$$

若对于所有的$x_1,x_2,\cdots,x_n$有

$$F(x_1,x_2,\cdots,x_n)=F_{X_1}(x_1)F_{X_2}(x_2)\cdots F_{X_n}(x_n)$$

则称$X_1,X_2,\cdots,X_n$是相互独立的。

若对于所有的$x_1,x_2,\cdots,x_m;y_1,y_2,\cdots,y_n$有

$$F(x_1,x_2,\cdots,x_m,y_1,y_2,\cdots,y_n)=F_1(x_1,x_2,\cdots,x_m)F_2(y_1,y_2,\cdots,y_n)$$

其中F_1,F_2,F依次为随机变量$(X_1,X_2,\cdots,X_m)$，$(Y_1,Y_2,\cdots,Y_n)$和$(X_1,X_2,\cdots,X_m,Y_1,Y_2,\cdots,Y_n)$的分布函数，则称随机变量$(X_1,X_2,\cdots,X_m)$和$(Y_1,Y_2,\cdots,Y_n)$是相互独立的。

我们有以下的定理，它在数理统计中是很有用的。

定理4.1 设$(X_1,X_2,\cdots,X_m)$和$(Y_1,Y_2,\cdots,Y_n)$相互独立，则$X_i(i=1,2,\cdots,m)$和$Y_j(j=1,2,\cdots,n)$相互独立。又若h,g是连续函数，则$h(X_1,X_2,\cdots,X_m)$和$g(Y_1,Y_2,\cdots,Y_n)$相互独立。

本章小结

将一维随机变量的概念加以扩充，就得到多维随机变量。本章着重讨论了二维随机变量。二维随机变量的分布律和概率密度的性质与一维的类似。

随机变量的独立性是随机事件独立性的扩充。我们也常利用问题的实际意义去判断两个随机变量独立性。例如，若X,Y分别表示两个工厂生产的显像管的寿命，我们可以认为X,Y是相互独立的。

本章在进行各种问题的计算时，要用到二重积分或用到二元函数固定其中一个变量对另一个变量的积分。此时千万要搞清楚积分变量的变化范围。题目做错，往往是由于在进行积分运算时，将有关的积分区间或积分区域搞错了。在做题时，画出有关函数的定义域的图形，对于正确确定积分上下限肯定是有帮助的。另外，所求得的边缘密度、条件密度或$Z=X+Y$的密度等，往往是分段函数，正确写出分段函数的表达式当然是必须的。

第5章　随机变量的统计特性

前面的章节主要讨论了随机变量的概率分布问题,这种分布完整地描述了随机变量的概率性质。然而在很多实际问题的研究中,并不需要知道随机变量的全部概率性质,事实上很多问题中随机变量的概率分布也较难确定,而只要知道它的某些统计特征就够了。例如,要考察大批生产的某品牌产品的质量情况,当然如果能了解这批产品寿命的分布是最好的,但想知道寿命的分布情况往往是困难的,而实践中人们往往更关心这种产品的平均寿命以及这批产品寿命与平均寿命的分散程度。因为平均寿命越高说明产品质量就越好,分散程度越小说明产品质量越稳定。类似的情况有很多,又比如我们在了解一个地区居民的经济状况时,首先关心的是居民的平均收入及居民收入与平均收入的差异情况,即收入的分散程度等。

从上面的例子中可以体会到,与随机变量相关的某些数值,可以描述随机变量分布在某些方面的重要特征。例如上面提到的平均值和分散程度,就是刻画随机变量性质的两类最常用、最重要的数字特征。对多维随机变量而言,则还需要有一类刻画各分量之间关系的数字特征。本章将介绍随机变量的几个常用数字特征:数学期望、方差、协方差和相关系数。最后介绍随机变量的特征函数。

5.1　数学期望

5.1.1　离散型随机变量的数学期望

定义 5.1　设离散型随机变量X的分布律为$P\{X=x_k\}=p_k(k=1,2,\cdots)$,若级数$\sum\limits_{k=1}^{\infty}x_kp_k$绝对收敛,则称此级数的和为随机变量$X$的数学期望,简称$X$的期望或均值,记为$E(X)$,即

$$E(X)=\sum_{k=1}^{\infty}x_kp_k$$

在这个定义中需要注意以下两点:

(1) X的数学期望$E(X)$是一个实数,它形式上是X的可能值的加权平均,其权重是其可能值相应的概率,实质上它体现了随机变量X取值的平均值,描述了其分布的“中心”所在位置。如果将X的概率分布看作总质量为1的质量分布,则$E(X)$就是质量分布的重心。因为

$E(X)$完全由X的分布所决定，所以又称为分布的均值。

(2) $E(X)$作为刻画随机变量X的平均取值特性的数值，不应与$\sum_{k=1}^{\infty} x_k p_k$各项的排列次序有关，这一实际要求在数学表达上体现为定义中要求的级数$\sum_{k=1}^{\infty} x_k p_k$绝对收敛。

离散型随机变量的频率等于区间的频数/总数，频率直方图的横轴为组距，纵轴为频率/组距，(频率密度)将离散型随机变量的组距无限缩小，得到的频率直方图的近似拟合曲线可看作是连续型随机变量的概率密度，如图5.1所示。

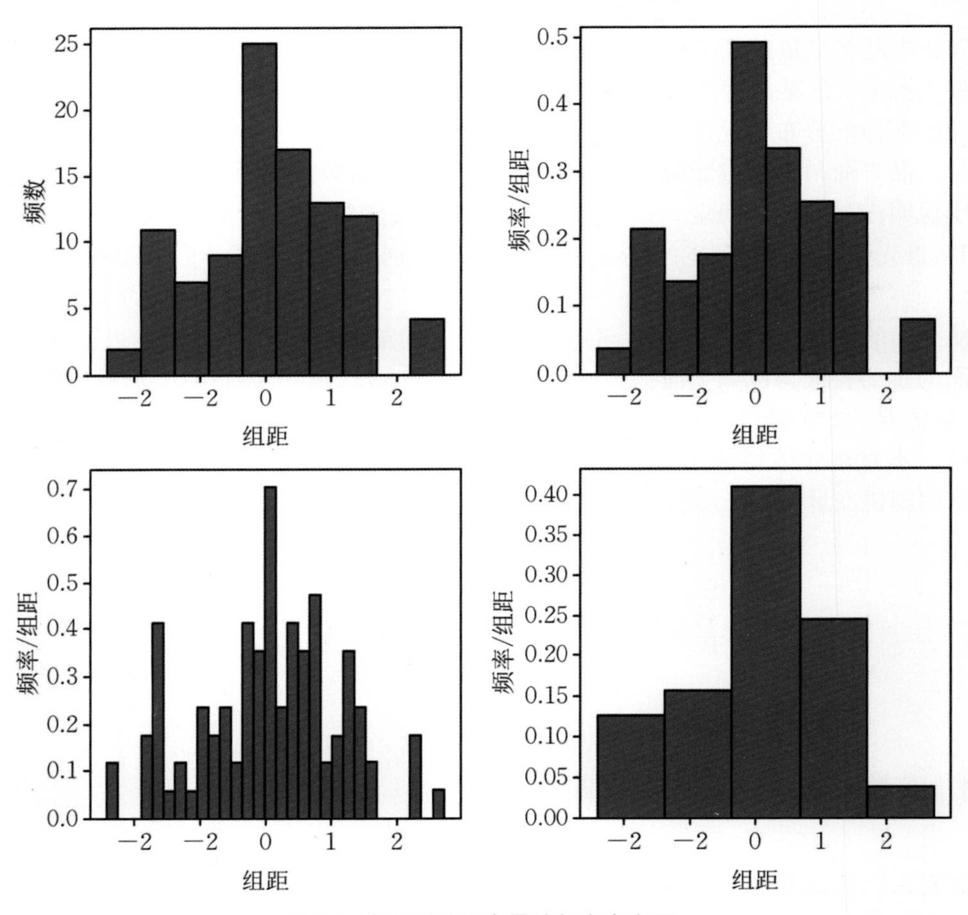

图5.1 离散型随机变量的频率直方图

例5.1 某医院当新生儿诞生时，医生要根据婴儿的皮肤颜色、肌肉弹性、反应的敏感性、心脏的搏动等方面的情况进行评分，新生儿的得分X是一个随机变量。据以往的资料表明X的分布律为

X	0	1	2	3	4	5	6	7	8	9	10
p_k	0.002	0.001	0.002	0.005	0.02	0.04	0.18	0.37	0.25	0.12	0.01

试求X的数学期望$E(X)$。

解　$E(X)=0\times0.002+1\times0.001+2\times0.002+3\times0.005+4\times0.02$
$+5\times0.04+6\times0.18+7\times0.37+8\times0.25+9\times0.12+10\times0.01$
$=7.15$(分)

以上问题可在MATLAB中进行求解,在命令窗口键入:

```
>> X=[0:10]
>> pk=[0.002 0.001 0.002 0.005 0.02 0.04 0.18 0.37 0.25 0.12 0.01]
>> EX=X*pk'
```

回车后显示结果为

```
EX=
     7.1500
```

这意味着,若考察医院出生的很多新生儿,例如1000个,那么一个新生儿的平均得分约7.15分,1000个新生儿共得分约7150分。

例5.2　在一个人数很多的团体中普查某种疾病,为此要抽验N个人的血液,可以用两种方法进行:① 将每个人的血液分别去验,这就需验N次。② 按k个人一组进行分组,把从k个人抽来的血混合在一起进行检验。如果这混合血液呈阴性反应,就说明k个人的血都呈阴性反应,这样,这k个人的血就只需验一次。若呈阳性,则再对这k个人的血液分别进行化验。这样,k个人的血总共要化验$k+1$次。假设每个人化验呈阳性的概率为p,且这些人的试验反应是相互独立的。试说明当p较小时,选取适当的k,按第二种方法可以减少化验的次数。并说明k取什么值时最适宜。

解　各人的血液呈阴性反应的概率为$q=1-p$。因而k个人的混合血液呈阴性反应的概率为q^k,k个人的混合血液呈阳性反应的概率为$1-q^k$。

设以k个人为一组时,组内每人化验的次数为X,则X是一个随机变量,其分布律为

X	$\frac{1}{k}$	$\frac{k+1}{k}$
p_k	q^k	$1-q^k$

X的数学期望为

$$E(X)=\frac{1}{k}q^k+\left(1+\frac{1}{k}\right)(1-q^k)=1-q^k+\frac{1}{k}$$

N个人平均需化验的次数为

$$N\left(1-q^k+\frac{1}{k}\right)$$

由此可知,只要选择k使

$$1-q^k+\frac{1}{k}<1$$

则N个人平均需化验的次数$<N$。当p固定时,我们选取k使得

$$L=1-q^k+\frac{1}{k}$$

小于1且取到最小值，这时就能得到最好的分组方法。

例如，$p=0.1$，则$q=0.9$，当$k=4$时，$L=1-q^k+\frac{1}{k}$取到最小值。此时得到最好的分组方法。若$N=1000$，此时以$k=4$分组，则按第二种方法平均只需化验

$$1000\left(1-0.9^4+\frac{1}{4}\right)=594(次)$$

这样平均来说，可以减少40%的工作量。

例5.3 设$X\sim P(\lambda)$，求$E(X)$。

解 X的分布律为

$$P\{X=k\}=\frac{\lambda^k e^{-\lambda}}{k!}\quad(k=0,1,2,\cdots;\lambda>0)$$

X的数学期望为

$$E(X)=\sum_{k=0}^{\infty}k\frac{\lambda^k e^{-\lambda}}{k!}=\lambda e^{-\lambda}\sum_{k=1}^{\infty}\frac{\lambda^{k-1}}{(k-1)!}=\lambda e^{-\lambda}\cdot e^{\lambda}=\lambda$$

即$E(X)=\lambda$。

5.1.2 连续型随机变量的数学期望

若X是连续型随机变量，设其密度函数为$f(x)$。在z轴上用密集的点列$\{x_k\}$将x轴分为许多的小区间(图5.2)，则X落在任一小区间$[X_k,X_{k+1}]$上的概率近似为$f(x_k)(x_{k+1}-x_k)$，因此，X可近似离散化为以概率$f(x_k)(x_{k+1}-x_k)$取值X_k的离散型随机变量，其数学期望为$\sum_k x_k f(x_k)(x_{k+1}-x_k)$，若这样的分割无限加细，则此和式极限存在即为$\int_{-\infty}^{+\infty}xf(x)\mathrm{d}x$，这就启发我们引入连续型随机变量的数学期望。

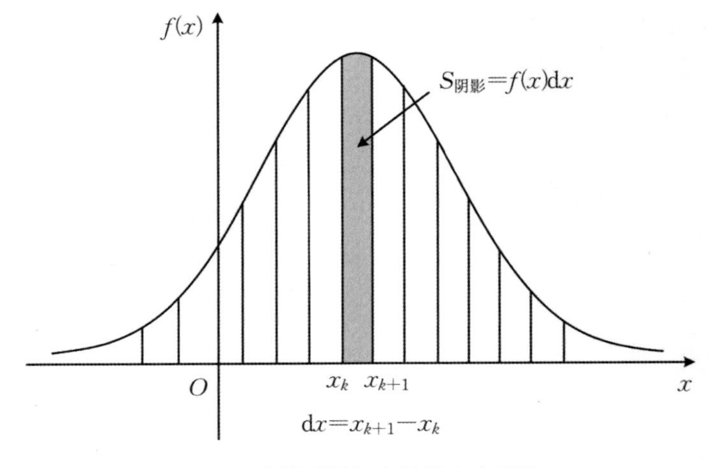

图5.2 连续型随机变量的密度函数

定义5.2　设连续型随机变量X的概率密度为$f(x)$，若积分$\int_{-\infty}^{+\infty} xf(x)\mathrm{d}x$绝对收敛，则称此积分值为随机变量$X$的数学期望，简称为$X$的期望或均值，记为$E(X)$。即

$$E(X)=\int_{-\infty}^{+\infty} xf(x)\mathrm{d}x$$

例5.4　设$X\sim U(a,b)$，求$E(X)$。

解　X的概率密度为

$$f(x)=\begin{cases}\dfrac{1}{b-a}, & a<x<b\\ 0, & \text{其他}\end{cases}$$

X的数学期望为

$$E(X)=\int_{-\infty}^{\infty} xf(x)\mathrm{d}x=\int_a^b \frac{x}{b-a}\mathrm{d}x=\frac{a+b}{2}$$

即数学期望位于区间(a,b)的中点。

例5.5　设风速V在$(0,a)$上服从均匀分布，即具有概率密度

$$f(v)=\begin{cases}\dfrac{1}{a}, & 0<v<a\\ 0, & \text{其他}\end{cases}$$

又设飞机机翼受到的正压力W是V的函数：$W=kV^2$($k>0$，常数)，求W的数学期望。

解

$$E(W)=\int_{-\infty}^{\infty} kv^2 f(v)\mathrm{d}v=\int_0^a kv^2\frac{1}{a}\mathrm{d}v=\frac{1}{3}ka^2$$

例5.6　有两个相互独立工作的电子装置，它们的寿命（以小时计）X_k($k=1,2$)服从同一指数分布，其概率密度为

$$f(x)=\begin{cases}\dfrac{1}{\theta}\mathrm{e}^{-x/\theta}, & x>0,\theta>0\\ 0, & x\leqslant 0\end{cases}$$

若将这两个电子装置串联组成整机，求整机寿命（以小时计）N的数学期望。

解　X_k($k=1,2$)的分布函数为

$$F(x)=\begin{cases}1-\mathrm{e}^{-x/\theta}, & x>0\\ 0, & x\leqslant 0\end{cases}$$

由式$N=\min\{X_1,X_2\}$的分布函数为

$$F_{\min}(x)=1-[1-F(x)]^2=\begin{cases}1-\mathrm{e}^{-2x/\theta}, & x>0\\ 0, & x\leqslant 0\end{cases}$$

因而N的概率密度为

$$f_{\min}(x)=\begin{cases}\dfrac{2}{\theta}\mathrm{e}^{-2x/\theta}, & x>0\\ 0, & x\leqslant 0\end{cases}$$

于是N的数学期望为

$$E(N)=\int_{-\infty}^{\infty}xf_{\min}(x)\mathrm{d}x=\int_{0}^{\infty}\frac{2x}{\theta}\mathrm{e}^{-2x/\theta}\mathrm{d}x=\frac{\theta}{2}$$

例 5.7 某公司计划开发一种新产品市场，并试图确定该产品的产量。他们估计出售一件产品可获利 m 元，而积压一件产品导致 n 元的损失。再者，他们预测销售量 Y(件)服从指数分布，其概率密度为

$$f_Y(y)=\begin{cases}\frac{1}{\theta}\mathrm{e}^{-y/\theta}, & y>0,\theta>0\\ 0, & y\leqslant 0\end{cases}$$

问若要获得利润的数学期望最大，应生产多少件产品(m,n,θ均为已知)？

解 设生产 x 件，则获利 Q 是 x 的函数

$$Q=Q(x)=\begin{cases}mY-n(x-Y), & Y<x\\ mx, & Y\geqslant x\end{cases}$$

Q 是随机变量，它是 Y 的函数，其数学期望为

$$E(Q)=\int_{0}^{\infty}Qf_Y(y)\mathrm{d}y=\int_{0}^{x}[my-n(x-y)]\frac{1}{\theta}\mathrm{e}^{-y/\theta}\mathrm{d}y+\int_{x}^{\infty}mx\frac{1}{\theta}\mathrm{e}^{-y/\theta}\mathrm{d}y$$

$$=(m+n)\theta-(m+n)\theta\mathrm{e}^{-\frac{x}{\theta}}-nx$$

令

$$\frac{\mathrm{d}}{\mathrm{d}x}E(Q)=(m+n)\mathrm{e}^{-\frac{x}{\theta}}-n=0$$

得 $x=-\theta\ln\frac{n}{m+n}$。而 $\frac{\mathrm{d}^2}{\mathrm{d}x^2}E(Q)=\frac{-(m+n)}{\theta}\mathrm{e}^{-x/\theta}<0$，故知当 $x=-\theta\ln\frac{n}{m+n}$ 时，$E(Q)$ 取极大值，且可知这也是最大值。

例如，若

$$f_Y(y)=\begin{cases}\frac{1}{10000}\mathrm{e}^{-\frac{y}{10000}}, & y>0\\ 0, & y\leqslant 0\end{cases}$$

且有 $m=500$ 元，$n=2000$ 元，则

$$x=-10000\ln\frac{2000}{500+2000}=2231.4$$

取 $x=2231$ 件。

5.1.3 随机变量函数的数学期望

我们常常需要计算随机变量函数的期望，例如计算 $Y=g(X)$ 的期望，由随机变量函数分布的求法，可以先确定 $Y=g(X)$ 的分布，进而计算 Y 的期望 $E(Y)$，但由前两章的讨论可以看出，确定 Y 的分布并不容易，因此这种计算方法较繁琐，尤其是求多维随机变量函数的期望时更是如此。所以在求随机变量函数的期望时，一般利用下面定理的结论去计算。定理的重要意义在于当我们求 $E(Y)$ 时，不必知道 Y 的分布而只需知道 X 的分布就可以了。

定理5.1 设Y是随机变量X的函数,即$Y=g(x)$($g(x)$是连续函数)。

(1) 设X的分布律为$P\{X=x_k\}=p_k(k=1,2,\cdots)$,若$\sum_{k=1}^{\infty}g(x_k)p_k$绝对收敛,则有

$$E(Y)=E[g(X)]=\sum_{k=1}^{\infty}g(x_k)p_k$$

(2) 设X的概率密度为$f(x)$,若$\int_{-\infty}^{+\infty}g(x)f(x)\mathrm{d}x$绝对收敛,则有

$$E(Y)=E[g(X)]=\int_{-\infty}^{+\infty}g(x)f(x)\mathrm{d}x$$

定理5.2 设Z是随机变量(X,Y)的函数,即$Z=g(X,Y)$($g(x,y)$是连续函数)。

(1) 设(X,Y)的分布律为$p\{X=x_i,Y=y_j\}=p_{ij}(i,j=1,2,\cdots)$,若级数$\sum_{-\infty}^{+\infty}\sum_{-\infty}^{+\infty}g(x_i,y_i)p_{ij}$绝对收敛,则

$$E(Z)=E(g(X,Y))=\sum_{j=1}^{\infty}\sum_{i=1}^{\infty}g(x_i,y_j)p_{ij}$$

(2) 设(X,Y)的概率密度为$f(x,y)$,若积分$\int_{-\infty}^{+\infty}\int_{-\infty}^{+\infty}g(x,y)f(x,y)\mathrm{d}x\mathrm{d}y$绝对收敛,则

$$E(Z)=E[g(X,Y)]=\int_{-\infty}^{+\infty}\int_{-\infty}^{+\infty}g(x,y)f(x,y)\mathrm{d}x\mathrm{d}y$$

例5.8 设随机变量(X,Y)的概率密度

$$f(x,y)=\begin{cases}\dfrac{3}{2x^3y^2}, & \dfrac{1}{x}<y<x,x>1\\ 0, & \text{其他}\end{cases}$$

求数学期望$E(Y),E\left(\dfrac{1}{XY}\right)$。

解

$$E(Y)=\int_{-\infty}^{\infty}\int_{-\infty}^{\infty}yf(x,y)\mathrm{d}y\mathrm{d}x=\int_{1}^{\infty}\int_{\frac{1}{x}}^{x}\frac{3}{2x^3y}\mathrm{d}y\mathrm{d}x=\frac{3}{2}\int_{1}^{\infty}\frac{1}{x^3}\ [\ln y]_{\frac{1}{x}}^{x}\mathrm{d}x$$

$$=3\int_{1}^{\infty}\frac{\ln x}{x^3}\mathrm{d}x=\left[-\frac{3}{2}\frac{\ln x}{x^2}\right]_{1}^{\infty}+\frac{3}{2}\int_{1}^{\infty}\frac{1}{x^3}\mathrm{d}x=\frac{3}{4}$$

$$E\left(\frac{1}{XY}\right)=\int_{-\infty}^{\infty}\int_{-\infty}^{\infty}\frac{1}{xy}f(x,y)\mathrm{d}y\mathrm{d}x=\int_{1}^{\infty}\mathrm{d}x\int_{\frac{1}{x}}^{x}\frac{3}{2x^4y^3}\mathrm{d}y=\frac{3}{5}$$

以上问题可在MATLAB中进行求解,在命令窗口键入:

```
>> syms x y
>> fxy=3/(2*x.^3*y.^2)
>> EY=int(int(y*fxy,y,1/x,x),x,1,inf)
>> E1XY=int(int((1/(x*y))*fxy,y,1/x,x),x,1,inf)
```

回车后显示结果为

```
EY =
    3/4
E1XY =
    3/5
```

例 5.9 设一电路中电流I(A)与电阻R(Ω)是两个相互独立的随机变量,其概率密度分别为

$$g(i)=\begin{cases}2i, & 0\leqslant i\leqslant 1\\ 0, & 其他\end{cases},\quad h(r)=\begin{cases}\dfrac{r^2}{9}, & 0\leqslant r\leqslant 3\\ 0, & 其他\end{cases}$$

试求电压$V=IR$的均值。

解

$$E(V)=E(IR)=E(I)E(R)$$

$$=\left[\int_{-\infty}^{\infty} ig(i)\mathrm{d}i\right]\left[\int_{-\infty}^{\infty} rh(r)\mathrm{d}r\right]=\left(\int_0^1 2i^2\mathrm{d}i\right)\left(\int_0^3 \frac{r^3}{9}\mathrm{d}r\right)=\frac{3}{2}\,(\mathrm{V})$$

以上问题可在MATLAB中进行求解,在命令窗口键入:

```
>> syms i r
>> gi=2*i
>> EI=int(i*gi,0,1)
>> hr=(r^2)/9
>> ER=int(r*hr,0,3)
>> EV=EI*ER
```

回车后显示结果为

```
EV =
    3/2
```

5.1.4 数学期望的性质

数学期望具有以下几条重要性质(设涉及的随机变量的数学期望均存在):

(1) 设C为常数,则有$E(C)=C$;

(2) 设X是一个随机变量,C为常数,则有$E(CX)=CE(X)$;

(3) 设X, Y是两个随机变量,则有$E(X+Y)=E(X)+E(Y)$,这一性质可以推广到任意有限个随机变量之和的情况:$E\left(\sum_{k=1}^{n} X_k\right)=\sum_{k=1}^{n} E(X_k)$;

(4) 设X, Y是相互独立的随机变量,则有$E(XY)=E(X)E(Y)$,这一性质可以推广到任意有限个相互独立的随机变量之积的情况:设$X_1, X_2, \cdots, X_n$相互独立,则$E\left(\prod_{k=1}^{n} X_k\right)=\prod_{k=1}^{n} E(X_k)$。

(5) 若$X\geqslant 0$,则$E(X)\geqslant 0$。由此性质进一步可推得:若$X\geqslant Y$,则$E(X)\geqslant E(Y)$;$|E(X)|\leqslant E(|X|)$。

证　性质(1)、(5)显然成立。对于性质(2)、(3)和(4),只需分离散型和连续型随机变量这两种情况,利用定理5.1及定理5.2中公式即可证明。例如,对于性质(3),设二维随机变量(X,Y)的概率密度为$f(x,y)$,其边缘概率密度为$f_X(x)$,$f_Y(y)$,则有

$$\begin{aligned}E(X+Y)&=\int_{-\infty}^{+\infty}\int_{-\infty}^{+\infty}(x+y)f(x,y)\mathrm{d}x\mathrm{d}y\\&=\int_{-\infty}^{+\infty}\int_{-\infty}^{+\infty}xf(x,y)\mathrm{d}x\mathrm{d}y+\int_{-\infty}^{+\infty}\int_{-\infty}^{+\infty}yf(x,y)\mathrm{d}x\mathrm{d}y\\&=\int_{-\infty}^{+\infty}xf_X(x)\mathrm{d}x+\int_{-\infty}^{+\infty}yf_Y(y)\mathrm{d}y\\&=E(X)+E(Y)\end{aligned}$$

对于性质(4),若X和Y相互独立,且分布律分别为

$$P\{X=x_i\}=p_i\quad(i=1,2,\cdots),\quad P\{Y=y_j\}=q_j\quad(j=1,2,\cdots)$$

则

$$\begin{aligned}E(XY)&=\sum_{i=1}^{\infty}\sum_{j=1}^{\infty}x_iy_jp_{ij}=\sum_{i=1}^{\infty}\sum_{j=1}^{\infty}x_iy_ip_iq_j\\&=\sum_{i=1}^{\infty}x_ip_i\sum_{j=1}^{\infty}y_jq_j=E(X)E(Y)\end{aligned}$$

性质(3)和(4)常用来简化随机变量数学期望的计算。例如,在计算一些分布较复杂甚至难以确定的随机变量的数学期望时,若能将X表示成有限个简单随机变量之和,那么利用性质(3)就可以大大简化我们的问题。

例5.10　一民航送客车载有20位旅客自机场开出,旅客有10个车站可以下车。如到达一个车站没有旅客下车就不停车。以X表示停车的次数,求$E(X)$(每位旅客在各个车站下车是等可能的,并设各位旅客是否下车相互独立)。

解　引入随机变量

$$X_i=\begin{cases}0, & \text{在第}i\text{站没有人下车}\\1, & \text{在第}i\text{站有人下车}\end{cases}\quad(i=1,2,\cdots,10)$$

易知$X=X_1+X_2+\cdots+X_{10}$。现在来求$E(X)$。

按题意,任一旅客在第i站不下车的概率为$\dfrac{9}{10}$,因此,20位旅客都不在第i站下车的概率为$\left(\dfrac{9}{10}\right)^{20}$,在第$i$站有人下车的概率为$1-\left(\dfrac{9}{10}\right)^{20}$,也就是

$$P\{X_i=0\}=\left(\frac{9}{10}\right)^{20},\quad P\{X_i=1\}=1-\left(\frac{9}{10}\right)^{20}\quad(i=1,2,\cdots,10)$$

由此

$$E(X_i)=1-\left(\frac{9}{10}\right)^{20}\quad(i=1,2,\cdots,10)$$

进而

$$E(X)=E(X_1+X_2+\cdots+X_{10})=E(X_1)+E(X_2)+\cdots+E(X_{10})$$
$$=10\left[1-\left(\frac{9}{10}\right)^{20}\right]=8.784(\text{次})$$

本题是将X分解成数个随机变量之和,然后利用随机变量和的数学期望等于随机变量数学期望之和来求数学期望的,这种处理方法具有一定的普遍意义。

5.2 方差、标准差和变异系数

设X是一个随机变量,若$E\{[X-E(X)]^2\}$存在,则称$E\{[X-E(X)]^2\}$为随机变量X的方差,记为$D(X)$或$\mathrm{Var}(X)$,即

$$D(X)=E\{[X-E(X)]^2\} \tag{5.1}$$

而称$\sqrt{D(X)}$为标准差或均方差,记为σX,即$\sigma X=\sqrt{D(X)}$。

X的均方差是与随机变量X具有相同量纲的量。由定义,随机变量X的方差是X的取值与其数学期望值之差的平方的期望值,以X取值的概率为权的加权平均。它刻画了X的取值与其数学期望的偏离程度,若X的取值比较集中,则$D(X)$较小;反之,若X的取值比较分散,则$D(X)$较大。

注意到,对任意的随机变量X,$D(X)$不一定存在。例如,X的概率密度为$f(x)=\frac{1}{\pi}\frac{1}{1+x^2}$,因为$E(X)$不存在,所以$D(X)$不存在。

由(5.1)式,因为方差是随机变量函数$[X-E(X)]^2$的均值,所以根据定理5.1,当X为离散型随机变量时,设其分布律为$P\{X=x_k\}=p_k(k=1,2,\cdots)$,则

$$D(X)=E\{[X-E(X)]^2\}=\sum_{k=1}^{\infty}[x_k-E(X)^2]p_k$$

当X为连续型随机变量时,设其概率密度为$f(x)$,则

$$D(X)=\int_{-\infty}^{\infty}[x-E(X)]^2f(x)\mathrm{d}x$$

例5.11 设随机变量X具有数期$E(X)=\mu$,方差$D(X)=\sigma^2\neq 0$。记

$$X^*=\frac{X-\mu}{\sigma}$$

则

$$E(X^*)=\frac{1}{\sigma}E(X-\mu)=\frac{1}{\sigma}[E(X)-\mu]=0$$
$$D(X^*)=E(X^{*2})-[E(X^*)]^2=E\left[\left(\frac{X-\mu}{\sigma}\right)^2\right]=\frac{1}{\sigma^2}E[(X-\mu)^2]=\frac{\sigma^2}{\sigma^2}=1$$

即$X^*=\frac{X-\mu}{\sigma}$的数学期望为0,方差为1。X^*称为X的标准化变量。

例5.12 设随机变量X具有0-1分布,其分布律为

$$P\{X=0\}=1-p,\quad P\{X=1\}=p$$

求$D(X)$。

解

$$E(X)=0\cdot(1-p)+1\cdot p=p$$
$$E(X^2)=0^2\cdot(1-p)+1^2\cdot p=p$$
$$D(X)=E(X^2)-[E(X)]^2=p-p^2=p(1-p)$$

例5.13 设随机变量$X\sim P(\lambda)$,求$D(X)$。

解 随机变量X的分布律为

$$P\{X=k\}=\frac{\lambda^k \mathrm{e}^{-\lambda}}{k!}\quad(k=0,1,2,\cdots;\lambda>0)$$
$$E(X)=\lambda$$

而

$$E(X^2)=E[X(X-1)+X]=E[X(X-1)]+E(X)$$
$$=\lambda^2\mathrm{e}^{-\lambda}\sum_{k=2}^{\infty}\frac{\lambda^{k-2}}{(k-2)!}+\lambda=\lambda^2\mathrm{e}^{-\lambda}\mathrm{e}^{\lambda}+\lambda=\lambda^2+\lambda$$

所以方差

$$D(X)=E(X^2)-[E(X)]^2=\lambda$$

由此可知,泊松分布的数学期望与方差相等,都等于参数λ。因为泊松分布只含一个参数λ,只要知道它的数学期望或方差就能完全确定它的分布了。

例5.14 设随机变量$X\sim U(a,b)$,求$D(X)$。

解 X的概率密度为

$$f(x)=\begin{cases}\dfrac{1}{b-a}, & a<x<b\\ 0, & 其他\end{cases}$$
$$E(X)=\frac{a+b}{2}$$

方差为

$$D(X)=E(X^2)-[E(X)]^2=\int_a^b x^2\frac{1}{b-a}\mathrm{d}x-\left(\frac{a+b}{2}\right)^2=\frac{(b-a)^2}{12}$$

例5.15 设随机变量X服从指数分布,其概率密度为

$$f(x)=\begin{cases}\dfrac{1}{\theta}\mathrm{e}^{-x/\theta}, & x>0\\ 0, & x\leqslant 0\end{cases}$$

其中$\theta>0$,求$E(X)$,$D(X)$。

解

$$E(X)=\int_{-\infty}^{\infty}xf(x)\mathrm{d}x=\int_{0}^{\infty}x\frac{1}{\theta}\mathrm{e}^{-x/\theta}\mathrm{d}x=-x\mathrm{e}^{-\frac{x}{\theta}}\Big|_{0}^{\infty}+\int_{0}^{\infty}\mathrm{e}^{-x/\theta}\mathrm{d}x=\theta$$

$$E(X^2)=\int_{-\infty}^{\infty}x^2f(x)\mathrm{d}x=\int_{0}^{\infty}x^2\frac{1}{\theta}\mathrm{e}^{-x/\theta}\mathrm{d}x=-x^2\mathrm{e}^{-\frac{x}{\theta}}\Big|_{0}^{\infty}+\int_{0}^{\infty}2x\mathrm{e}^{-x/\theta}\mathrm{d}x=2\theta^2$$

于是$D(X)=E(X^2)-[E(X)]^2=2\theta^2-\theta^2=\theta^2$。即有$E(X)=\theta,D(X)=\theta^2$。

随机变量的方差具有如下性质(假定涉及的随机变量的方差均存在):

(1) 若C是常数,则$D(C)=0$;

(2) 设X是随机变量,a是常数,则$D(aX)=a^2D(X)$,从而$D(aX+b)=a^2D(X)$;

(3) 设X是随机变量,则$D(X)=E(X^2)-[E(X)]^2$;

(4) 设X,Y是两个相互独立的随机变量,则有$D(X\pm Y)=D(X)+D(Y)$。

这一性质可以推广到任意有限多个相互独立的随机变量之和的情况。即若$X_1,X_2,\cdots,X_n$相互独立,则$D\left(\sum_{k=1}^{n}X_k\right)=\sum_{k=1}^{n}D(X_k)$。

$D(X)=0$的充要条件是X以概率1取常数C,即$P\{X=C\}=1$。显然,这里$C=E(X)$。

若常数$C\neq E(X)$,则$D(X)<E[(X-C)^2]$。

例5.16 设随机变量$X\sim b(n,p)$,求$E(X),D(X)$。

解 由二项分布的定义知,随机变量X是n重伯努利试验中事件A发生的次数,且在每次试验中A发生的概率为p。引入随机变量

$$X_k=\begin{cases}1, & A\text{在第}k\text{次试验发生}\\0, & A\text{在第}k\text{次试验不发生}\end{cases}\quad(k=1,2,\cdots,n)$$

易知$X=X_1+X_2+\cdots+X_n$。

由于X_k只依赖于第k次试验,而各次试验相互独立,于是$X_1,X_2,\cdots,X_n$相互独立,又知X_k($k=1,2,\cdots,n$)服从同一0-1分布

X_k	0	1
p_k	$1-p$	p

上式表明以n,p为参数的二项分布变量,可分解成为n个相互独立且都服从以p为参数的0-1分布的随机变量之和。

由于$E(X_k)=p,D(X_k)=p(1-p)(k=1,2,\cdots,n)$。故知

$$E(X)=E\left(\sum_{k=1}^{n}X_k\right)=\sum_{k=1}^{n}E(X_k)=np$$

又由于$X_1,X_2,\cdots,X_n$相互独立,得

$$D(X)=D\left(\sum_{k=1}^{n}X_k\right)=\sum_{k=1}^{n}D(X_k)=np(1-p)$$

即$E(X)=np,D(X)=np(1-p)$。

变异系数又称"标准差率",是衡量资料中各观测值变异程度的另一个统计量。当进行两个或多个资料变异程度的比较时,如果度量单位与平均数相同,可以直接利用标准差来比较。如果单位和(或)平均数不同时,比较其变异程度就不能采用标准差,而需采用标准差与

平均数的比值(相对值)来比较。

标准差与平均数的比值称为变异系数,记为δ_x。变异系数可以消除单位和(或)平均数的不同对两个或多个资料变异程度比较的影响。

5.3 矩

设X和Y是随机变量,若$E(X^k)(k=1,2,\cdots)$存在,则称它为X的k阶原点矩,简称k阶矩;

若$E\{[X-E(X)]^k\}(k=2,3,\cdots)$存在,则称它为$X$的$k$阶中心矩;

若$E(X^kY^l)(k,l=1,2,\cdots)$存在,则称它为$X$和$Y$的$k+l$阶混合矩;

若$E\{[X-E(X)]^k[Y-E(Y)]^l\}(k,l=1,2,\cdots)$存在,则称它为$X$和$Y$的$k+l$阶混合中心矩。

显然,X的数学期望$E(X)$是X的一阶原点矩,方差$D(X)$是X的二阶中心矩。

5.4 协方差和相关系数

本节讨论随机向量的数字特征,介绍随机向量的数学期望,并引入描述随机向量每个分量之间关系的数字特征协方差与相关系数及协方差矩阵,并利用这些概念将二维正态分布推广至n维正态分布。

5.4.1 随机向量的数学期望

对于n维随机向量$(X_1,X_2,\cdots,X_n)$,常将向量$(X_1,X_2,\cdots,X_n)$用列向量形式表示,并记为$\boldsymbol{X}$,即$(X_1,X_2,\cdots,X_n)'$。

定义5.3 设$(X_1,X_2,\cdots,X_n)'$为n维随机向量,若$E(X_k)(k=1,2,\cdots,n)$均存在,并记$\mu_k=E(X_k)$,则称$\boldsymbol{\mu}=(\mu_1,\mu_2,\cdots,\mu_n)'$为随机向量$\boldsymbol{X}$的数学期望或均值,记为$E(\boldsymbol{X})$。

例如,随机向量$\boldsymbol{X}=(X_1,X_2)'$服从二维正态分布$N(\mu_1,\mu_2,\sigma_1^2,\sigma_2^2)$,由于$X_1\sim N(\mu_1,\sigma_1^2)$,$X_2\sim N(\mu_2,\sigma_2^2)$,从而$E(X_1)=\mu_1$,$E(X_2)=\mu_2$,因此$E(\boldsymbol{X})=(\mu_1,\mu_2)'$。

又设$\boldsymbol{X}=(X_1,X_2,\cdots,X_n)'$,$\boldsymbol{Y}=(Y_1,Y_2,\cdots,Y_n)'$,且$E(\boldsymbol{X})$,$E(\boldsymbol{Y})$均存在,则随机向量的数学期望具有如下性质:

(1) 设$\boldsymbol{C}$为常向量,则有$E(\boldsymbol{C})=\boldsymbol{C}$;

(2) 对任意实数a,有$E(a\boldsymbol{X})=aE(\boldsymbol{X})$;

(3) 对任意的$m\times n$阶非随机矩阵$\boldsymbol{A}$,有$E(\boldsymbol{AX})=\boldsymbol{A}E(\boldsymbol{X})$;

(4) $E(\boldsymbol{X}\pm\boldsymbol{Y})=E(\boldsymbol{X})\pm E(\boldsymbol{Y})$;

(5) 若$\boldsymbol{X}$,$\boldsymbol{Y}$相互独立,则$E(\boldsymbol{X}'\boldsymbol{Y})=[E(\boldsymbol{X})]'E(\boldsymbol{Y})$。

5.4.2 随机向量的协方差矩阵

对于随机向量，不仅要关心它的每个分量作为一维随机变量的均值和方差，更需要了解各个分量之间的关系，因此考虑引入新的数字特征，在某种意义上来描述各个分量之间的关联程度。

首先，可以考虑二维随机变量(X,Y)，注意到若X,Y相互独立，则有$E\{[X-E(X)][Y-E(Y)]\}=0$。若$E\{[X-E(X)][Y-E(Y)]\}\neq 0$，则$X,Y$不相互独立。这表明量$E\{[X-E(X)]\cdot[Y-E(Y)]\}$从某种程度上反映了$X,Y$间的关系，于是有如下定义。

定义 5.4 对二维随机变量(X,Y)，若$E(X)$，$E(Y)$及$E\{[X-E(X)][Y-E(Y)]\}$均存在，则量$E\{[X-E(X)][Y-E(Y)]\}$称为随机变量X与Y的协方差，记为$\mathrm{Cov}(X,Y)$，即

$$\mathrm{Cov}(X,Y)=E\{[X-E(X)][Y-E(Y)]\}$$

易证，协方差具有下述性质：

(1) $\mathrm{Cov}(X,Y)=E(XY)-E(X)E(Y)$；

(2) $D(X\pm Y)=D(X)+D(Y)\pm 2\mathrm{Cov}(X,Y)$；

(3) 一般地，有

$$D\left(\sum_{i=1}^{n}c_iX_i\right)=\sum_{i,j=1}^{n}c_ic_j\mathrm{Cov}(X_i,X_j)=\sum_{i=1}^{n}c_i^2D(X_i)+2\sum_{i<j}c_ic_j\mathrm{Cov}(X_i,X_j)$$

(4) 对称性：$\mathrm{Cov}(X,Y)=\mathrm{Cov}(Y,X)$；

(5) 设a,b是常数，则$\mathrm{Cov}(aX,bY)=ab\mathrm{Cov}(X,Y)$；

(6) 对单个变量的线性性：$\mathrm{Cov}(aX_1+bX_2,Y)=a\mathrm{Cov}(X_1,Y)+b\mathrm{Cov}(X_2,Y)$。

其中性质(1)和(2)常用来通过数学期望或方差计算协方差。

在实际应用中，注意到协方差是一个有量纲的量，例如(X,Y)表示炮弹落点横坐标与纵坐标的误差，若均以米为单位，则协方差的单位是平方米，X,Y改用其他单位，则虽然X,Y之间的关系并未改变，但反映这种关系的数值却可能有很大的变化。因此，需要引入一个不依赖于度量单位的量来表示这一数字特征。

定义 5.5 在定义 5.4 中，当$D(X)>0$，$D(Y)>0$时，称

$$\rho_{XY}=\frac{\mathrm{Cov}(X,Y)}{\sqrt{D(X)}\cdot\sqrt{D(Y)}} \tag{5.2}$$

为随机变量X与Y的相关系数或标准协方差。

由(5.2)式有

$$\rho_{XY}=\frac{\mathrm{Cov}(X,Y)}{\sqrt{D(X)}\cdot\sqrt{D(Y)}}=E\left\{\left[\frac{X-E(X)}{\sigma_X}\right]\left[\frac{Y-E(Y)}{\sigma_Y}\right]\right\}=\mathrm{Cov}(X^*,Y^*)$$

其中$X^*=\dfrac{X-E(X)}{\sigma_X}$，$Y^*=\dfrac{Y-E(Y)}{\sigma_Y}$，且$E(X^*)=E(Y^*)=0$，$D(X^*)=D(Y^*)=1$。

一般地，数学期望为0，方差为1的随机变量的分布称为标准分布，故ρ_{XY}又称为标准协

方差。

相关系数ρ_{XY}具有下述性质：

(1) $|\rho_{XY}|\leqslant 1$；

(2) $|\rho_{XY}|=1$的充要条件是存在常数a,b，使$P\{Y=aX+b\}=1$。

例5.17　设(X,Y)的分布律为

$Y \backslash X$	-2	-1	1	2	$P\{Y=j\}$
1	0	1/4	1/4	0	1/2
4	1/4	0	0	1/4	1/2
$P\{X=i\}$	1/4	1/4	1/4	1/4	1

易知$E(X)=0$，$E(Y)=5/2$，$E(XY)=0$，于是$\rho_{XY}=0$，X,Y不相关。这表示X,Y不存在线性关系。但由$P\{X=-2,Y=1\}=0\neq P\{X=-2\}P\{Y=1\}$，可知$X,Y$不是相互独立的。事实上，$X$和$Y$具有关系：$Y=X^2$，$Y$的值完全可由$X$的值所确定。

例5.18　设(X,Y)服从二维正态分布，它的概率密度为

$$f(x,y)=\frac{1}{2\pi\sigma_1\sigma_2\sqrt{1-\rho^2}}\cdot\exp\left\{\frac{-1}{2(1-\rho^2)}\left[\frac{(x-\mu)^2}{\sigma_1^2}-2\rho\frac{(x-\mu_1)(x-\mu_2)}{\sigma_1\sigma_2}+\frac{(y-\mu)^2}{\sigma_2^2}\right]\right\}$$

求X和Y的相关系数。

解　已知(X,Y)的边缘概率密度为

$$f_X(x)=\frac{1}{\sqrt{2\pi}\,\sigma_1}\mathrm{e}^{-\frac{(x-\mu)^2}{2\sigma_1^2}}\quad(-\infty<x<+\infty)$$

$$f_Y(y)=\frac{1}{\sqrt{2\pi}\,\sigma_2}\mathrm{e}^{-\frac{(x-\mu)^2}{2\sigma_2^2}}\quad(-\infty<y<+\infty)$$

故知$E(X)=\mu_1$，$E(Y)=\mu_2$，$\mathrm{Var}(X)=\sigma_1^2$，$\mathrm{Var}(Y)=\sigma_2^2$，而

$$\begin{aligned}\mathrm{Cov}(X,Y)&=\int_{-\infty}^{+\infty}\int_{-\infty}^{+\infty}(x-\mu_1)(y-\mu_2)f(x,y)\mathrm{d}x\mathrm{d}y\\&=\frac{1}{2\pi\sigma_1\sigma_2\sqrt{1-\rho^2}}\int_{-\infty}^{+\infty}\int_{-\infty}^{+\infty}(x-\mu_1)(y-\mu_2)\\&\quad\cdot\exp\left[\frac{-1}{2(1-\rho^2)}\left(\frac{y-\mu_2}{\sigma_2}-\rho\frac{x-\mu_1}{\sigma_1}\right)-\frac{(x-\mu_1)^2}{\sigma_1^2}\right]\mathrm{d}y\mathrm{d}x\end{aligned}$$

令$t=\dfrac{1}{\sqrt{1-\rho^2}}\left(\dfrac{y-\mu}{\sigma_2}-\rho\dfrac{x-\mu}{\sigma_1}\right)$，$u=\dfrac{x-\mu_1}{\sigma_1}$，则有

$$\mathrm{Cov}(X,Y)=\frac{1}{2\pi}\int_{-\infty}^{+\infty}\int_{-\infty}^{+\infty}\left(\sigma_1\sigma_2\sqrt{1-\rho^2}\,tu+\rho\sigma_1\sigma_2u^2\right)\mathrm{e}^{-\frac{(u^2+t^2)^2}{2}}\mathrm{d}t\mathrm{d}u$$

$$=\frac{\rho\sigma_1\sigma_2}{2\pi}\left(\int_{-\infty}^{+\infty}u^2\mathrm{e}^{-\frac{u^2}{2}}\mathrm{d}u\right)\left(\int_{-\infty}^{+\infty}\mathrm{e}^{-\frac{t^2}{2}}\mathrm{d}u\right)+\frac{\sigma_1\sigma_2\sqrt{1-\rho^2}}{2\pi}\left(\int_{-\infty}^{+\infty}u\mathrm{e}^{-\frac{u^2}{2}}\mathrm{d}u\right)\left(\int_{-\infty}^{+\infty}t\mathrm{e}^{-\frac{t^2}{2}}\mathrm{d}u\right)$$

$$=\frac{\rho\sigma_1\sigma_2}{2\pi}\sqrt{2\pi}\cdot\sqrt{2\pi}$$

即$\mathrm{Cov}(X,Y)=\rho\sigma_1\sigma_2$。

故$\rho_{XY}=\dfrac{\mathrm{Cov}(X,Y)}{\sigma_X\sigma_Y}=\rho$。

本章小结

随机变量的数字特征是由随机变量的分布确定的,能描述随机变量某一个方面的特征的常数。最重要的数字特征是数学期望和方差。数学期望$E(X)$描述随机量X取值的平均大小,方差$D(X)=E\{[X-E(X)]^2\}$描述随机变量X与它自己的数学期望$E(X)$的偏离程度。数学期望和方差在应用和理论上都非常重要。

相关系数ρ_{XY}有时也称为线性相关系数,它是一个可以用来描述随机变量(X,Y)的两个分量X,Y之间的线性关系紧密程度的数字特征。当$|\rho_{XY}|$较小时,X,Y的线性相关的程度较差;当$\rho_{XY}=0$时,称X,Y不相关。不相关是指X,Y之间不存在线性关系,X,Y不相关,它们还可能存在除线性关系之外的关系。又由于X,Y相互独立是对X,Y的一般关系而言的,因此有以下的结论:X,Y相互独立,则X,Y一定不相关;反之,若X,Y不相关,则X,Y不一定相互独立。

特别地,对于二维正态随机变量(X,Y),X和Y不相关与X和Y相互独立是等价的。而二元正态随机变量的相关系数ρ_{XY}就是参数ρ。于是,用“$\rho=0$”是否成立来检验X,Y是否相互独立是很方便的。

第6章　随机场的基本理论

天然岩土体在形成过程中由于所处的不同沉积环境以及后期的地质作用影响，其物理力学参数具有显著的空间变异特性，表现为不同空间位置处，参数测试值的离散性和不确定性。通过取样测试或原位测试只能获取土体在空间有限点的参数，无法对其参数特性进行逐点精确把握，达到掌握岩体参数全空间变化规律的目的，给岩土工程研究带来不便。鉴于此，Vanmarcke[25]率先引入随机场理论，建立了土性剖面随机场模型。将土体剖面看成是空间位置坐标的随机函数，通过对点方差的折减完成点特性到空间平均特性的过渡，实现了通过有限样本点对未知点参数特性的估计，奠定了随机场理论研究岩土参数空间变异性的基础。随着研究的深入，土体参数的空间变异特性研究得到进一步的发展和完善。目前已形成了数据处理、平稳性与各态历经性检验、相关距离计算、随机场的离散与模拟的完整体系[35,56-59]，为岩土工程可靠度设计提供参数支撑。Vanmarcke随机场是在随机过程的基础上引申而来的，是随机过程在空间域上的推广，深入理解随机过程是学习和掌握随机场理论的先决条件。

6.1 随机过程

6.1.1　随机过程的基本概念

随机过程是在随机现象研究中提出的数学概念，其本质意义在于：某一不确定事物变化的过程无法采用一个或几个时间t的确定的函数来定量描述，即对事物变化的全过程进行一次试验，得到的结果是一个关于时间t的函数，但对同一事物的变化过程，进行多次独立重复试验结果各不相同，且各次试验前无法预知试验结果。

随机过程在任一时刻的状态都可以用随机变量衡量，因此可以利用随机变量统计描述方法来描述随机过程的统计特性。

设(Ω,Γ,P)为一概率空间，T是给定的参数集，如果对任一$t\in T$，有一定义在(Ω,Γ,P)上的随机变量$X(t,e)$与之对应，则称$\{X(t,e)\}$为(Ω,Γ,P)上的随机过程，简记为$\{X(t),t\in T\}$。

随机过程的统计特性中包含两个重要的概念：一是状态空间；二是样本函数。

状态空间：固定$t\in T$，T一般指时间、距离、质量等物理量的集合，把随机过程中的取值称为在时刻t的状态，并将所有可能的状态构成的集合称为随机过程的状态空间，用E来表示。

样本函数：$X(t,e)$是一个二元函数，当$e\in Q$确定时，它是自变量为t，定义域为T的函数，称为该随机过程的样本函数。

随机过程可依其在任一时刻t的状态是连续型随机变量或离散型随机变量分为连续型随机过程与离散型随机过程。当集合T是有限不可分或无限区间时，称$\{X(t),t\in T\}$为连续型随机过程。当T为离散集合时，如$T=\{0,1,2,\cdots,n\}$，称$\{X(t),t\in T\}$为离散型随机过程。

给定随机过程$\{X(t),t\in T\}$，对于每一个固定的t，随机变量$X(t)$的分布函数记为

$$F(x,t)=P\{X(t)\leqslant x\}\quad(x\in\mathbf{R}) \tag{6.1}$$

$F(x,t)$称为随机过程$\{X(t),t\in T\}$的一维分布函数，而$\{F(x,t),t\in T\}$称为一维分布函数族。

一维分布函数族刻画了随机过程在各个时刻的统计特性。为了描述随机过程在不同时刻状态之间的统计联系，由一维进行引申扩展，可对任意$N=2,3,\cdots$个不同时刻$t_1,t_2,\cdots\in T$，引入n维随机变量$(X(t_1),X(t_2),\cdots,X(t_n))$，其分布函数记为

$$F(x_1,x_2,\cdots,x_n;t_1,t_2,\cdots,t_n)=P\{X(t_1)\leqslant x_1,X(t_2)\leqslant x_2,\cdots,X(t_n)\leqslant x_n\} \tag{6.2}$$

式中，$x_i\in R(i=1,2,\cdots,n)$，对于固定的n，称$\{F(x_1,x_2,\cdots,x_n;t_1,t_2,\cdots,t_n)\}$为随机过程$\{X(t),t\in T\}$的$n$维分布函数族。

当n取值足够大时，n维分布函数族可以近似地描述随机过程的统计特性。n取值越大，n维分布函数族描述随机过程的特性越完善。一般情况下，有限维分布函数族即$\{F(x_1,x_2,\cdots,x_n;t_1,t_2,\cdots,t_n)\}$完全确定了随机过程的统计特性。

6.1.2 随机过程的数字特征

随机过程的分布函数族能完善地刻画随机过程的统计特性，但在实际研究中，因研究样本的有限性，难以确定有限维分布函数族，类比随机变量的数字特征，引入随机过程的基本数字特征——均值函数、方差函数和相关函数等用以描述随机过程。

对于给定的随机过程$\{X(t),t\in T\}$，固定t，$X(t)$是一个随机变量，其均值函数为$X(t)$的一阶原点矩，记为

$$\mu_X(t)=E[X(t)]=\int_{-\infty}^{\infty}xf(x,t)\mathrm{d}x \tag{6.3}$$

均值函数$\mu_X(t)$是随机过程的所有样本函数在时刻t的函数值的平均值，也称为集平均或统计平均，其表征了随机过程$X(t)$在各个时刻变化的摆动中心，可以用来衡量一组随机变量的变化趋势，如图6.1所示。

其次，随机变量$X(t)$的二阶中心矩称为方差函数，其数学表达为

$$\sigma_X^2(t)=D_X(t)=\mathrm{Var}[X(t)]=E\{[X(t)-\mu_X(t)]^2\} \tag{6.4}$$

它表示随机过程$X(t)$在时刻t对于均值$\mu_X(t)$的平均偏离程度。

相关函数是衡量两个或多个随机变量相关程度的数学量，对于任意$t_1,t_2\in T$，随机过程$\{X(t),t\in T\}$的相关函数定义为$X(t_1),X(t_2)$的二阶原点混合矩，记为

$$R_{XX}(t_1,t_2)=E[X(t_1)X(t_2)] \tag{6.5}$$

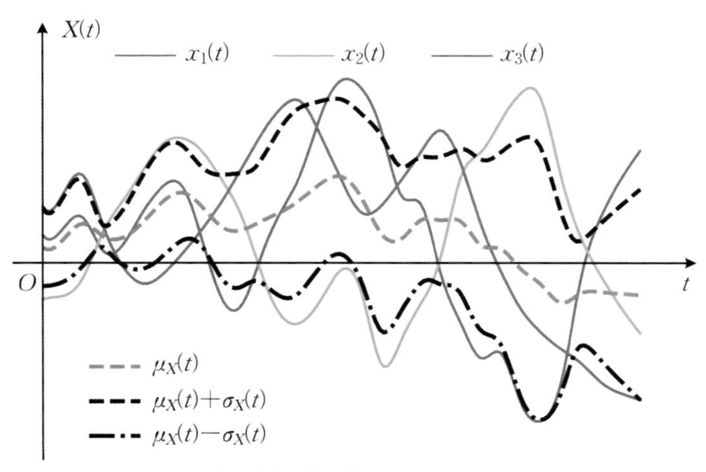

图6.1　随机变量样本的数据波动与均值函数

相关函数表征两随机变量的相关性，相关程度大小由相关系数ρ确定。

$$\rho_{xy}=\frac{\mathrm{Cov}(X,Y)}{\sqrt{D(X)}\sqrt{D(Y)}}=\frac{\sigma_{xy}}{\sigma_x\sigma_y}=\rho_{xy} \tag{6.6}$$

称ρ为变量X和Y的相关系数。若$\rho=0$，则称X与Y不相关；且ρ越大，相关性越大，$|\rho|\leqslant 1$。

随机过程$\{X(t),t\in T\}$的二阶中心混合矩称为随机过程的协方差函数，记为$C_{XX}(t_1,t_2)$，其表达式为

$$C_{XX}(t_1,t_2)=\mathrm{Cov}\big(X(t_1),X(t_2)\big)=E\big\{\big[X(t_1)-\mu_X(t_1)\big]\big[X(t_2)-\mu_X(t_2)\big]\big\} \tag{6.7}$$

由多维随机变量数字特征的知识可知，自相关函数和自协方差函数是刻画随机过程自身在两个不同时刻的状态之间统计依赖关系的数字特征。

分布函数、均值函数、自相关函数和自协方差函数是描述随机过程最重要的四项统计特征，它们确定后即可完整地刻画一个随机过程。

6.1.3　高斯随机过程

一个随机过程$\{X(t),t\in T\}$，在$t\in T$中的任意n个时刻$t_1,t_2,\cdots,t_n$上的n维随机矢量$X(t_1),X(t_2),\cdots,X(t_n)$的联合分布概率密度函数服从高斯分布，则称其为高斯过程。即存在

$$X=\big\{X(t_1),X(t_2),\cdots,X(t_n)\big\}\sim N(\mu,\Sigma) \tag{6.8}$$

研究表明，自然界中绝大多数随机问题可以用高斯分布或对数高斯分布进行分析，因此研究高斯随机过程具有重要意义。

一个n维高斯随机过程的概率密度函数表示如下：

$$f_n(x_1,x_2,\cdots,x_n;t_1,t_2,\cdots,t_n)=\frac{1}{\sqrt{2\pi}\prod_{i=1}^{n}\sigma_i\sqrt{|\boldsymbol{B}|}}\exp\left[\frac{-1}{2|\boldsymbol{B}|}\sum_{j=1}^{n}\sum_{k=1}^{n}|\boldsymbol{B}|_{jk}\left(\frac{x_j-\mu_k}{\sigma_j}\right)\left(\frac{x_k-\mu_k}{\sigma_k}\right)\right] \tag{6.9}$$

式中$\mu_k=E\left[X(t_k)\right]$，$\sigma_k^2=E\left[X(t_k)-\mu_k\right]$，$|\boldsymbol{B}|=\begin{vmatrix}1 & b_{12} & \cdots & b_{1n}\\ B_{21} & 1 & \cdots & b_{2n}\\ \vdots & \vdots & & \vdots\\ B_{n1} & b_{n2} & \cdots & 1\end{vmatrix}$，$b_{jk}$为随机过程归一化协方差函数，$|\boldsymbol{B}|_{jk}$为$b_{jk}$的代数余子式。

由(6.9)式可以看出，高斯过程的n维分布函数完全由n个随机变量的数学期望、方差和归一化协方差函数决定。因此掌握了高斯过程的数字特征即可对其进行完整描述。如果高斯随机过程在不同时刻的取值是不相关的，即对所有$j\neq k$有$b_{jk}=0$，则(6.9)式可以写为

$$\begin{aligned}f_n(x_1,x_2,\cdots,x_n;t_1,t_2,\cdots,t_n)&=\frac{1}{\sqrt{2\pi}\prod_{i=1}^{n}\sigma_i}\exp\left[-\sum_{i=1}^{n}\frac{\left(x_i-\mu_i\right)^2}{2\sigma_i^2}\right]\\&=\prod_{i=1}^{n}\frac{1}{\sqrt{2\pi}\,\sigma_i}\exp\left[\frac{\left(x_i-\mu_i\right)^2}{2\sigma_i^2}\right]\\&=f\left(x_1,t_1\right)f\left(x_2,t_2\right)\cdots f\left(x_n,t_n\right)\end{aligned} \tag{6.10}$$

则高斯过程在不同时刻的取值是统计独立的。高斯过程在任一时刻上的样值是一个一维高斯随机变量，其一维概率密度函数$f(x)$可表示为

$$f(x)=\frac{1}{\sqrt{2\pi}\,\sigma}\exp\left[-\frac{(x-\mu)^2}{2\sigma^2}\right] \tag{6.11}$$

式中μ为高斯随机变量的数学期望，σ^2为方差。$f(x)$曲线如图6.2所示。

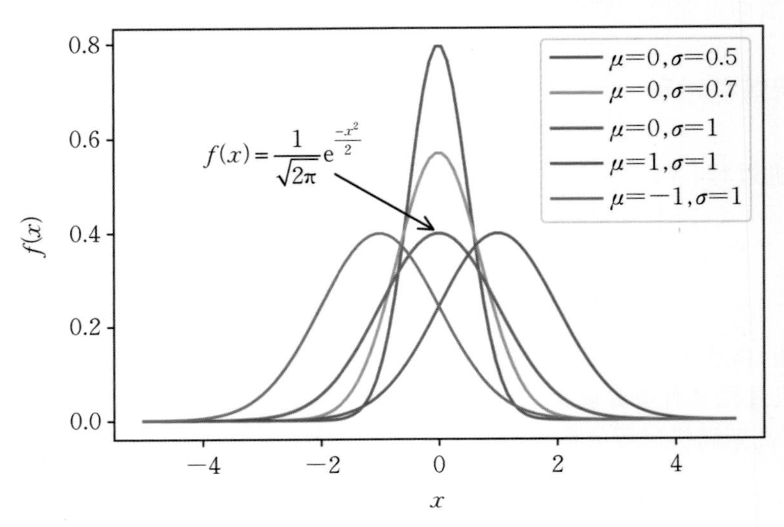

图6.2　一维高斯分布的概率密度曲线

一维高斯随机过程的概率密度函数为钟形曲线，如图6.2所示，在几何意义上，数学期望μ为概率密度曲线的位置参数，曲线关于$x=\mu$对称，σ相同的概率密度曲线随μ的变化而发生平移；σ为曲线的尺度参数。$f(x)$随着σ的增大而变低和变宽。当$\mu=0,\sigma=1$时，随机变量服从标准正态分布，其概率密度函数为

$$f(x)=\frac{1}{\sqrt{2\pi}}\exp\left(-\frac{x^2}{2}\right) \tag{6.12}$$

高斯随机过程具有以下特性：

(1) 高斯过程的特性完全由其期望函数$\mu_t=E[X_t]$和协方差函数$\Sigma_{s,t}=\mathrm{Cov}(X_s,X_t)$决定。

(2) 高斯随机过程在不同时刻t_i,t_k的取值不相关和相互独立等价，即平稳高斯过程在任意两个不同时刻不相关，则也一定是相互独立的。

(3) 高斯过程的广义平稳性意味着严格平稳性，即广义平稳高斯过程一定是严平稳过程。

(4) 高斯随机过程经线性变换其结果仍具有高斯性。即对于具有期望向量$\boldsymbol{\mu}$和协方差函数Σ的高斯过程X_i，由其产生的任何线性组合$\sum_{i=1}^{n}b_iX_i$都具有正态分布。

(5) 对于n维高斯分布，其任意$k(k<n)$维边缘分布仍是高斯分布，$k(k<n)$维条件分布仍是高斯分布。

产生具有指定期望函数μ_t和协方差函数$\Sigma_{s,t}$在时刻$t_1,t_2,\cdots,t_n$的高斯随机过程$\{X(t),t\in T\}$可以通过以下算法：

(1) 构造均值向量$\boldsymbol{\mu}=(\mu_1,\mu_2,\cdots,\mu_n)^{\mathrm{T}}$和协方差矩阵$\boldsymbol{\Sigma}_{ij}$；

(2) 求解协方差矩阵$\boldsymbol{\Sigma}$的方根$\boldsymbol{A}$，使其满足$\boldsymbol{\Sigma}=\boldsymbol{A}\boldsymbol{A}^{\mathrm{T}}$；

(3) 生成满足$Z_1,Z_2,\cdots,Z_n\sim N(0,1)$的独立标准正态随机向量，使$\boldsymbol{Z}=(Z_1,Z_2,\cdots,Z_n)^{\mathrm{T}}$，这一步骤可以使用计算机的伪随机数生成工具得到。

(4) 通过公式(6.13)得到满足给定均值和协方差的具有高斯分布的随机向量

$$\boldsymbol{X}=\boldsymbol{\mu}+\boldsymbol{A}\boldsymbol{Z} \tag{6.13}$$

利用乔里斯基的平方根方法，总是可以找到一个实值下三角矩阵$\boldsymbol{A}$，使得$\boldsymbol{\Sigma}=\boldsymbol{A}\boldsymbol{A}^{\mathrm{T}}$。有时求解分解形式$\boldsymbol{\Sigma}=\boldsymbol{B}\boldsymbol{B}^*$更容易，其中$\boldsymbol{B}=\boldsymbol{B}_1+\mathrm{i}\boldsymbol{B}_2$是一个具有共轭转置$\boldsymbol{B}^*=\boldsymbol{B}_1^{\mathrm{T}}-\mathrm{i}\boldsymbol{B}_2^{\mathrm{T}}$的复矩阵。设$\boldsymbol{Z}=\boldsymbol{Z}_1+\mathrm{i}\boldsymbol{Z}_2$，其中$\boldsymbol{Z}_1$和$\boldsymbol{Z}_2$是独立的标准正态随机向量，如上面的步骤(3)所示。则随机向量$\boldsymbol{X}=\boldsymbol{B}_1\boldsymbol{Z}_1-\boldsymbol{B}_2\boldsymbol{Z}_2$具有协方差矩阵$\boldsymbol{\Sigma}$。

高斯向量$\boldsymbol{X}\sim N(\mu,\boldsymbol{\Sigma})$也可以使用其精度矩阵$\boldsymbol{\Lambda}=\boldsymbol{\Sigma}^{-1}$进行模拟。设$\boldsymbol{Z}=\boldsymbol{D}^{\mathrm{T}}\boldsymbol{Y}$，其中$\boldsymbol{Z}\sim N(0,1)$。如果$\boldsymbol{D}\boldsymbol{D}^{\mathrm{T}}$是$\boldsymbol{\Lambda}$的乔里斯基分解，则$\boldsymbol{Y}$是具有协方差矩阵的零均值多元正态向量。

$$E[\boldsymbol{Y}\boldsymbol{Y}^{\mathrm{T}}]=(\boldsymbol{D}^{-1})^{\mathrm{T}}E[\boldsymbol{Z}\boldsymbol{Z}^{\mathrm{T}}](\boldsymbol{D}^{-1})=\boldsymbol{\Lambda}^{-1}=\boldsymbol{\Sigma} \tag{6.14}$$

其算法如下：

(1) 对精度矩阵进行乔里斯基分解；

(2) 生成满足$Z_1,Z_2,\cdots,Z_n\sim N(0,1)$的独立标准正态随机向量，使$\boldsymbol{Z}=(Z_1,Z_2,\cdots,Z_n)^{\mathrm{T}}$；

(3) 使用向前迭代求解$\boldsymbol{Y},\boldsymbol{Z}=\boldsymbol{DTY}$；

(4) 通过公式(6.15)得到满足给定均值和协方差的具有高斯分布的随机向量

$$\boldsymbol{X}=\boldsymbol{\mu}+\boldsymbol{Y} \tag{6.15}$$

在实际问题中,绝大多数数据并不符合正态分布,而是符合对数正态分布,即原始数据的对数值$\ln x \sim N(\mu,\sigma)$,其概率密度函数$f(x)$为

$$f(x)=\frac{1}{x\sqrt{2\pi}\,\sigma}\exp\left[-\frac{(\ln x-\mu)^2}{2\sigma^2}\right] \tag{6.16}$$

均值$E(X)$为

$$E(X)=\mathrm{e}^{\left(\mu+\frac{\sigma^2}{2}\right)} \tag{6.17}$$

方差$D(X)$为

$$D(X)=\mathrm{e}^{(2\mu+\sigma^2)}\cdot(\mathrm{e}^{\sigma^2}-1) \tag{6.18}$$

对比正态分布和对数正态分布概率密度曲线(图6.3)可以看出,二者曲线形态均为钟形曲线,对数正态分布的概率分布向右进行了移动。在均值和标准差相同的情况下,对数正态分布概率密度曲线的尺度较大,对数正态分布从短期来看,与正态分布非常接近。但长期来看,对数正态分布向上分布的数值更多一些。更准确地说,对数正态分布中,有更大向上波动的可能,更小向下波动的可能。

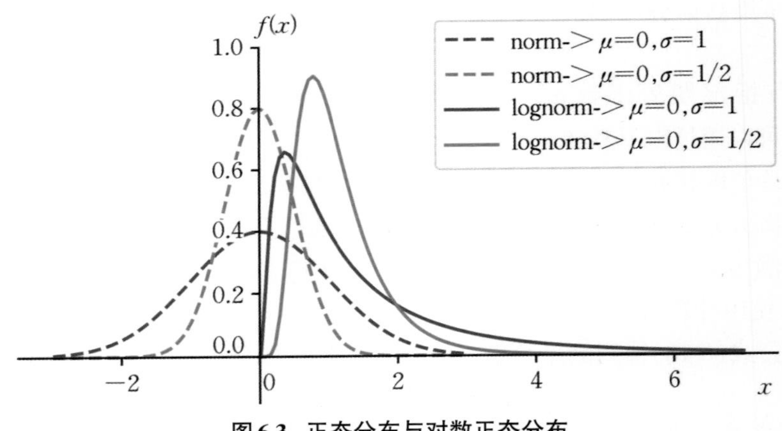

图6.3　正态分布与对数正态分布

6.2 随　机　场

当随机过程的时间参数变为位置参数时,随机过程即可视为随机场,随机场的维度可从一维到多维。如果一个随机过程的有限维分布均服从高斯分布,则该过程被称为高斯随机过程,相应地,对于随机场而言,其对应点的参数分布特性服从高斯分布,称为高斯随机场。对于一维岩土参数随机场,位置参数为样本深度,一个典型的一维高斯随机场,如图6.4所示。

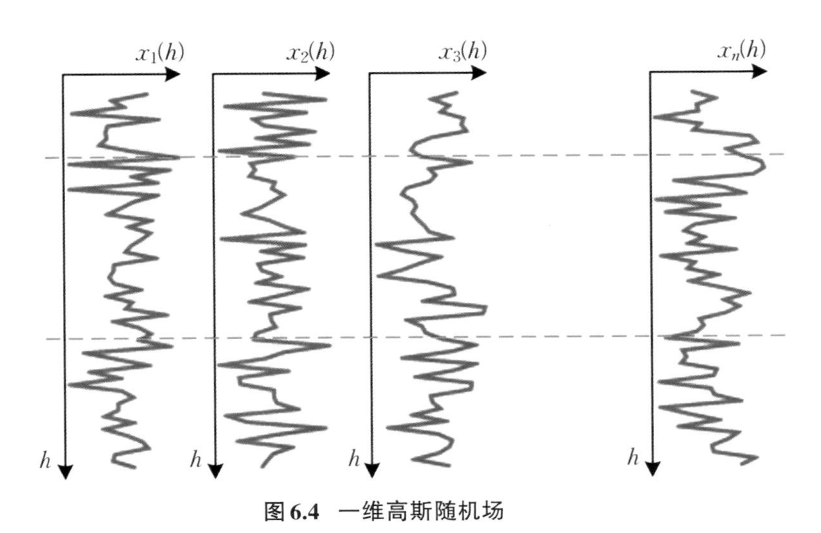

图6.4　一维高斯随机场

当随机场在平面或三维空间进行展布时，该随机场称为二维随机场或三维随机场，当维数更多时，则称为多维随机场。二维或多维高斯随机场根据其相关距离可分为各向同性随机场与各向异性随机场，如图6.5所示，对于二维随机场而言，若存在$\theta_x=\theta_y$，则称该高斯随机场为各向同性高斯随机场(图6.5(a))，若$\theta_x\neq\theta_y$，则称该高斯随机场为各向异性高斯随机场(图6.5(b))。

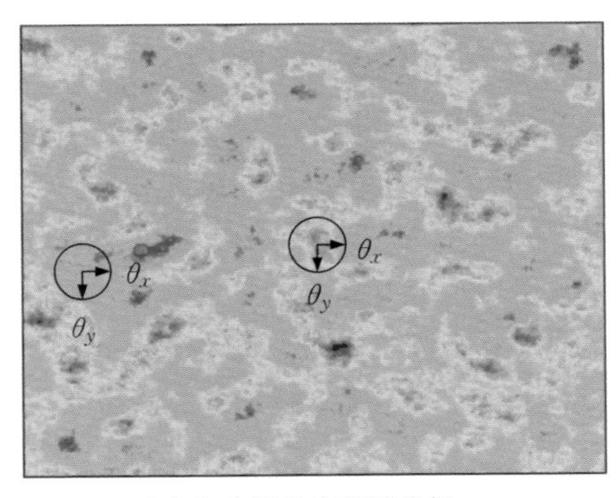

(a) 各向同性高斯随机场

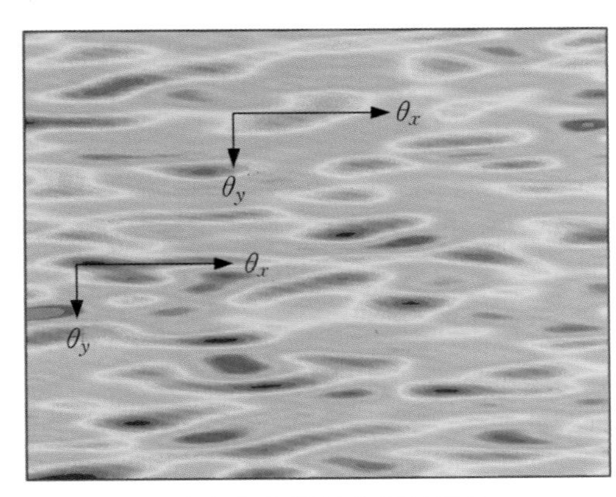

(b) 各向异性高斯随机场

图6.5　二维高斯随机场及其相关距离

6.2.1　随机场的统计特性

在Vanmarcke随机场模型中，将土层剖面视为具有自相关特性的空间位置坐标的随机函数，将参数的空间变异性视为绕均值变化的波动分量。当不考虑测试误差时，实测土层剖面试验曲线可以用趋势函数$t(h)$和波动函数$w(h)$共同表征[33]，即对于一组土层力学参数试验数据$x(h)$，存在

$$x(h)=t(h)+w(h) \tag{6.19}$$

式中h表示采样深度。

Vanmarcke随机场模型基于弱平稳性假定，认为岩土参数在空间上的平均值和方差为独立于空间坐标的常量，其自协方差函数仅仅取决于两个观测点之间的相对距离[60-61]。但在实际情况中，如图6.6(a)所示，由于地质因素的影响，$r(h)$往往随深度增加而表现出一定的趋势，不满足弱平稳性的基本假设。当对岩土参数进行去趋势项处理后，其残差$w(h)$可以被认为满足弱平稳性中的均值为零的假定[62-63]。

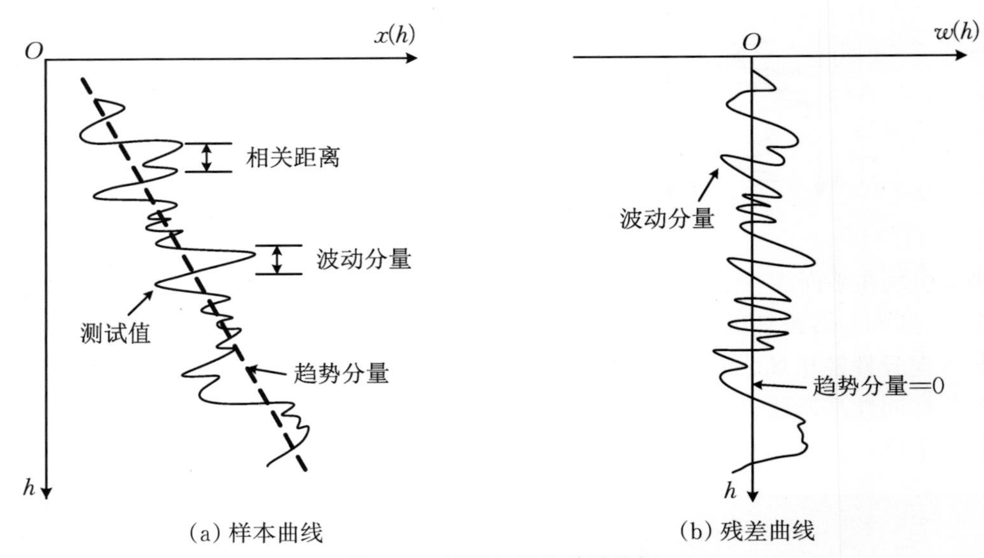

(a) 样本曲线　　(b) 残差曲线

图6.6　一维随机场的统计特征

6.2.2　随机场的平稳性与各态历经性

土性剖面是否符合平稳性和各态历经性是能否用随机场模型分析的前提，对于土体而言，利用随机场理论构建土性剖面随机场模型，要求随机场模型必须具有平稳性和各态历经性[58]。

在一维土性剖面随机场$X(h)=\{X_1(h),X_2(h),\cdots\}$中，$h$为采样深度，$X_n(h)$表示随机场的第$n(n=1,2,\cdots)$个样本函数。

对于任一深度h，样本函数$X(h)$的均值为

$$\mu_X(h)=\lim_{N\to\infty}\frac{1}{N}\sum_{n=1}^{N}X_n(h)=E[X(h)] \tag{6.20}$$

式中$E[X(h)]$是随机过程$X(h)$的所有样本函数在参数h时的均值函数，称为集平均。

在$(h,h+\tau)$范围内，τ为两点间的空间距离，存在自相关函数

$$R_X(h,h+\tau)=\lim_{N\to\infty}\frac{1}{N}\sum_{n=1}^{N}X(h)X_n(h+\tau)=E[X(h)X(h+\tau)] \tag{6.21}$$

若一维随机场样本函数的均值为常数，自相关函数仅是$(h,h+\tau)$的函数，则称该随机场具有平稳性。

设$X(h)$是均方连续平稳随机场，其深度平均值为

$$\langle X(h)\rangle=\lim_{H\to\infty}\frac{1}{H}\int_0^H X(h)\mathrm{d}h \tag{6.22}$$

若$\langle X(h)\rangle$存在，且满足

$$\langle X(h)\rangle\overset{\text{a.c}}{=}\mu_X(h)=E[X(h)] \tag{6.23}$$

则称随机场$\{X(h)\}$的均值具有各态历经性。

$$\langle X(h)X(h+\tau)\rangle=\lim_{H\to\infty}\frac{1}{H}\int_0^H X(h)X(h+\tau)\mathrm{d}h \tag{6.24}$$

若$\langle X(h)X(h+\tau)\rangle$存在，且满足

$$\langle X(h)X(h+\tau)\rangle\overset{\text{a.c}}{=}R_X(h)=E[X(h)X(h+\tau)] \tag{6.25}$$

则称该过程的自相关函数具有各态历经性[64]。

6.2.3　方差折减函数

基于随机场理论，将一维土性剖面随机场视为高斯平稳齐次随机场，则存在$[x,x+h]$上的随机积分

$$Y_h(x)=\frac{1}{h}\int_x^{x+h}Y(x)\mathrm{d}x \tag{6.26}$$

式中，$Y(x)$表示一维齐次随机场，x为随机函数的坐标，h为空间距离。则存在

$$E[Y_h(x)]=E\left[\frac{1}{h}\int_x^{x+h}Y(x)\mathrm{d}x\right]=\frac{1}{h}\int_x^{x+h}E[Y(x)]\mathrm{d}x=0 \tag{6.27}$$

即随机场的局部平均$Y_h(x)$的均值和原随机场$Y(x)$的均值相同。

则$Y_h(x)$的方差折减函数为

$$\Gamma^2(h)=\frac{\mathrm{Var}[Y_h(x)]}{\sigma^2}=\frac{2}{h}\int_0^h\left(1-\frac{\tau}{h}\right)\rho(\tau)\mathrm{d}\tau \tag{6.28}$$

(6.28)式反映了方差折减函数与相关函数之间存在的关系。若相关函数$\rho(\tau)$确定，代入公式即可得到方差折减函数。

6.2.4　相关函数

一维随机场的相关函数有多种形式，常用的有三角型、协调阶跃型、非协调阶跃型、单指数型、多项式衰减型、高斯型、二阶自回归(AR)型等，见表6.1。表中T为随机场中的取样间隔，$\rho(\tau)$为随机场的相关函数，$\Gamma^2(T)$为随机场的方差折减函数，θ是一维随机场的相关距离。

表6.1 一维随机场常用的相关函数及其方差折减函数

相关函数类型	函数表达式	方差折减函数表达式
三角型	$\rho(\tau)=\begin{cases}1-\frac{\lvert\tau\rvert}{\theta}, & \lvert\tau\rvert\leqslant\theta\\ 0, & \lvert\tau\rvert\leqslant\theta\end{cases}$	$\Gamma^2(T)=\begin{cases}1-\frac{T}{3\theta}, & T\leqslant\theta\\ \left[1-\frac{\theta}{3T}\right]\cdot\frac{\theta}{T}, & T\leqslant\theta\end{cases}$
协调阶跃型	$\rho(\tau)=\begin{cases}1, & \lvert\tau\rvert\leqslant\theta/2\\ 0, & \lvert\tau\rvert>\theta/2\end{cases}$	$\Gamma^2(T)=\begin{cases}1, & T\leqslant\delta/2\\ \frac{\theta}{T(1-\theta/(4T))}, & T>\delta/2\end{cases}$
非协调阶跃型	$\rho(\tau)=\begin{cases}1, & \lvert\tau\rvert\leqslant\theta\\ 0, & \lvert\tau\rvert>\theta\end{cases}$	$\gamma(T)=\begin{cases}1, & T\leqslant\delta\\ \frac{T}{\theta}, & T>\delta\end{cases}$
单指数型	$\rho(\tau)=\exp\left(-\frac{2\lvert\tau\rvert}{\theta}\right)$	$\Gamma^2(T)=\frac{\theta^2}{2T^2}\left[\frac{2T}{\theta}+\exp\left(-\frac{2T}{\theta}\right)-1\right]$
多项式衰减型	$\rho(\tau)=\frac{\theta^3}{(\theta+\tau)^3}$	$\Gamma^2(T)=\frac{\theta}{\theta+T}$
二阶自回归型	$\rho(\tau)=(1+4\lvert\tau\rvert/\delta)\cdot\exp\left(-\frac{2\lvert\tau\rvert}{\theta}\right)$	$\Gamma^2(T)=\frac{\delta^2}{T^2}\left\{\frac{T}{\delta}\left[2\Phi\left(\frac{\sqrt{2\pi}\,T}{\theta}\right)-1\right]+\exp\left(\frac{-\pi}{\theta}\right)-1\right\}$
高斯型	$\rho(\tau)=\exp\left(-\pi\left(\frac{\tau}{\theta}\right)^2\right)$	$\Gamma^2(T)=\frac{\theta}{2T}\left\{2+\exp\left(\frac{-4T}{\theta}\right)-\frac{3\theta}{4T}\left[1-\exp\left(\frac{-4T}{\theta}\right)\right]\right\}$

注：$\Phi(\cdot)$表示其实参对应的标准正态分布函数值，可根据标准正态分布函数表查询得到。

对上述7种类型的一维随机场相关函数及方差折减函数作图对比可得(图6.7)：非协调阶跃型与协调阶跃型相关函数与其他函数在相关距离之内相差较大，相关距离之外则大致相同，但其对应的方差折减函数却基本一致。Li和Lumb[21]在文献中研究了随机场对相关函数结构的关系，得出一维随机场具有对相关函数不敏感的特点。因此，当不知道随机场的相关模型时，在保证计算精度的情况下，为减少计算量，宜选用较为简单的相关函数形式。

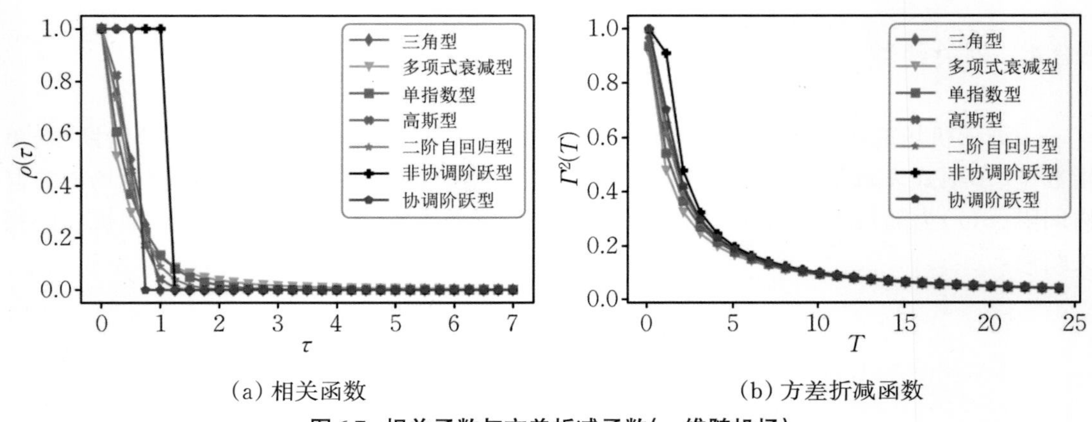

(a) 相关函数　　(b) 方差折减函数

图6.7 相关函数与方差折减函数(一维随机场)

一般情况下自相关函数根据原始试验数据拟合得出，但在实际研究中，为提高效率，简化计算，一些学者根据大量试验数据，选用多种类型的数学函数对其进行拟合，得出了通用性的几种相关函数，二维随机场的常用的相关函数一般有三种类型，分别为指数型、高斯型、可分离指数型。

1. 指数型

指数型相关函数的表达式为

$$\rho(\tau_x,\tau_y)=\exp\left(-2\sqrt{\frac{\tau_x^2}{\theta_x^2}+\frac{\tau_y^2}{\theta_y^2}}\right) \tag{6.29}$$

其随相对距离的变化规律如图6.8所示，通过对相关函数进行数值积分可以得到方差折减函数随相对位置的变化规律。

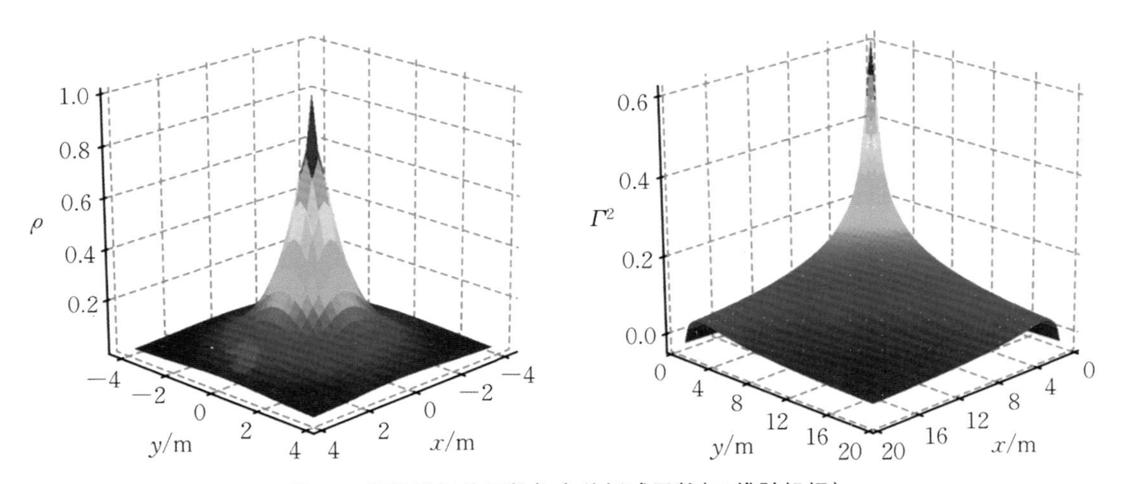

图6.8　指数型相关函数与方差折减函数(二维随机场)

2. 高斯型

高斯型相关函数的表达式为

$$\rho(\tau_{x1},\tau_y)=\exp\left[-\pi\left(\frac{\tau_x^2}{\theta_x^2}+\frac{\tau_y^2}{\theta_y^2}\right)\right] \tag{6.30}$$

其相关函数和方差折减函数的变化规律如图6.9所示。

3. 可分离指数型

可分离指数型相关函数的表达式为

$$\rho(\tau_x,\tau_y)=\exp\left[-2\left(\frac{|\tau_x|}{\theta_x}+\frac{|\tau_y|}{\theta_y}\right)\right] \tag{6.31}$$

其相关函数和方差折减函数的变化规律如图6.10所示。

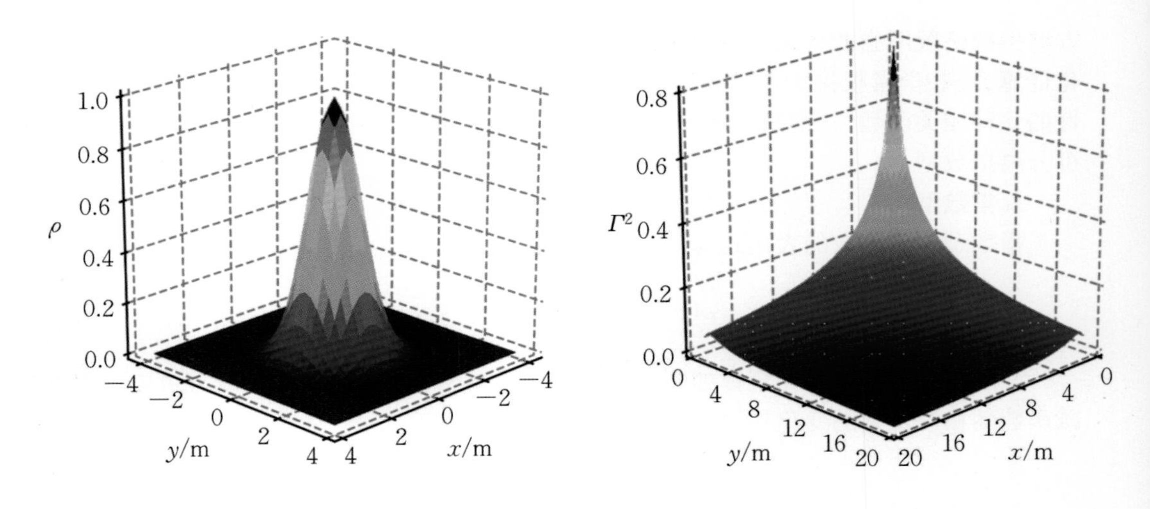

图 6.9　高斯型相关函数与方差折减函数(二维随机场)

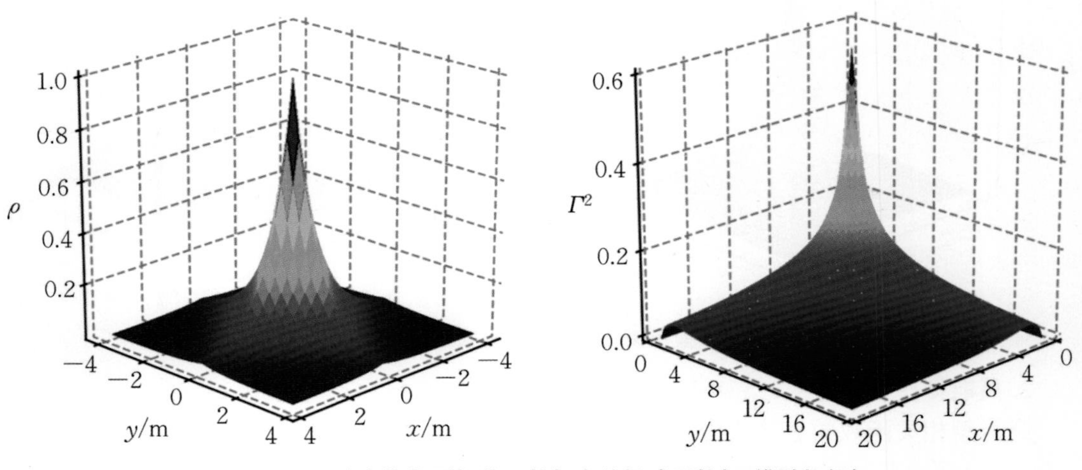

图 6.10　可分离指数型相关函数与方差折减函数(二维随机场)

(6.31)式中,$\rho(\tau_x,\tau_y)$为参数在xOy坐标系内的自相关函数;$\boldsymbol{\tau}$是空间距离矢量;τ_x和τ_y是距离在x和y方向上的分量,$\tau_x=x_i-x_j$,$\tau_y=x_i-x_j$($1\leqslant i\leqslant m$,$1\leqslant j\leqslant n$),i和j分别表示x和y方向上的网格编号,m和n分别表示x和y方向上的单元数;θ_x和θ_y是x与y方向上的相关距离。

对于二维随机场,选用指数函数或高斯函数作为随机场的相关模型时,若$\theta_x=\theta_y$,则模拟随机场为各向同性随机场,此时随机场中任意两点间的相关性仅是该两点间距的函数,与方向无关,故多维各向同性随机场可用简化成任意方向的一维随机场描述;当θ_x不等于θ_y时,生成的随机场为各向异性随机场,此时随机场中两点的相关性同时与该两点的间距和方向有关。由图6.10中的函数图像可以看出,对于可分离的指数相关函数,即使满足$\theta_x=\theta_y$,采用该相关函数模拟出的仍为非各向同性随机场。

从以上相关函数与方差折减函数的变化规律来看,在相关函数的变化规律相差较大时,方差折减函数图像的形态及变化规律基本一致，表明不仅一维随机场，而且二维随机场仍具有对相关函数不敏感的结构。

6.3　相关距离及其求解

相关距离是岩土参数随机场模型的一个重要概念。空间范围内两点间的土性参数既有变异性，又有相关性，随着两点之间距离的增大，土性参数之间的相关性逐渐减小，当间距大于某临界距离后，相关性可以忽略不计，该临界距离称为土性剖面随机场的相关距离。

在随机场模型中，若存在

$$\lim_{h\to\infty} h\Gamma^2(h)=2\lim_{h\to\infty}\int_0^h\left(1-\frac{\Delta x}{h}\right)\rho(\Delta x)\mathrm{d}(\Delta x)=\theta_u \tag{6.32}$$

则当h足够大时，$h\Gamma^2(h)$趋近于一固定值θ，θ称为相关距离，在相关距离范围内参数具有相关性，大于此距离则不存在相关性[65-66]。

包承纲、高大钊等学者指出相关距离是岩土的一种基本属性，既是可测的，又是具有实用意义的指标。另外，高大钊通过试验研究得出同一土层的不同土性参数具有相近的相关距离，Rackwitz也得到了一致的结论，这一发现对推动随机场理论的实用化具有重要意义。

测得土层的相关距离后，将其代入相关模型即可求得随机场的方差折减函数和协方差矩阵，根据随机场的均值和协方差矩阵可以生成所需的随机场，进而可以模拟岩土参数的空间变异性，因此，确定相关距离是解决岩土工程可靠性问题的关键之一。

相关距离求解目前有很多种方法[67-69]，主要有递推空间法、平均零跨距法、自相关函数拟合法等。

本章小结

随机过程的研究对象是随时间演变的随机现象。简单地说，随机过程就是依赖于参数t的一族（无限多个）随机变量，记为$\{X(t),t\in T\}$，T为参数集。把t看作时间，固定t，称随机变量$X(t)$为随机过程在t时的状态。对于一切$t\in T$，状态所有可能取值的全体称为随机过程的状态空间。

对随机过程进行一次试验（即在T上进行一次全程观测），其结果称为样本函数或样本曲线。所有不同的试验结果为一族（可以是有限个）样本函数。

随机过程统计描述方法的基点是：对每一个固定的$t\in T$，$X(t)$是一个随机变量。我们知道n维随机变量可以用它们的联合分布来完整地刻画其统计特性。作为n维随机变量延伸的随机过程则必须用有限维分布函数族才能完整地刻画其统计特性。

计算随机过程$\{X(t), t\in T\}$的各种数字特征的方法与概率论中的方法完全一样，只要把出现的参数视为常数即可。随机过程最重要的数字特征是均值函数和自相关函数。其他的数字特征，如均方值函数、方差函数、标准差函数和自协方差函数都可用均值函数和自相关函数表出。计算数字特征在随机过程的理论和应用中仍占重要地位。希冀读者重温并熟练掌握有关均值(数学期望)运算的种种性质。

最后介绍了两个都具有独立增量过程属性的具体模型。

第7章　岩土参数随机场的表征

目前，岩石力学建模方法正经历着由随机变量模型到随机场模型的转变，并已在土坡、桩基、堤坝等工程领域取得了初步的成果。但是，已有的研究大多数都是针对土或混凝土材料进行随机场建模；对于更加复杂的岩石地基，还未见相应研究成果的报道。本章将从基本资料的收集处理，随机场模型的建立以及随机场的模拟等方面进行研究。

7.1　模拟实现方法

7.1.1　一般提法

在实际工程中，要想应用随机场理论进行结构可靠性分析，首先必须回答两个问题：

① 目标随机场具有什么样的相关模型？

② 当随机场的相关模型已知或给定时，如何抽取符合这一相关模型的随机场样本？

上面第一个问题即所谓的随机场的建立问题，而第二个问题则可以称为随机场的模拟问题。因而，一般意义上的随机场建模的提法包含这两层意义。

7.1.2　随机场模型的建立

随机场的建立要包括以下两个步骤：试验数据的预处理和相关距离的计算。

1. 试验数据的预处理

由于实际的岩石地基弹性模量随机场一般不满足均匀性假设，因而在进行模拟前必须对收集的试验数据进行预处理，主要包括以下几方面的内容：

(1) 去势处理

不失一般性，假定随机场$X(z)$为一般的非均匀随机场，具有一定的趋势分量，即可将其表示为

$$X(z)=m_X(z)+X'(z) \tag{7.1}$$

式中$m_X(z)$表示$X(z)$在空间域内的大的波动趋势，一般称为“趋势分量”或“漂移”(trend)，亦即随机场$X(z)$的均值分量；而$X'(z)$则表示$X(z)$在空间域内的小幅度的起伏，且有$E[X'(z)]$。根据研究的需要可以采用多种趋势分量拟合形式，但目前工程上应用较多的是线性多项式

的形式，而最常用的是线性回归方程形式。

首先对试验数据进行趋势分析，看其有无趋势分量，如果存在趋势分量的话，应该将趋势分量求出，并从试验数据中将其去掉，即

$$X'(z)=X(z)-m_X(z) \tag{7.2}$$

这一过程称为去势(detrend)。为了讨论方便，下面仍将去势后的$X'(z)$记为$X(z)$。

(2) 异常值检验

用于异常值检出的方法有许多，如3σ原则、肖维耐(Chauvenet)法、格拉布斯(Grubbs)法、检验准则法和狄克逊(Dixton)法等。但根据现有的研究经验，多数研究者更看好格拉布斯法[154]，本书也建议选用这种方法。该法的具体检验过程如下[154]：设$x=(x_1,x_2,\cdots,x_n)$为一组已经进行去势处理的数据，对于其中的最大或最小值x_j而言，如果满足(7.3)式所示的条件，则判定其为异常值，应予剔除。

$$|x_j-\mu|>G(n,\alpha)\cdot\sigma \tag{7.3}$$

式中μ,σ分别为该组测值的样本均值和样本标准差；$G(n,\alpha)$为Grubbs临界值，根据测值个数n和风险率α查表[154-155]得到。在剔除了异常数据后，仍需继续对余下的数据进行计算、判别和剔除，直到不再有异常数据为止。

(3) 均匀性检验

对经过去势和异常值检验后的数据进行均值和协方差检验[122]，看其是否满足均匀随机场的要求，其理论基础已在第3章介绍过。现简要说明如下：设有N组测值，每组测值有m个数据，任一深度z_j处，随机场$X(z)$的集平均为

$$m_X(z_j)=\lim_{N\to\infty}\frac{1}{N}\sum_{i=1}^{N}X_i(z_j)=m_X(z_j)\quad (j=1,2,\cdots,m) \tag{7.4}$$

$X(z_j)$与$X(z_j+\tau)$的自相关函数为

$$R_X(z_j,z_j+\tau)=\lim_{N\to\infty}\sum_{i=1}^{N}X_i(z_j)X_i(z_j+\tau)=E[X(z_j)X(z_j+\tau)]\quad (j=1,2,\cdots,m) \tag{7.5}$$

若$m_X(z)$与$R_X(z,z+\tau)$都不变化，或者变化不大，则说明随机场满足均匀性条件，可以使用本书所讨论的方法；否则应采用其他方法。

2. 相关距离的计算

前面已经提到，随机场的特性主要通过其数字特征来反映。在描述岩土参数随机场的诸多数字特征中，相关距离是一重要参数，它与均值、方差一起构成随机场的三个基本参数。确定相关距离是应用随机场理论分析和解决岩土工程可靠性问题的关键，一旦知道了相关距离，就可以进行方差折减系数的计算，从而实现“点”方差到“空间”方差的转换。相关距离的计算方法在第6章已讨论过，在具体应用时本书建议采用相关函数法或Wickremesinghe提出的最大值法。这两个方法各有特点，应根据具体情况加以选择。相关函数法在求得相关距离的同时，可同时得到随机场的相关模型，但是该法成功应用的关键取决于样本数量、异常值和相关函数形式的选择等多个方面。而最大值法的特点则比较简单，在求得相关距离后，可以采用一些常用的相关模型或Vanmarcke[20]给出的近似式进行后续的计算分析。

7.2 原始数据处理

在进行随机场相关距离求解时，需要先进行原始数据处理，为详细说明随机场数据处理过程，以J224勘探孔粉细砂比贯入阻力数据为例，进行原始数据处理，包括异常值检验、去趋势化处理、标准化处理。J224勘探孔静力触探曲线及土层相关参数见图7.1。

钻孔编号	J224	坐标	X=391453.09
孔口高程(m)	22.48		Y=537229.28

地质年代	地层编号	层底高程	层底深度	地层名称	柱状图 1∶500	比贯入阻力Ps (MPa) 5 10 15 20 25	Ps均值 (MPa)
Q^{ml}	①	20.48	2.00	杂填土			0.01
	②	19.18	3.30	黏土			0.91
	③	16.88	5.60	黏土			0.63
	④	15.38	7.10	粉质黏土、粉砂、粉土互层			1.58
	⑤	0.78	21.70	粉细砂			7.12
Q_4^{al}	⑥	−13.52	36.0	细砂			15.04

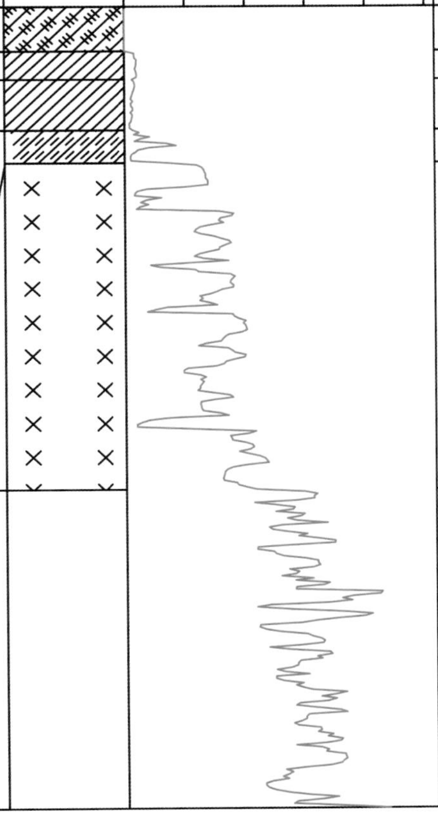

图7.1　J224勘探孔静力触探曲线及土层相关参数

7.2.1 异常值检验

对于一组试验数据而言，由于取样方法、试验方法等原因，不可避免地会出现异常数据，以至于个别数据出现较大的离散性，影响了数据的代表性和真实性。因此，必须对试验数据进行处理，以消除异常数据对数据真实性的影响。目前在异常值检验方面有很多方法，如3σ检验法、Grubbs检验法、t检验法、跳跃度检验法、岩土参数的不确定性及其统计方法等，其中3σ检验法是目前数据处理中最常用的方法。其基本步骤是确定样本的均值μ和标准差σ，构建有效范围[$\mu-3\sigma$，$\mu+3\sigma$]，对样本值进行一一检验，在区间范围外即为异常数据，应舍弃。

根据上述方法对13街坊项目J224勘探孔粉细砂比贯入阻力数据进行了检验，得出J224勘探孔粉细砂比贯入阻力样本均值$\mu=7.12$，$\sigma=2.60$，数据有效范围是[0,14.94]，为直观说明数据的有效范围，作比贯入阻力的3σ图形，如图7.2所示。由图知，经3σ法则检验，J224勘探孔粉细砂比贯入阻力数据良好，数据范围均在有效范围内，无异常数据。

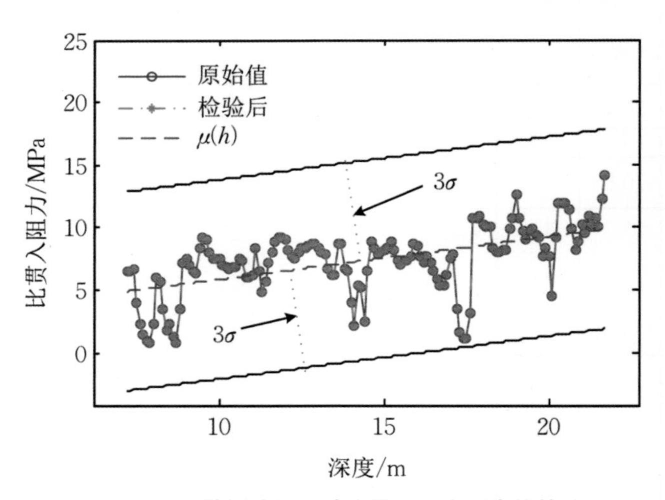

图7.2 J224勘探孔粉细砂比贯入阻力异常值检验

7.2.2 去趋势化处理

实测的土性参数由趋势项和波动项两部分组成，在建立土性剖面随机场模型时要运用一维的齐次随机场去模拟土性的空间特性，因此要求其满足空间平稳性的前提。通过静力触探测试的比贯入阻力存在明显的沿着深度变化的趋势，为满足齐次随机场的要求，需要对原始数据进行去趋势化处理，从而得到均值为0，具有平稳性或弱平稳性的波动项数据。大量研究发现，土性参数的趋势分量函数多为线性，少数为高次函数，并建议趋势函数的最高选用不超过二次非线性函数。本书分别采用线性和二次多项式拟合趋势函数，如图7.3所示。

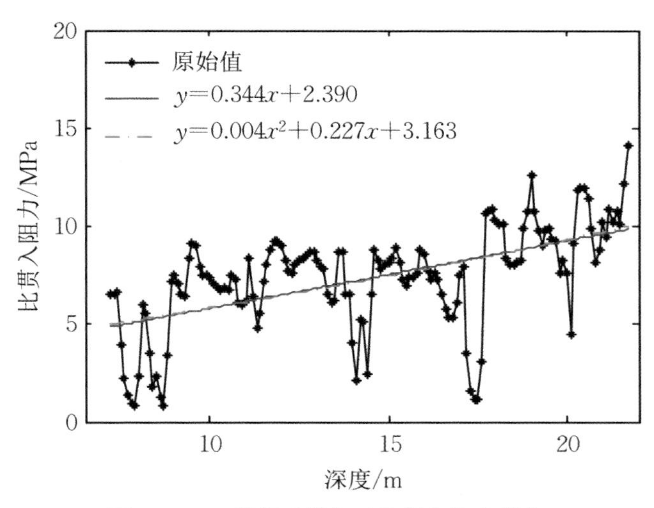

图7.3　J224勘探孔粉细砂比贯入阻力拟合

发现两种方式拟合结果基本一致，为方便计算，本书选用线性趋势函数，确定J224勘探孔粉细砂比贯入阻力趋势函数为$y=0.334x+2.390$，将原始值减去趋势项即得到去趋势化后的数据曲线，图7.4为去趋势化后的粉细砂比贯入阻力。

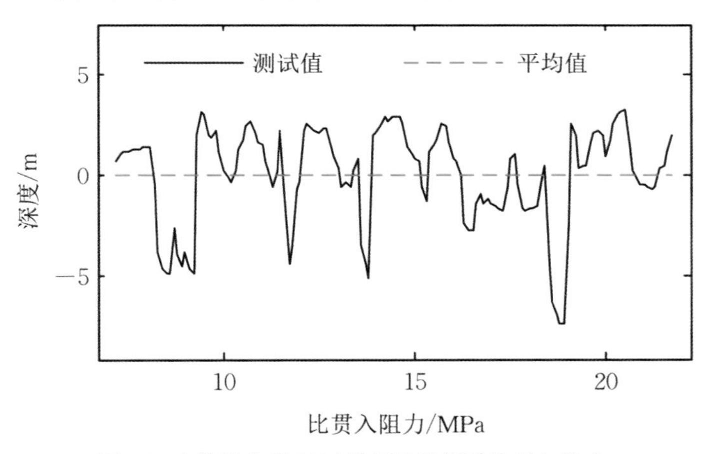

图7.4　去趋势化后J224勘探孔粉细砂比贯入阻力

由图7.4可知，去除趋势项后的数据以0为轴线上下波动，仅表现出数据的波动性，去趋势效果良好。

7.2.3　标准化处理

为表征土性参数的随机场特性，需要对去趋势化处理得到的比贯入阻力数据进行标准化处理，使其均值为0。协方差函数与原始数据相同的性质，可用于后续构建土性剖面随机场模型。标准化后的粉细砂比贯入阻力曲线如图7.5所示。

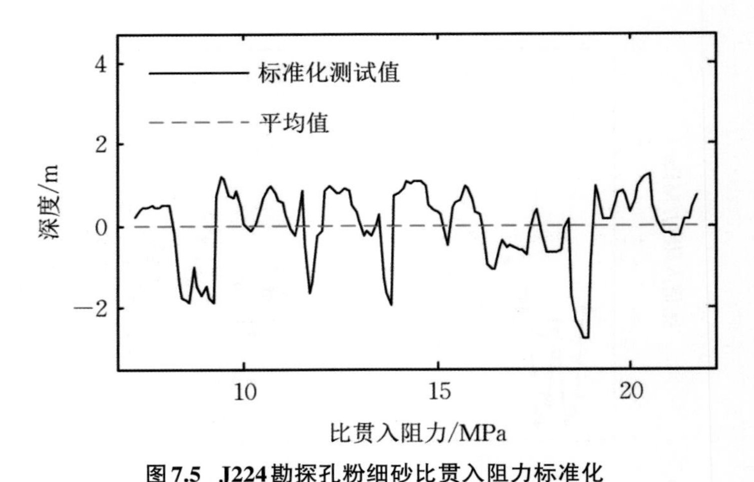

图 7.5　J224勘探孔粉细砂比贯入阻力标准化

7.3　平稳性与各态历经性检验

7.3.1　平稳性检验

闫澍旺等指出土性剖面是否符合平稳性和各态历经性是能否用随机场模型描述的前提，对于土体而言，利用随机场理论建模土性剖面，构建土性剖面随机场模型，其实质是将土层视作统计均匀，土性在空间均匀分布，因此要求随机场模型具有平稳性，即随机场的同一土层的任意空间位置的统计特性保持一致。以去趋势化和标准化后的62组静力触探比贯入阻力为基本数据，选取黏土，粉质黏土、粉砂、粉土互层和粉细砂三种土层，对其进行去趋势化和标准化处理后再进行平稳性检验。检验结果如图7.6所示。

由图7.6可知，黏土，粉质黏土、粉砂、粉土互层和粉细砂三种土层的比贯入阻力的集平均沿深度方向无明显变化；其相关函数同样不随深度变化而变化，说明13街坊项目场地土性随机场的每个样本在概率意义上都不随深度变化，即说明13街坊项目场地三种土层土性剖面随机场具有平稳性。可以满足随机场建模的要求。

7.3.2　各态历经性检验

由于土体是无限个点的集合，但通常采用一个钻孔中试验点的分析结果来反映周围土体的性质，这就要求所采用的试验数据应具有各态历经性，即可通过随机场任一样本函数可表征整个随机场的各项统计特性。通过对三种土层62组静探孔数据进行各态历经性检验，检验结果如图7.7所示。

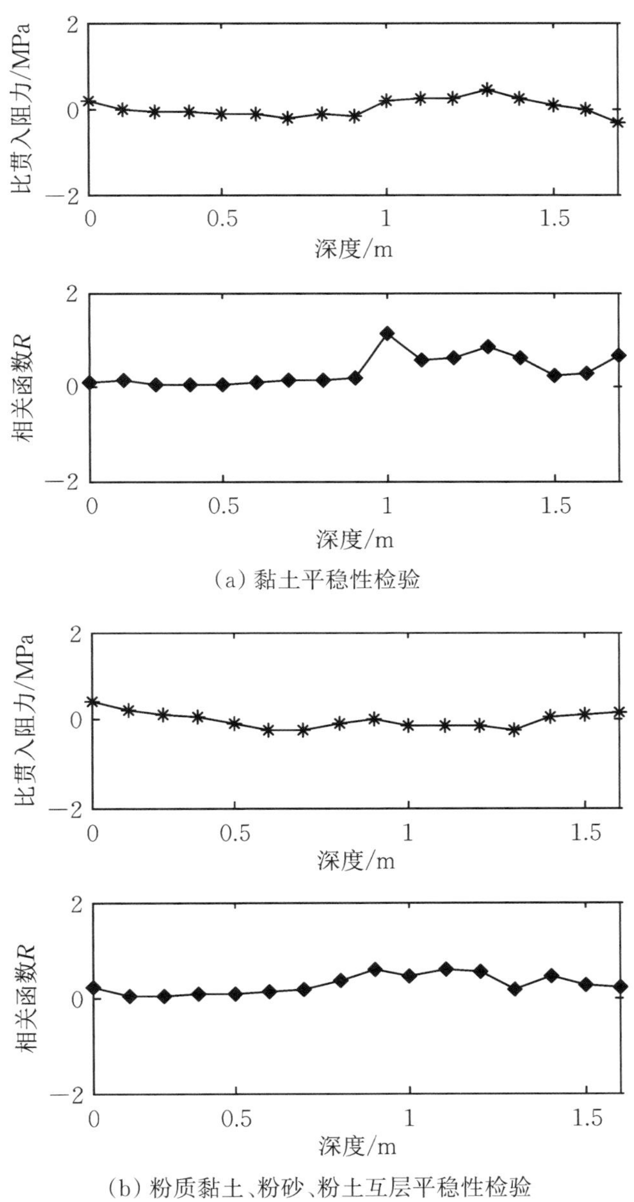

(a) 黏土平稳性检验

(b) 粉质黏土、粉砂、粉土互层平稳性检验

图7.6　土层平稳性检验

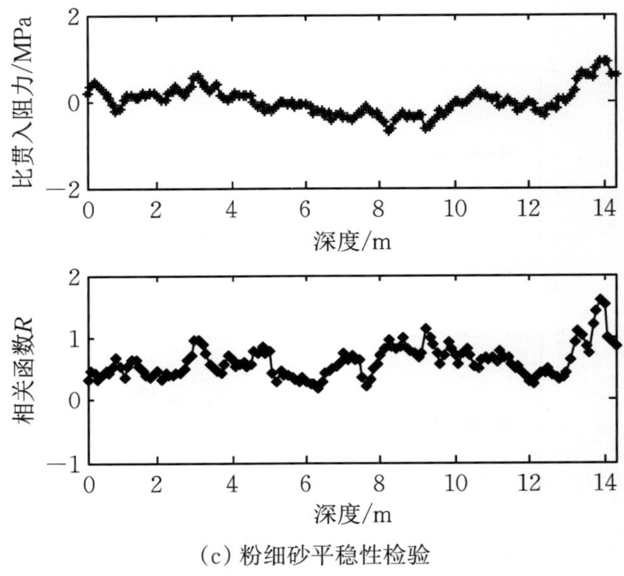

(c) 粉细砂平稳性检验

图7.6　土层平稳性检验(续)

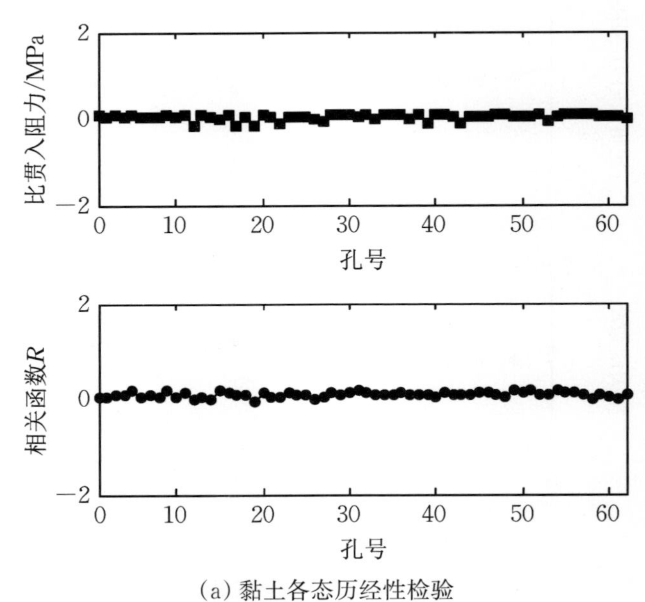

(a) 黏土各态历经性检验

图7.7　土层各态历经性检验

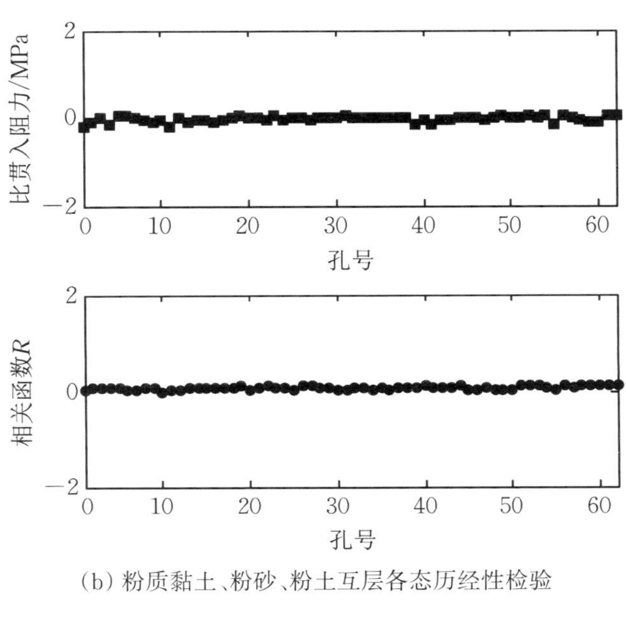

(b) 粉质黏土、粉砂、粉土互层各态历经性检验

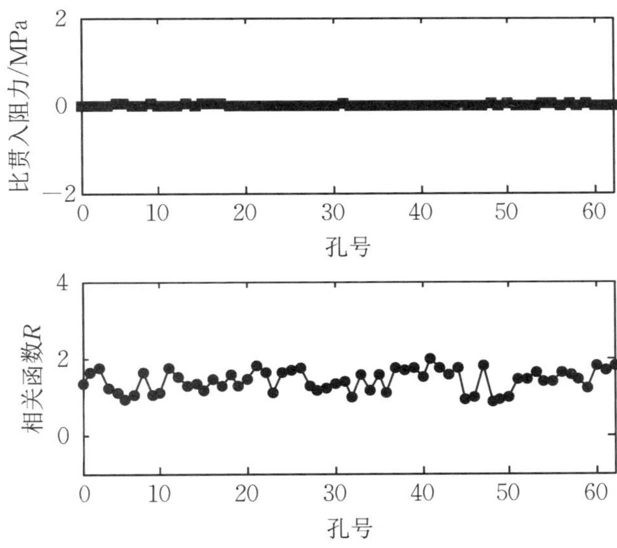

(c) 粉细砂各态历经性检验

图7.7　土层各态历经性检验(续)

由图7.7可知，黏土，粉质黏土、粉砂、粉土互层和粉细砂三种土层被检验的土性参数的深度均值与深度相关函数沿水平方向无变化，即说明被检验的随机场的各样本函数的深度均值与深度相关函数在概率意义上不随水平距离变化，因此说明该土性剖面随机场具有各态历经性。

7.3.3 递推空间法

递推空间法通过方差折减函数$\Gamma^2(h)$来求解相关距离θ。根据相关距离定义，设$h=i\Delta x_0$，其中i为取样间距的倍数，Δx_0为初始采样间距，以相邻i个样本点的均值构成一组新的数据样本，求出该组数据的方差$\mathrm{Var}(i)$。此时，方差折减系数为

$$\Gamma^2(i)=\frac{\mathrm{Var}(i)}{\sigma^2} \tag{7.6}$$

取不同i值，重复上述过程，作出$\Gamma(i)$-i的函数图形，当i取某一值后，$\Gamma(i)$趋近于平稳。找出$\Gamma(i)$的平稳点对应的递推次数n，以该点为计算点，利用$\theta=n\Delta x_0\Gamma^2(n)$求出相关距离。

以中国江苏北部沿海软土双桥静力触探的锥尖阻力q_c资料为例，其使用空间递推法求解竖向相关距离的计算过程如下：

设采样间距为$i\Delta z$，Δz为初始采样间距0.1 m，取$i=1\sim10$，计算结果如图7.8所示。

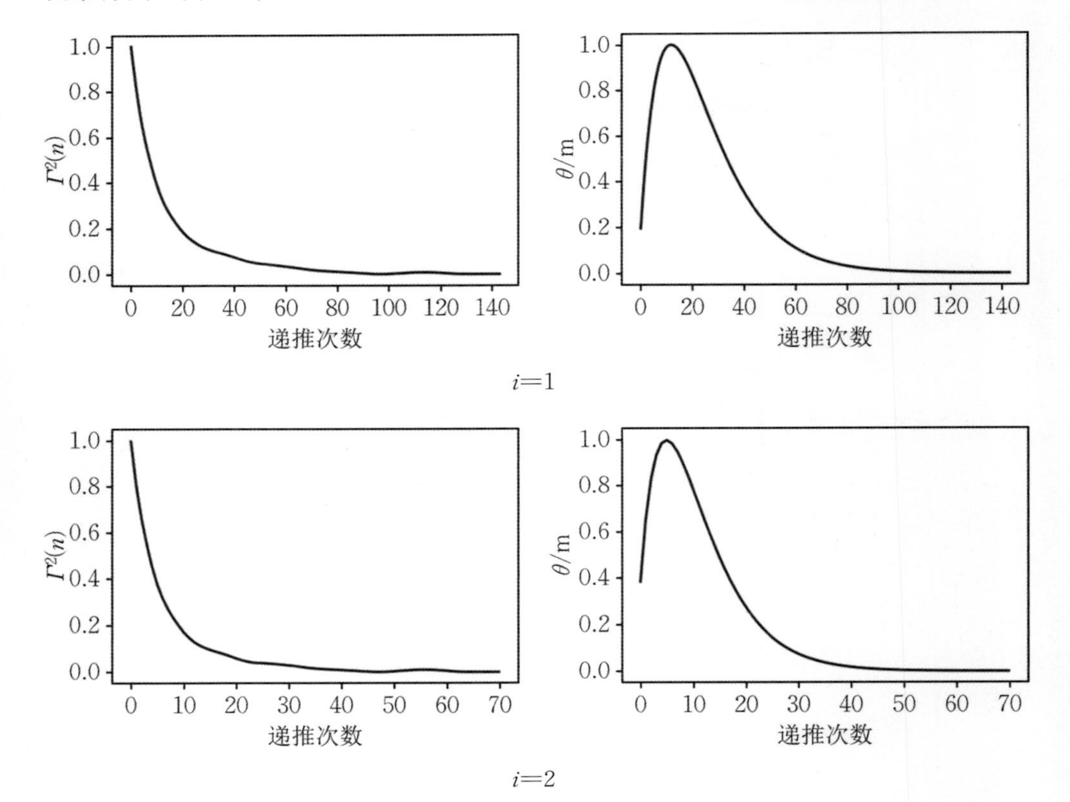

图7.8 递推空间法相关函数与相关距离曲线

以此类推，可以获得i=1～10的全部相关距离，图7.9为不同取样间隔下的竖向相关距离计算结果。

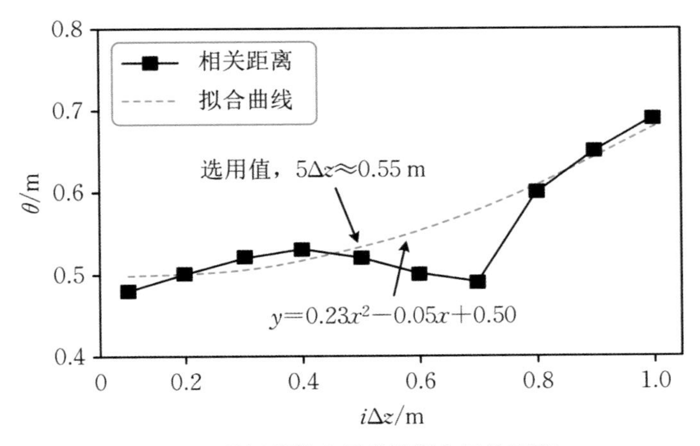

图7.9　淤泥质软土层参数竖向相关距离

由图7.9可知，当取样间距较小时，不同取样间距计算所得竖向相关距离变化不大；随着取样间距的增大，由于数据点减少，依据q_c资料的计算结果，波动性皆增大，使得土性参数的变异性被均匀化，得到的相关距离可靠性大为降低，无法表征真实土体的自相关特性。根据前人研究成果，当$i\Delta z\approx\theta$时，计算出的相关距离值作为土性自相关距离较为合适[70]。由此可得，对于q_c，选用$5\Delta z$对应的相关距离为0.55 m。

7.3.4　相关函数法

相关函数法是对土体参数样本波动分量的自相关系数利用自相关函数模型进行拟合，以求得土体的随机场模型及参数。在实际计算中，先对等间距(间距为Δx_0)的离散化数据，根据(7.7)式计算空间距离$\tau=i\Delta x_0(i=1,2,3,\cdots,n)$对应的相关函数$\rho(\tau)$值，然后采用拟合法计算相关距离：

$$\rho(\tau)=\rho(i\Delta x_0)=E[Y(x)Y(x+\tau)]=\frac{1}{n-i}\sum_{k=1}^{n-i}Y(x_k)Y(x_{k+i}) \tag{7.7}$$

常用的样本自相关函数模型有单指数模型(SNX)、线性指数型(LNX)、指数余弦模型(CSX)、线性指数余弦型(LNCS)[32-39,59]，如表7.1所示。

表7.1　相关函数与相关距离

相关函数	数学表达式	相关距离δ
SNX	$e^{-a\|\tau\|}$	$2/a$
LNX	$(1+a\|\tau\|)e^{-a\|\tau\|}$	$4/a$
CSX	$e^{-a\|\tau\|}\cos(a\|\tau\|)$	$1/a$
LNCS	$(1+a\|\tau\|)e^{-a\|\tau\|}\cos(a\|\tau)$	$1/a$

在距离差τ为正值的情况下，相关函数随空间距离的变化规律如图7.10所示。

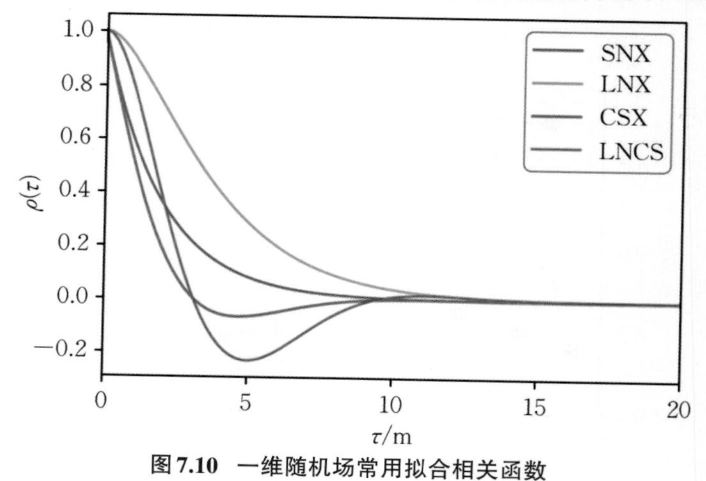

图7.10　一维随机场常用拟合相关函数

同样以中国江苏北部沿海软土双桥静力触探的锥尖阻力q_c资料为例，其使用相关函数法求解竖向相关距离的计算过程如图7.11所示。

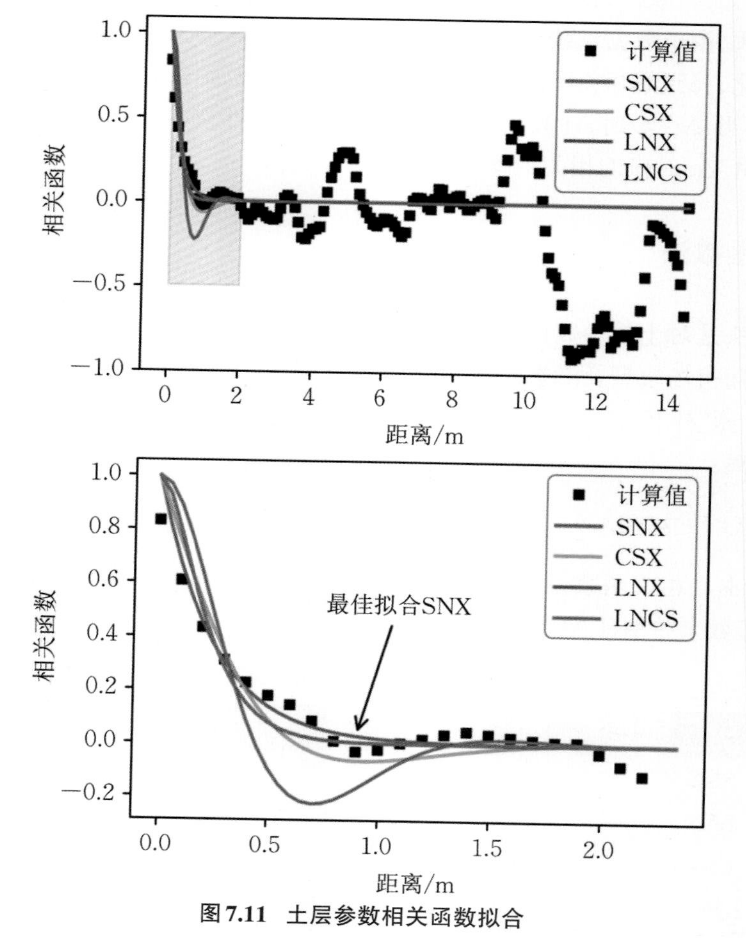

图7.11　土层参数相关函数拟合

由图7.11可以看出，q_c在2 m之前两种参数相关函数拟合效果良好，在上述值之后则出现了较大的波动性，拟合效果较差，一些学者研究之后建议取土层相关函数前半段进行拟合[39-43,71]，为此，本书选用该土层0～2.2 m进行q_c四种函数的拟合，结果发现，参数均为SNX型函数拟合效果最好，LNCS型函数拟合效果最差，得出q_c的SNX型拟合相关函数表达式为$y=e^{-3.352|\tau|}$，则竖向相关距离$\delta=2/3.352=0.597$ m。与递推空间法相比，计算结果偏大，这与前人研究成果一致[72]。

7.3.5　平均零跨距法

平均零跨距法是利用土体参数函数曲线$r(h)$与其趋势函数曲线$t(h)$交点的平均长度$\overline{d}$来求解相关距离δ_h的一种方法，其计算如下：

$$\overline{d}=\sum_{i=1}^{n}d_i/n \tag{7.8}$$

式中d_i为分段长度，如图7.12所示。

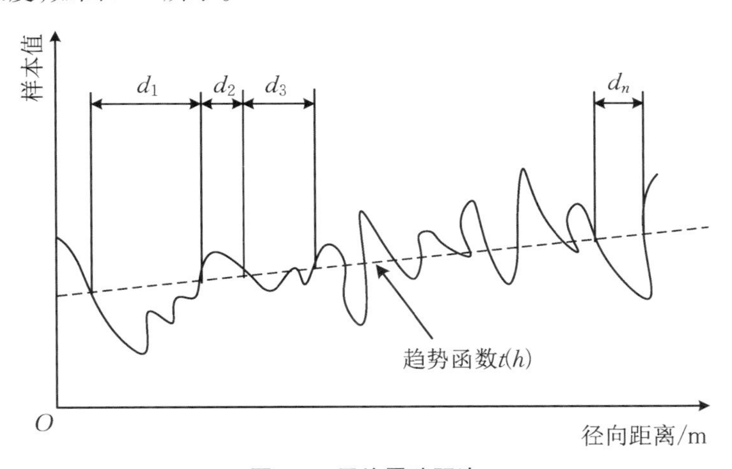

图7.12　平均零跨距法

平均零跨距法概念清晰，思路简单，可操作性强，在原始数据量较少时也可进行求解，但为保证计算精度，其数据采样间隔需满足一定范围，这在实际工作中往往难以满足，因此该方法使用并不广泛。目前多使用于计算水平向相关距离。

基于上述实例资料，使用平均零跨距法求解某一土层锥尖阻力q_c的水平向相关距离。图7.13为研究土层－6.50 m和－10.5 m深度的7个钻孔q_c数据的代表性样本径向分布。

依图7.13中所示，在本例中，在－6.50 m深度q_c水平向相关距离为(63.0－9.6)×0.8/3＝14.2 m，在－10.50 m深度的q_c水平向相关距离为(66.7－8.8)×0.8/3＝15.4 m。样本曲线与趋势函数的交点数大于两个，计算结果有一定的可靠性。

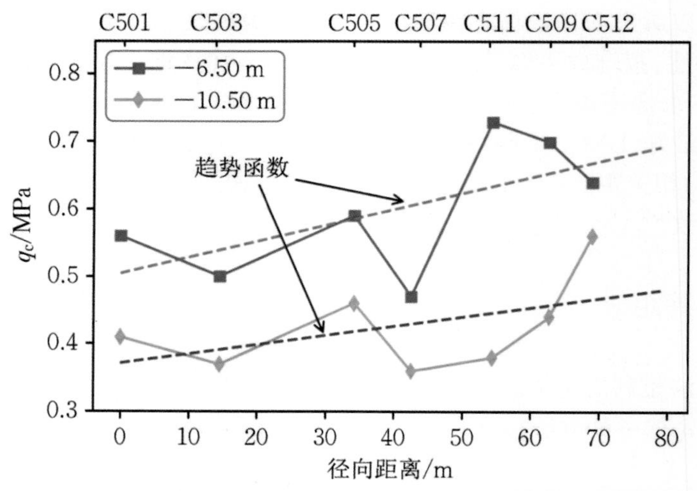

图7.13 测定水平向相关距离的q_c代表性样本径向分布

7.4 岩土参数相关距离的统计资料

在岩土参数随机场建模前，必须首先获得土层在不同方向上的相关距离。工程实际中，由于受到经费与工期的限制，现场勘察资料总是有限的，根据这些有限的数据通常很难准确估计出岩土参数的相关距离。李小勇[10]在计算中发现当现场勘察的取样间距较大时，土体的变异性被均匀化了，由这些勘察数据算得的相关距离不能反映土体真实的自相关特性，若取样间距过大，结果更可能会完全失真，Lacasse 和 Nadim 等[2]学者也指出了这个问题，故为了获得较为准确的数据，必须在工程勘察的费用和时间上增加较多的投入，这一点在工程中往往不易满足。然而值得庆幸的是，高大钊[7]、Fenton 和 Vanmarcke[11]等学者经研究指出土层相关距离仅与岩土的物质组成、沉积年代与成因条件等相关，因此若土层的物质组成与地质成因相近，其相关距离应相差不大。围绕不同土层相关距离的测试与计算，国内外学者做了大量的工作，这些成果对岩土参数空间变异性的研究和应用具有重要的工程意义。为此本书做了如下统计工作：国外学者针对不同土层得到的相关距离统计如表7.2所示[12]，我国几个城市典型土层的相关距离统计如表7.3所示。由表7.2和表7.3的统计资料可以看出，土层水平向的相关距离比竖向的大很多，土层竖向相关距离一般在0.5～6 m之间，水平向相关距离一般在30～80 m。

表7.2　国外学者对土层相关距离的研究成果统计

测试类型	参数	土体类型	相关距离/m		数据来源
			竖向	水平向	
十字板剪切试验	不排水抗剪强度	有机软黏土	2.4	—	Asaoka和A-Grivas
		有机软黏土	6.2	—	
		灵敏黏土	6	60	Soulie等
		香港黏土	6	—	Lumb
无侧限抗压强度试验	不排水抗剪强度	软黏土	4	80	Honjo和Kuroda
直剪试验	不排水抗剪强度	滨海黏土	2.8	—	Keaveny等
静力触探试验	不排水抗剪强度	北海黏土	—	53	Tang
		净砂	3.2	—	Kulatilake和Ghosh
		北海黏土	—	28	Keaveny等
		北海黏土	—	75	
		层状黏土	—	19.2	Lacasse和Nadim
		密实砂土	—	75	
		加拿大成层黏土	5	46	Vanmarcke
不固结不排水试验	不排水抗剪强度	黏土	2.5	—	Phoon
十字板剪切试验	不排水抗剪强度	黏土	3.8	—	Phoon
	不排水抗剪强度	砂土、黏土	—	47.9	Phoon
十字板剪切试验	不排水抗剪强度	黏土	—	50.7	Phoon

表7.3 我国不同地区典型土层的相关距离

地区	土层	竖向相关距离			水平向相关距离		
		变化范围/m	均值/m	变异系数	变化范围/m	均值/m	变异系数
上海	淤泥质粉质黏土	0.45～0.91	0.63	0.14	—		
	淤泥质黏土	1.12～1.93	1.59	0.13			
	黏土、粉质黏土	0.55～1.34	0.95	0.17			
	暗绿色黏土	0.61～0.97	0.82	0.1			
	草黄色粉砂	0.19～0.40	0.3	0.15			
杭州	淤泥质粉质黏土	0.21～0.46	0.46	0.13	32.4～40.1	34.45	0.2
	粉质黏土	0.53～0.98	0.8	0.18	40.2～49.5	46.2	0.18
	淤泥质黏土	0.74～1.52	1.15	0.12	45.2～52.4	48.7	0.18
太原	粉质黏土	0.32～0.78	0.59	0.15	35.2～42.6	39.4	0.17
	粉土	0.51～0.93	0.76	0.11	40.1～48.9	45.1	0.15
	细砂	0.21～0.46	0.28	0.11	30.1～40.5	35.5	0.2
宁波	第一层土	0.268～0.608	0.454	0.206	—	80.6	—
	第二层土	0.321～0.83	0.692	0.206		67.3	
	第三层土	0.109～0.58	0.263	0.483		—	
	第四层土	0.104～0.878	0.353	0.634		—	

注：宁波土层分布情况：第一层是①$_1$填土，①$_2$黏土，①$_3$淤泥质黏土；第二层是②$_1$黏土，②$_{2\text{-}1}$淤泥，②$_{2\text{-}2}$淤泥质黏土，②$_3$淤泥质粉质黏土；第三层是③$_1$粉质黏土夹粉砂，③$_2$粉质黏土；第四层是④$_1$淤泥质粉质黏土，④$_2$粉土。

本章小结

本章就随机场的基本理论进行了阐述，包括随机过程的基本概念和数字特征，高斯过程的数学特性和生成方法。介绍了随机场的统计特性、随机场的平稳性与各态历经性检验的原理、方法，论述了方差折减函数与相关函数的关系，介绍了一维及二维随机场常用的相关函数。并就随机场的相关距离的求解进行了全面阐述，得出以下结论：

(1) 对一维和二维随机场的相关函数与方差折减函数的关系进行讨论，得出：就常用的相关函数而言，不管是一维随机场还是二维随机场，相关函数差异较大时，其方差折减函数均基本相同，说明两种随机场均具有方差折减函数对其相关结构不敏感的特点。

（2）对随机场的相关距离的求解方法进行介绍，列举了递推空间法、相关函数法和平均零跨距法的计算过程，对常见的相关函数形式进行了介绍，阐述了四种相关函数模型以及各自的特点，并以具体实例使用上述三种方法进行了竖向与水平向相关距离求解，明确了计算流程，为后续进行岩土体参数相关结构分析与随机场建模提供了依据。

第8章　随机场的离散与模拟

在有限元分析过程中，因随机场模型表征空间参数的连续变化，而实际研究中并不可能进行无限分析，因此随机场模型一般不能直接使用，需要将随机场离散成有限单元、有限个随机变量近似表示，这个过程称为随机场的离散。随机场离散方法目前可以分为两大类，一类是空间离散法，即将随机场划分成随机场网格；另一类是抽象离散法，即将随机场展开成级数，抽象离散法又被称为谱分解法。

在空间离散法和抽象离散法两大类基础上，目前许多学者已经研究出多种随机场离散方法，如局部平均法、协方差矩阵分解法、移动平均法、转动带法、谱表示法、循环嵌入法和KL级数展开法等。在土性随机场离散与模拟中，协方差矩阵分解法应用较为广泛，但是该方法收敛较慢，精度较差。转动带法以一维模拟为基础，该方法通过模拟不同转动带的随机场，由一维的模拟结果加权平均获得高维随机场。在模拟各向异性强烈的随机场时需要划分较多的转动带，精度差；谱表示法对协方差函数进行傅里叶变换，将随机场展开为余弦级数形式以生成随机场。该方法较为复杂，但效率高，适合高维度、大样本的生成；KL级数展开法离散精度高，计算效率高。移动平均法是以极坐标半径为相关距离生成一点周围一定距离内的随机参数，该方法常用于生成各向同性随机场，应用面较窄；循环嵌入法是近些年发展起来的一种新的随机场模拟方法，其利用循环嵌入矩阵的二次傅里叶变换来求取矩阵特征值，进而生成随机场，计算精度高，速度快，具有较高的实用性。随机场模拟过程如图8.1所示。

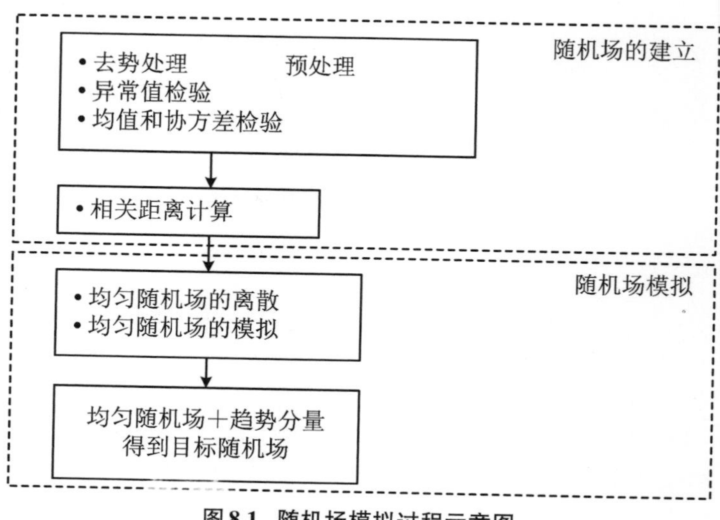

图8.1　随机场模拟过程示意图

8.1　局部平均法

8.1.1　一维随机场的局部平均

设$X(t)$为一维连续均匀随机场，其均值为m_t，方差为σ_t，如图8.2所示，随机场在一个离散单元T上的局部平均定义为

$$X_T(t)=\frac{1}{T}\int_{t-T/2}^{t+T/2}X(u)\mathrm{d}u \tag{8.1}$$

式中T为任一随机场单元的长度。

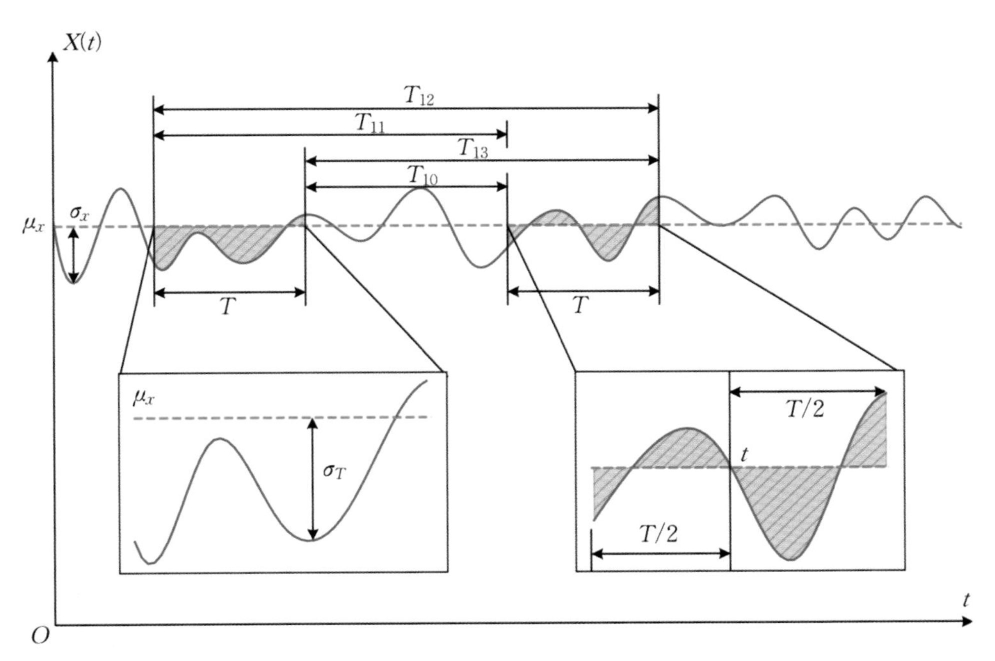

图8.2　局部平均一维随机场模型

局部平均的均值为

$$E[X_T(t)]=E\left[\frac{1}{T}\int_{t-T/2}^{t+T/2}X(u)\mathrm{d}u\right]=\frac{1}{T}\int_{t-T/2}^{t+T/2}E\,[X(u)]\mathrm{d}u=m_x \tag{8.2}$$

方差为

$$\mathrm{Var}(X_T)=\sigma_T^2=\gamma(T)\sigma_x^2 \tag{8.3}$$

式中γ为T的方差折减函数，其表征由局部平均引起的“点方差”到“局部平均方差”的折减程度。表达式为

$$\gamma(T)=\frac{1}{T^2}\int_0^T\int_0^T\rho(t_1-t_2)\mathrm{d}t_1\mathrm{d}t_2=\frac{2}{T}\int_0^T\left(1-\frac{\tau}{T}\right)\rho(\tau)\mathrm{d}\tau \tag{8.4}$$

式中τ为两点间的距离,$\rho(\tau)$为随机场的相关函数,常见的一维随机场相关函数在6.2.4节已介绍。

T和T'为一维随机场中两个不同的单元,则随机场的局部平均在这两个单元的协方差为

$$\mathrm{Cov}(X_T,X_{T'})=\frac{\sigma^2}{2TT'}\sum_{k=0}^{3}(-1)^k T_k^2\cdot\gamma(T_k) \tag{8.5}$$

式中T_k是表征两个局部平均单元相对位置的距离,如图8.2所示,k的变化范围为0到3。

通过上述公式求取随机场局部平均数字特征之后,即可采用楚列斯基分解变换或施密特特征正交化变换等方法生成符合岩土参数空间变异性特征的随机场。

8.1.2 二维随机场的局部平均

由一维随机场进行引申,设$X(t_1,t_2)$是一个二维连续平稳随机场,如图8.3所示,其均值和方差分别为m和μ。$A=T_1T_2$为该随机场中的一矩形单元,(t_1,t_2)为其中心点坐标。

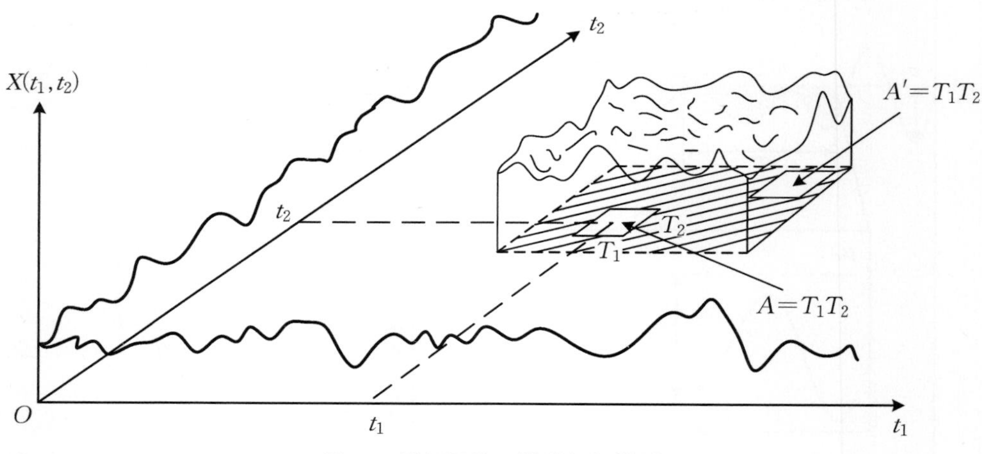

图8.3 局部平均二维随机场模型

随机场在单元A内的局部平均为

$$X_A(t_1,t_2)=\frac{1}{A}\int_{t_1-T_1/2}^{t_1+T_1/2}\int_{t_2-T_2/2}^{t_2+T_2/2}X(t_1,t_2)\mathrm{d}t_1\mathrm{d}t_2 \tag{8.6}$$

$X(t_1,t_2)$对应的局部平均随机场$X_A(t_1,t_2)$可用各随机场单元的均值$E[X_A]$、方差$\mathrm{Var}[X_A]$和协方差$\mathrm{Cov}[X_A,X_{A'}]$来描述。

二维随机场局部平均的均值为

$$E[X_A(t_1,t_2)]=\frac{1}{A}\int_{t_1-T_1/2}^{t_1+T_1/2}\int_{t_2-T_2/2}^{t_2+T_2/2}E[X(t_1,t_2)]\mathrm{d}t_1\mathrm{d}t_2=\mu \tag{8.7}$$

方差为

$$\mathrm{Var}[X_A]=\sigma_{T_1T_2}^2=\sigma^2\gamma(T_1,T_2) \tag{8.8}$$

式中$\gamma(T_1,T_2)$为$X(t_1,t_2)$的方差折减函数。

对于两矩形随机场单元A和A',协方差$\mathrm{Cov}[X_A,X_{A'}]$为

$$\mathrm{Cov}[X_A,X_{A'}]=\frac{1}{AA'}\frac{\sigma^2}{4}\sum_{k=0}^{3}\sum_{l=0}^{3}(-1)^{k+l}(T_{1k}T_{2l})^2\gamma(T_{1k},T_{2l}) \tag{8.9}$$

式中T_{1k}和T_{2L}($k=0,\cdots,3$;$l=0,\cdots,3$)表示两矩形单元的相对位置参数,如图8.4所示。

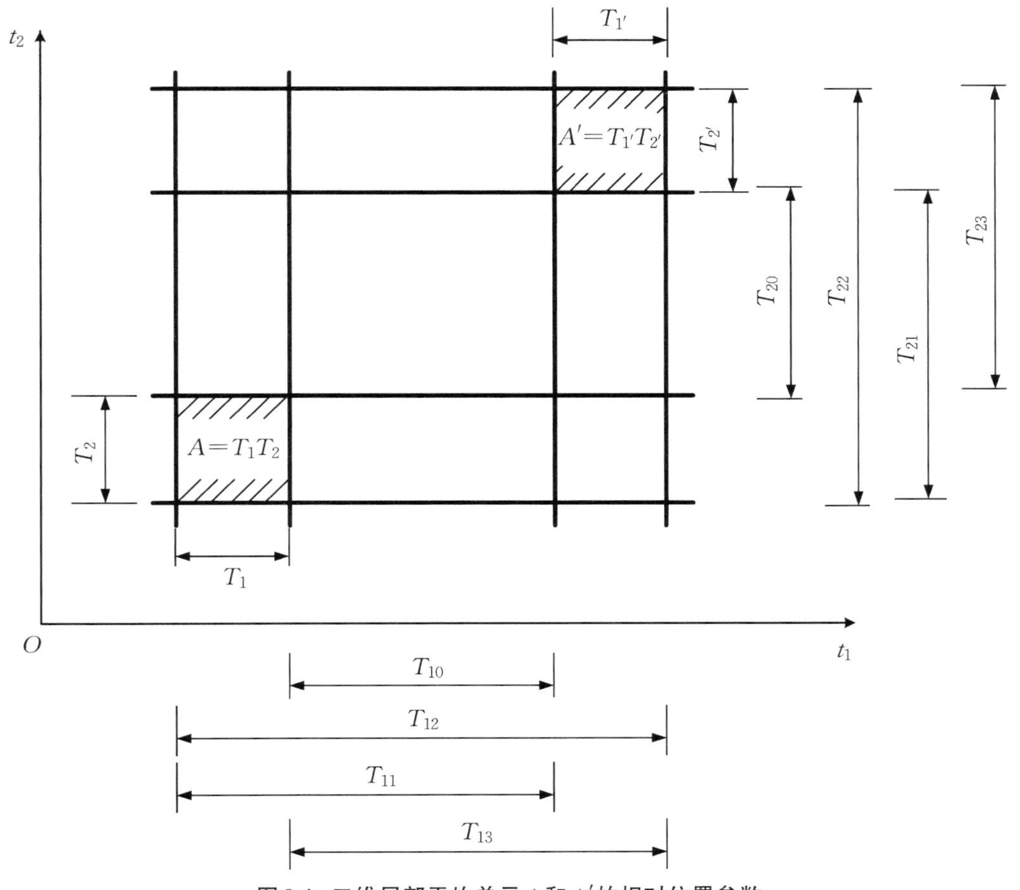

图8.4 二维局部平均单元A和A'的相对位置参数

方差折减函数与相关函数$\rho(X_1,Y_1)$存在以下关系:

$$\gamma(T_{1k},T_{2l})=\frac{1}{T_{1k}T_{2l}}\int_{-T_{1k}}^{T_{1k}}\int_{-T_{2l}}^{T_{2l}}\left(1-\frac{|\tau_1|}{T_{1k}}\right)\left(1-\frac{|\tau_2|}{T_{2l}}\right)\rho(\tau_1,\tau_2)\mathrm{d}\tau_1\mathrm{d}\tau_2 \tag{8.10}$$

式中X_1和Y_1分别为两点间X_1和Y_1方向的坐标差,$\rho(X_1,Y_1)$为二维随机场的相关函数,在第6.2节已介绍。

若随机场的相关函数可以写成相应的一维相关函数的乘积,即存在

$$\rho(\tau_1,\tau_2)=\rho(\tau_1)\rho(\tau_2) \tag{8.11}$$

$$\gamma(T_1,T_2)=\gamma(T_1)\gamma(T_2) \tag{8.12}$$

则认为该相关函数是可分离的，二维高斯型相关函数与可分离的指数函数均具有此项特征。对可分离的相关函数有

$$\mathrm{Cov}[X_A, X_{A'}] = \frac{1}{AA'}\frac{\sigma^2}{4}\sum_{k=0}^{3}\sum_{l=0}^{3}(-1)^{k+l}T_{1k}^2\gamma(T_{1k})\cdot T_{2l}^2\gamma(T_{2l}) \tag{8.13}$$

对于可分离的指数相关函数，上式可代入一维单指数型相关函数的方差折减函数进一步写为

$$\mathrm{Cov}[X_A, X_{A'}] = \frac{1}{AA'}\frac{\sigma^2}{4}\sum_{k=0}^{3}\sum_{l=0}^{3}(-1)^{k+l}T_{1k}^2\cdot\frac{\delta_1^2}{2T_{1k}^2}\left(\frac{2T_{1k}}{\delta_1}+\exp\left(\frac{-2T_{1k}}{\delta_1}\right)-1\right)$$
$$\cdot T_{2l}^2\cdot\frac{\delta_2^2}{2T_{2l}^2}\left(\frac{2T_{2l}}{\delta_2}+\exp\left(\frac{-2T_{2l}}{\delta_2}\right)-1\right) \tag{8.14}$$

在计算方差折减函数时，需要使用高斯积分公式，计算相对复杂，但对于可分离的相关函数，以其作为随机场的相关模型则可以有效避免多重积分的数值运算，从而能在很大程度上提高随机场模拟的效率。

进行协方差矩阵求解时，选用可分离指数型，对待求区域网格进行编号，计算第一网格的局部平均与其余所有网格的局部平均的协方差，计算方法为：如图 8.5 所示，将 $m\times n$ 维网格划分为四个区域，第一网格视为一区域，第一行和第一列分别视为一区域，余下部分大矩形网格视为一区域，第一网格与第一行其余网格的协方差视为一维随机场进行计算，第一列也相同，而后计算第一网格与大矩形网格区域每一单元格的协方差。第一网格与其自身的协方差等于其方差，即 $\mathrm{Cov}(x_a, x_a)=\mathrm{Var}(x_a)$。由此，即可求得第一网格与区域内所有单元格的协方差，而后利用协方差矩阵的构造特性，即协方差矩阵为实对称矩阵，其性质完全由其第一行元素决定。

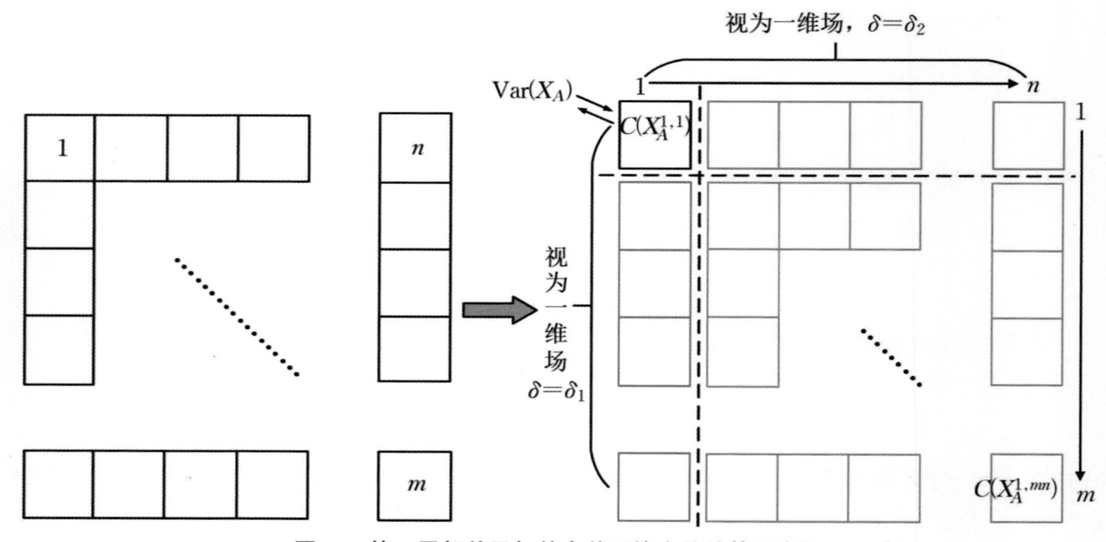

图 8.5 第一局部单元与其余单元协方差计算示意图

$$C=(c_{ij})_{n\times n}=\begin{bmatrix} c_{11} & c_{12} & \cdots & c_{1n} \\ c_{21} & c_{22} & \cdots & c_{2n} \\ \vdots & \vdots & & \vdots \\ c_{n1} & c_{n2} & \cdots & c_{nn} \end{bmatrix} \tag{8.15}$$

采用局部平均法(LAM)构建的协方差矩阵从单元格的积分形式考虑,考虑单元格内无限点的平均,其计算精度较高。在进行协方差矩阵生成之后,可采用楚列斯基分解将相关随机变量进行独立变换,从而得到不相关的随机变量。其变换步骤如下:

设局部平均法求得的协方差矩阵$\boldsymbol{C}=\left[\mathrm{Cov}(\alpha_i,\alpha_j)\right]$,对应的待求零均值相关随机向量为$\boldsymbol{\alpha}=(\alpha_1,\alpha_1,\cdots,\alpha_n)^{\mathrm{T}}$,由于协方差矩阵$\boldsymbol{C}$为实对称正定厄米矩阵,因此可以采用楚列斯基分解变换将矩阵$\boldsymbol{C}$分解为下三角矩阵$\boldsymbol{L}$和上三角矩阵$\boldsymbol{L}^{\mathrm{T}}$的乘积,使得$\boldsymbol{C}=\boldsymbol{L}\boldsymbol{L}^{\mathrm{T}}$,构造一个服从$N(0,1)$分布的不相关标准正态分布随机向量$\boldsymbol{\beta}=(\alpha_1,\alpha_1,\cdots,\alpha_n)^{\mathrm{T}}$,则存在如下关系:

$$\boldsymbol{\alpha}=\boldsymbol{L}\boldsymbol{\beta} \tag{8.16}$$

$\boldsymbol{\alpha}$即为所求的高斯随机场,求得高斯随机场后,若待求岩体参数随机场服从正态分布,则利用线性变换$\boldsymbol{X}=\mu+\boldsymbol{\alpha}\cdot\sigma$,求得目标随机场,若待求岩体参数随机场服从对数正态分布,则基于等概率变换原理$\boldsymbol{x}=\exp(\mu_{\ln}+\boldsymbol{\alpha}\cdot\sigma_{\ln})$,求得目标随机场。

边坡及地基稳定分析、隧道施工及运营安全等工程问题的数值模拟经常可以简化为平面应变问题,此时在研究工程结构可靠度时可采用二维随机场来模拟岩土参数的空间变异性。

局部平均法可用Python编程实现,程序如下:

```
import numpy as np  #每计算一次n减少一次
h=101 #水平方向网格
v=41 #竖直方向网格
h_step=4
v_step=1
sta=0
L10=np.array(range(sta, h-1, h_step)); L11=L13=np.array(range(sta+1, h, h_step));L12=np.array(range(sta+2,h+1,h_step))
L20=np.array([0]);L21=L23=np.array([1]);L22=np.array([2])
dict={}
A=A_=1;thet=2;segma=[20,2]
while v>=2:
   first_row=[]
   for j in range(len(L10)):
      result=0
      #k,l非同步变化
```

```
        for k in range(4):
            for l in range(4):
                r=(segma[0]**2)/2*(2*(locals()['L1'+str(k)][j])/segma[0]+\
                                    \
                                    np.exp(-2*(locals()['L1'+str(k)][j])/segma[0])\
                                    \
                                     -1)*(segma[1]**2)/2*(2*(locals() ['L' +str(2) +str(l)] [0])/
segma[1]+\
                                    \
                                    np.exp(-2*(locals()['L'+str(2)+str(l)][0])/segma[1])\
                                    \
                                    -1)
                result=result+((-1)**(k+l))*r
        first_row.append(result*thet**2/(4*A*A_))
    dict[sta]=first_row
    v-=1
    sta+=1
    L20=L20+1;L21=L21+1;L23=L23+1;L22=L22+1
#将其构造成为矩阵
mart=[]
for v in dict.values():
    mart.append(v)
listmart=np.mat(mart)
print(listmart.shape)
## 计算水平及竖直网格
# h=n=20 #竖直方向网格
sta=0
L10=np.array(range(sta, h-1, h_step)); L11=L13=np.array(range(sta+1, h,
h_step));L12=np.array(range(sta+2,h+1,h_step))
row_h=[]
for s in range(len(L10)):
    result_h=0
    for t in range(4):
        result_h+= (-1)**t*(segma[0]**2)/2*(2*(locals() ['L1' +str(t)] [s])/segma
[0]+np.exp(-2*(locals()['L1'+str(t)][s])/segma[0])-1)
    row_h.append(result_h*thet**2/(4*A*A_))
#    row_h.append(result_h*thet/(2*A_))
```

```
# h=n=20 #竖直方向网格
print(len(row_h))
sta=0
v=41
L20=np.array(range(sta, v-1));L21=L23=np.array(range(sta+1, v));L22=np.array(range(sta+2,v+1))
row_v=[]
for s in range(len(L20)):
   result_v=0
   for t in range(4):
       result_v+= (-1)**t*(segma[0]**2)/2*(2*(locals() ['L2' +str(t)] [s])/segma[1]+np.exp(-2*(locals()['L2'+str(t)][s])/segma[1])-1)
   row_v.append(result_v*thet**2/(4*A*A_))
#    row_v.append(result_v*thet/(2*A))
print(len(row_v))
T1=T2=1
cov11=thet**2*(segma[0]**2)/(2*T1**2)*(2*T1/segma[0] +np. exp(-2*T1/segma[0]) -1)*(segma[1]**2)/(2*T2**2)*(2*T2/segma[1] +np. exp(-2*T2/segma[1])-1)
finish_result1=np.hstack((np.mat(row_v).reshape(40,1),listmart))
finish_result2=np.hstack((np.mat(cov11).reshape(1,1),np.mat(row_h).reshape(1,25)))
finish_result3=np.vstack((finish_result2,finish_result1))
first_rr=finish_result3.reshape((finish_result3.shape[0]*finish_result3.shape[1]))
a=first_rr.tolist()[0]
c=[]
for i in range(len(a)):
   b=a[0:len(a)-i]
   while i>=1:
      b.insert(0,0)
      i-=1
   c.append(b)
t=np.mat(c)
ed=t.T+t-np.diag(np.diagonal(t))
##利用上述变量构造协方差矩阵
a,b=np.linalg.eig(ed)
guass=np.dot(b,np.random.normal(0,1,1066))
```

```
D=guass.reshape((41,26))
np.savetxt(r'lam_all_different.txt',D,fmt='%.5f')
print(D.shape)
import matplotlib.pyplot as plt
plt.figure(2,figsize=(12,3))
ax1=plt.subplot(1,2,1)
h1=ax1.pcolor(D.tolist(),cmap='jet')
plt.xlim(0,25)
plt.ylim(0,40)
ax1. set_xlabel('x/m', fontname= 'times new roman', fontsize=16, fontstyle=
'italic')
ax1. set_ylabel('y/m', fontname= 'times new roman', fontsize=16, fontstyle=
'italic')
# ax.axis('off')
# fig.savefig(r"C:\Users\mxs\Desktop\dm.png",dpi=500)
c1=plt.colorbar(h1)
# c1.ax.tick_params(labelsize=14) #设置色标刻度字体大小
from scipy.stats import norm
import seaborn as sns
ax2=plt.subplot(1,2,2)
sns.set(color_codes=False, context="notebook", style="ticks",font_scale=1.1)
#font='cmr10',
sns.distplot(D, hist=True, kde=True,rug=False,color='b')
ax2. set_xlabel('guass values', fontname= 'times new roman', fontstyle= 'italic',
fontsize=16)
ax2. set_ylabel('pdf', fontname='times new roman', fontstyle= 'italic', fontsize=
16)
x_fit=np.arange(D.min(),D.max(),0.2)
ax2.plot(x_fit,norm.pdf(x_fit,np.mean(D),np.std(D)),'-.r',lw=2,label='norm')
plt.legend(prop={'family' : 'Times New Roman', 'size'  : 14,'style':'italic'})
plt.savefig(r'E:\鲁海峰的文件\Master_paper\专著插图\LAM_filed100-40.
png',dpi=300,bbox_inches ='tight')
plt.show()
```

8.2　协方差矩阵分解法

协方差矩阵分解法(CMD)是利用随机变量自协方差矩阵的楚列斯基分解来进行随机过程模拟的一种方法。基于协方差矩阵分解法，依据原位测试及室内试验数据，编写程序求取各参数对数值的均值、标准差，拟合确定各参数自相关函数或选用经实践证明的普适性的自相关函数，构建自相关系数矩阵，生成高斯随机场继而转换为非高斯随机场，实现步骤为：

(1) 获取待模拟随机过程的统计特征，求取各参数的均值μ_i和标准差σ_i；并根据公式(8.17)、公式(8.18)计算参数对数值的$\mu_{\ln}$均值和标准差$\sigma_{\ln}$，众多地质调查和应用已证明对数正态分布可以很好地描述岩土体材料参数的空间变异性。

$$\mu_{\ln}=\ln\mu-\frac{\sigma_{\ln}{}^2}{2} \tag{8.17}$$

$$\sigma_{\ln}=\sqrt{\ln\left(1+\left(\frac{\sigma}{\mu}\right)^2\right)} \tag{8.18}$$

(2) 建立离散网格模型，离散网格模型划分为m行n列，自左向右，自下而上编号，获取相应网格单元编号对应的形心坐标，组成N行2列的矩阵$\boldsymbol{A}_{N\times 2}$，$\boldsymbol{A}=\begin{bmatrix} x_1 & y_1 \\ x_2 & y_2 \\ \vdots & \vdots \\ x_{mn} & y_{mn}\end{bmatrix}$，$N$表示总的单元个数，$N=m\times n$；

(3) 确定待模拟参数的自相关函数，根据自相关函数计算相关系数矩阵$\boldsymbol{C}_{N\times N}$；

$$\boldsymbol{C}=\begin{bmatrix} 1 & \rho_{1,2} & \cdots & \rho_{1,N} \\ \rho_{2,1} & 1 & \cdots & \rho_{2,N} \\ \vdots & \vdots & & \vdots \\ \rho_{N,1} & \rho_{N,2} & \cdots & 1 \end{bmatrix} \tag{8.19}$$

(4) 对相关系数矩阵进行楚列斯基分解得到上三角矩阵$\boldsymbol{L}^{\mathrm{T}}$，即$\boldsymbol{C}=\boldsymbol{L}\boldsymbol{L}^{\mathrm{T}}$；

(5) 生成服从标准正态分布的随机矩阵$\boldsymbol{R}_{n\times m}$，随机矩阵的行数$n$取决于要生成随机场的次数；

(6) 相关系数矩阵乘以随机矩阵获得具有自相关性的服从标准正态分布的高斯随机场；

$$\boldsymbol{G}=\boldsymbol{L}^{\mathrm{T}}\boldsymbol{R} \tag{8.20}$$

高斯随机场转为非高斯随机场。可以依据等概率变换基本原理用下式获得服从一定统计规律的某参数的一个随机场实现，即

$$\boldsymbol{\Omega}=\exp(\mu_{\ln}+\sigma_{\ln}\boldsymbol{G}) \tag{8.21}$$

采用协方差矩阵分解法进行随机场离散的优点是该方法计算简便，易于编程。但是，对

于协方差矩阵分解法，每个随机场离散后产生的随机变量数等于随机场单元的网格数。当单元网格数目相对较大时，协方差矩阵分解法计算量较大，效率较低。因此，在使用协方差矩阵分解法进行随机场的离散时，对于简单的模型，网格数量较少时，计算量很小；但对于复杂的网格模型，计算量则会显著增加。

协方差矩阵分解法可用Python编程实现，程序如下：

```
import numpy as np
v=40
h=100
h_step=4
v_step=1
i_source=np.arange(0.5,40.5,v_step)
j_source=np.arange(0.5,100.5,h_step)
# print(i_source,j_source)
x=[]
y=[]
#随机产生独立标准正态分布随机变量抽样序列
c=np.random.normal(0,1,int((v/v_step)*(h/h_step)))
for i in i_source:
    for j in j_source:
        x.append(i)
        y.append(j)
#求解自相关系数矩阵
p=np.zeros((len(x),len(y)))
print(type(p.shape))
thetax=2
thetay=20
for m in range(p.shape[0]):
    for n in range(p.shape[0]):
        p[m,n]=np.exp(-2*(np.sqrt((x[m]-x[n])**2/thetax**2+(y[m]-y[n])**2/
thetay**2)))
#对矩阵p进行楚列斯基分解
L=np.linalg.cholesky(p)
guass=np.dot(L,c)
import matplotlib.pyplot as plt
plt.rcParams['font.sans-serif'] = ['Times New Roman'] #显示中文
plt.rcParams['axes.unicode_minus']=False #用来正常显示负号
D=np.reshape(np.dot(L,c),(int((v/v_step)),int((h/h_step))))
```

```
np.savetxt(r'cmd_all_different.txt',D,fmt='%.5f')
plt.figure(2,figsize=(12,3))
ax1=plt.subplot(1,2,1)
h1=ax1.pcolor(range(0,h+1,4),range(0,v+1),D,cmap='jet')
ax1. set_xlabel('x/m', fontname= 'times new roman', fontsize=16, fontstyle=
'italic')
ax1. set_ylabel('y/m', fontname= 'times new roman', fontsize=16, fontstyle=
'italic')
# ax.axis('off')
# fig.savefig(r"C:\Users\mxs\Desktop\dm.png",dpi=500)
c1=plt.colorbar(h1)
# c1.ax.tick_params(labelsize=14) #设置色标刻度字体大小
from scipy.stats import norm
import seaborn as sns
ax2=plt.subplot(1,2,2)
sns.set(color_codes=False, context="notebook", style="ticks",font_scale=1.1)
#font='cmr10',
sns.distplot(D, hist=True, kde=True,rug=False,color='b')
ax2. set_xlabel('guass values', fontname= 'times new roman', fontstyle= 'italic',
fontsize=16)
ax2. set_ylabel('pdf', fontname= 'times new roman', fontstyle= 'italic', fontsize=
16)
x_fit=np.arange(D.min(),D.max(),0.2)
ax2.plot(x_fit,norm.pdf(x_fit,np.mean(D),np.std(D)),'-.r',lw=2,label='norm')
plt.legend(prop={'family' : 'Times New Roman', 'size'  : 14,'style':'italic'})
plt.savefig(r'E:\鲁海峰的文件\Master_paper\专著插图\CMD_filed100-40.
png',dpi=300,bbox_inches ='tight')
plt.show()
```


8.3 移动平均法

一般$n \times n$阶协方差矩阵或精度矩阵的楚列斯基分解要进行3次幂浮点运算。当矩阵的阶数n较大时,除非引入一些额外的结构,否则高维高斯向量的生成会变得十分耗时。在某些情况下,通过利用"任何高斯向量都可以写成'白噪声'向量$\boldsymbol{Z} \sim N(0,1)$的变换$\boldsymbol{X}=\boldsymbol{\mu}+\boldsymbol{AZ}$"这一基本定理,则可以避免楚列斯基分解。

采用移动平均法(MA)生成移动平均高斯过程$X=\{X_t, t\in\mathcal{G}\}$的方法如下：设$\mathcal{G}$是节点等间距的二维网格平面。$X_t$为该平面的高斯随机变量，$t$为位置参数，表现为节点坐标，这里每个$X_t$等于所有白噪声项$Z_s$的平均值。

$$X_t=\frac{1}{N_r}\sum_{s:\|t-s\|\leqslant r} Z_s \tag{8.22}$$

式中N_r是节点t的径向距离r内的网格节点数。s位于径向距离r围绕t的圆中。s满足$x^2+y^2\leqslant\theta^2$，即满足条件的单元格均在以该单元格为中心，θ为半径的圆内(如图8.6所示)，这种空间过程常被用来描述电荷交换的粗糙能量表面。

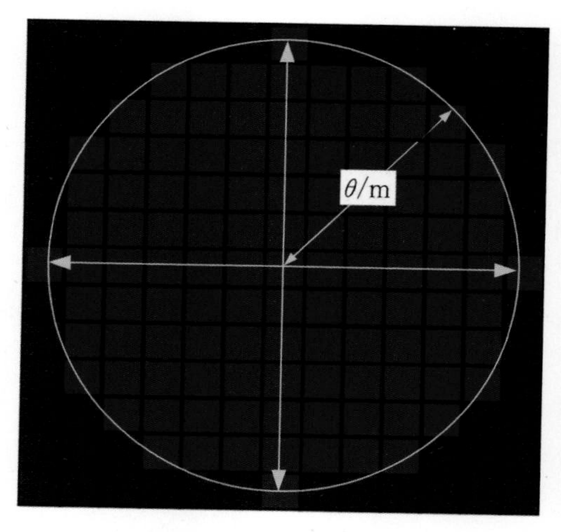

图8.6　各向同性相关结构

对于二维各向同性随机场，移动平均法以某一单元格中心点为中心，考虑该单元格与其径向距离θ范围内的所有单元格的相关性，而后采用平移方式算出所有单元格与其相关区域内的相关矩阵，乘以独立正态分布随机向量得到高斯随机场。对于二维各向异性随机场，某一单元格与其他单元格的相关性则体现在水平和竖直两个方向，水平方向相关距离为θ_x，数值方向相关距离为θ_y，与该单元格具有相关性的单元格满足公式$\frac{x^2}{\theta_x^2}+\frac{y^2}{\theta_y^2}\leqslant 1$，即满足条件的单元格均在以该单元格为中心，$\theta_x$为长轴，$\theta_y$为短轴的椭圆内，如图8.7所示，而后采用与各向同性随机场相同平移方法求得待求随机场。

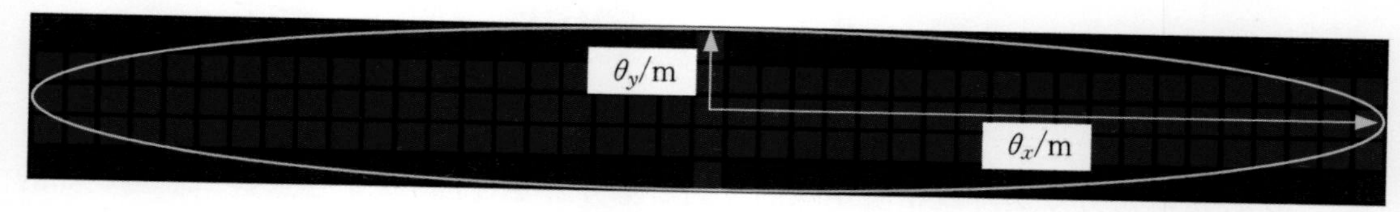

图8.7　椭圆相关结构

下面通过编制程序实现了在200×200网格上，径向距离$r=6$的各向同性高斯随机场。图8.8是其一个典型结果。

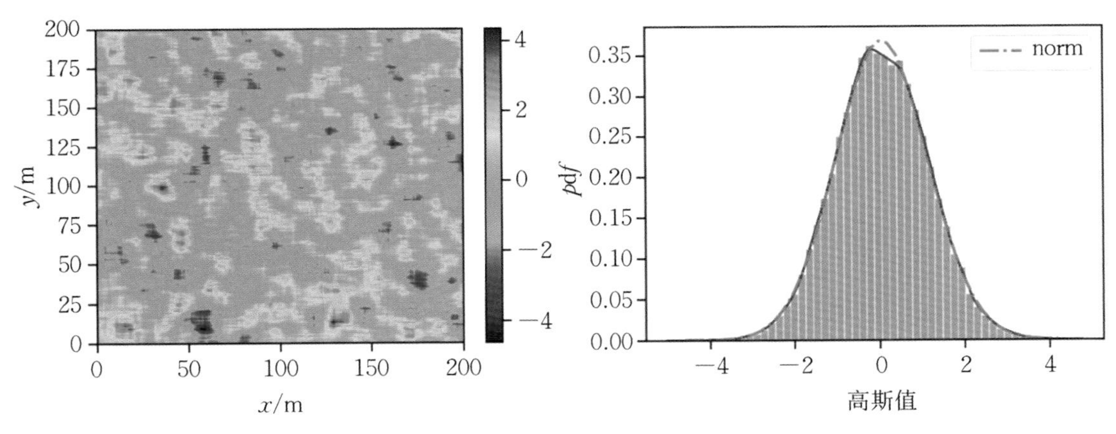

图8.8　移动平均高斯随机场及其分布特征

由图8.8可知，采用移动平均法生成的高斯随机场呈现出高度的各向同性，在任意一点的各个方向的一定间距内，取值相近，相关性较强，且采用移动平均法生成的高斯随机场近似严格服从高斯分布，正态分布曲线拟合效果较好。

移动平均法可用Python编程实现，程序如下：

```
# %matplotlib auto
#(弹出窗绘图)
%matplotlib inline
#(控制台绘图(默认方式))
样本数=300
径向距离=6
#产生300个高斯白噪声
import numpy as np
import matplotlib.pyplot as plt
白噪声=np.random.randn(样本数,样本数)
xx=np.arange(-径向距离,径向距离+1,1)
yy=np.arange(-径向距离,径向距离+1,1)
x,y=np.meshgrid(xx,yy)
mask=np.zeros(x.shape)
for m in range(x.shape[1]):
    for n in range(x.shape[1]):
        mask[m,n]=((x[m][n]**2+y[m][n]**2)<=径向距离**2)
x=np.zeros((样本数,样本数))
最小值=50;最大值=250
for i in range(最小值,最大值+1):
    for j in range(最小值,最大值+1):
```

```
        A=白噪声[i-径向距离:i+径向距离+1,j-径向距离:j+径向距离+1]
        x[i,j]=np.sum(np.sum(np.dot(A,mask)))
Nr=np.sum(np.sum(mask))
x=x[最小值:最大值,最小值:最大值]/Nr
np.savetxt(r'C:\Users\mxs\Desktop\ma_all_same.txt',x,fmt='%.5f')
plt.figure(2,figsize=(12,4))
ax1=plt.subplot(1,2,1)
h1=ax1.pcolor(x,cmap='jet')
ax1. set_xlabel('x/m', fontname= 'times new roman', fontsize=16, fontstyle=
'italic')
ax1. set_ylabel('y/m', fontname= 'times new roman', fontsize=16, fontstyle=
'italic')
# ax.axis('off')
# fig.savefig(r"C:\Users\mxs\Desktop\dm.png",dpi=500)
c1=plt.colorbar(h1)
# c1.ax.tick_params(labelsize=14) #设置色标刻度字体大小
from scipy.stats import norm
import seaborn as sns
ax2=plt.subplot(1,2,2)
sns.set(color_codes=False, context="notebook", style="ticks",font_scale=1.1)
#font='cmr10',
sns.distplot(x, hist=True, kde=True,rug=False,color='b')
ax2. set_xlabel('guass values', fontname= 'times new roman', fontstyle= 'italic',
fontsize=16)
ax2. set_ylabel('pdf', fontname= 'times new roman', fontstyle= 'italic', fontsize=
16)
x_fit=np.arange(x.min(),x.max(),0.2)
ax2.plot(x_fit,norm.pdf(x_fit,np.mean(x),np.std(x)),'-.r',lw=2,label='norm')
plt.legend(prop={'family' : 'Times New Roman', 'size'  : 14,'style':'italic'})
# plt.savefig(r'E:\鲁海峰的文件\Master_paper\专著插图\MA_guass_filed.png',
dpi=300,bbox_inches ='tight')
plt.show()
```

8.4 循环嵌入法

Dietrich和Newsam提出了基于循环嵌入法(CEB)的高斯随机过程生成,这使得使用者可以通过傅里叶变换进行平稳高斯随机场的快速产生[73-74]。其生成方法如下:

将协方差矩阵嵌入到具有自身块循环的块循环矩阵中,使用傅里叶变换方法构造块循环矩阵的方阵。傅里叶变换能够以块循环协方差矩阵实现高斯随机场的快速产生,最终产生的高斯随机场的子块的边缘分布具有期望的协方差结构。

在二维情况下,产生$n\times m$矩形区域下的零均值平稳高斯随机场:

$$\mathcal{G}=\{(i\Delta_x,j\Delta_y),i=0,\cdots,n-1;j=0,\cdots,m-1\} \tag{8.23}$$

式中Δx和Δy分别表示网格模型的竖向和水平向相关距离。具体步骤如下:

1. 生成目标随机场的协方差矩阵

网格节点能排列成一个$n\times m$的列向量进而生成$n^2\times m^2$的协方差矩阵$\boldsymbol{\Omega}_{i,j}=\rho(s_i-s_j)(i,j=1,\cdots,mn)$,其中

$$s_k=\left((k-1)\bmod m,\left[\frac{k}{m}\right]\right)\quad(j=(km+1),\cdots,(k+1)m) \tag{8.24}$$

矩阵$\boldsymbol{\Omega}$有对称T型块矩阵的性质,其中的每一块都是T型矩阵,例如,图8.9(a)中展示的T型协方差矩阵中,$m=n=3$,其中每一个3×3块矩阵是它自身的T型矩阵,在图中以颜色深浅来表示其值,如存在$\Omega_{2,4}=\Omega_{3,5}=c$。

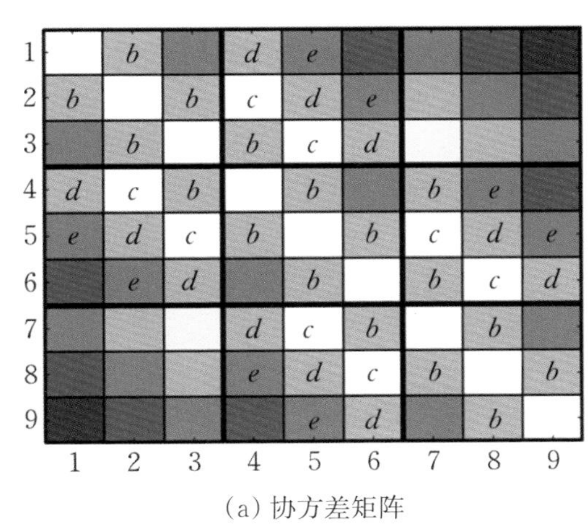

(a) 协方差矩阵

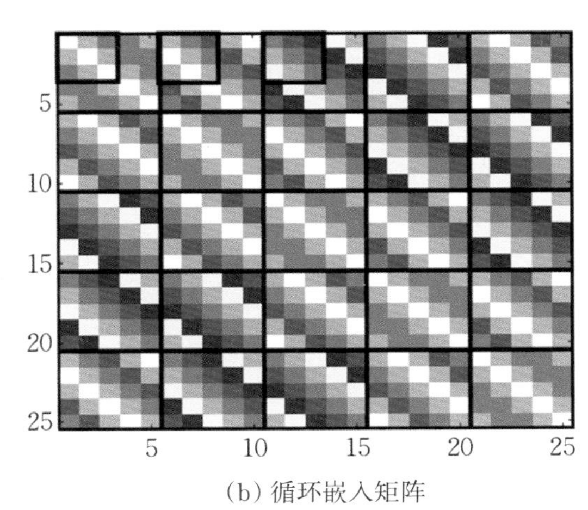

(b) 循环嵌入矩阵

图8.9 协方差矩阵与其循环嵌入阵

因此,矩阵$\boldsymbol{\Omega}$的特有的特征是它的第一个块行$(R_1,\cdots,R_n)$的n个块中的每一个均是一个$m\times m$的T型矩阵。第k个$m\times m$的T型矩阵由矩阵$\boldsymbol{\Omega}$的子块构成:

$$\boldsymbol{\Omega}_{i,j}\quad(i=1,\cdots;m;j=(km+1),\cdots,(k+1)m) \tag{8.25}$$

在循环嵌入矩阵中,每个块R_k本身都有其第一行和第一列的特征。当协方差有$\varrho(s-t)=$

$\varrho(\|s\|,\|t\|)$这种形式时，每一个T型块都将由其第一行来表征，在这种情况下，每一个块R_k都是对称的。因此，通常协方差矩阵可以完全由一对$m\times n$和$n\times m$矩阵的条目来表征，它们存储了所有n个T型块$(R_1,\cdots,R_n)$的第一列和第一行。在实际应用中，计算这两个矩阵最为耗时。

2. 子块嵌入块循环协方差矩阵

每一个T型矩阵R_k都被嵌入到一个$2m+1$的循环矩阵C_k的左上角，如图8.9所示，例如，在图8.9(b)中，嵌入块R_1,R_2,R_3以粗体矩形显示。最后，构造的协方差$\boldsymbol{\Sigma}$为$(2n-1)\times(2m-1)\times(2n-1)(2m-1)$分块循环矩阵，第一块行由$(\boldsymbol{C}_1,\cdots,\boldsymbol{C}_n,\boldsymbol{C}_n^{\mathrm{T}},\cdots,\boldsymbol{C}_2^{\mathrm{T}})$给出。在没有嵌入$\boldsymbol{\Omega}$的更小尺寸的块循环矩阵的意义上，给出了最小嵌入。

3. 计算块循环矩阵的方根

在实现子块嵌入后要完成具有协方差矩阵$\boldsymbol{\Sigma}$的高斯过程产生，通过$\boldsymbol{\Sigma}=\boldsymbol{P}^*\mathrm{diag}(\boldsymbol{\gamma})\boldsymbol{P}$块循环矩阵$\boldsymbol{\Sigma}$能被对角化，其中$\boldsymbol{P}$是$(2n-1)(2m-1)\times(2n-1)(2m-1)$的二维离散傅里叶变换矩阵，特征向量$\boldsymbol{\gamma}$，特征值的向量长度为$(2n-1)(2mm-1)$，排列在一个$(2m-1)\times(2n-1)$的矩阵$\boldsymbol{\Gamma}$中，因此$\boldsymbol{\Gamma}$的第一列包含$\boldsymbol{\gamma}$的前$2m-1$项，矩阵$\boldsymbol{\Gamma}$的第二列由下一个$2m-1$项组成，以此类推，如果$\boldsymbol{G}$是一个$(2m-1)\times(2n-1)$矩阵来存储在$\boldsymbol{\Sigma}$的第一个块行中的项，那么$\boldsymbol{\Gamma}$是$\boldsymbol{G}$的FFT2。假设$\boldsymbol{\gamma}>0$，可以得到平方根因子$\boldsymbol{B}=\boldsymbol{P}^*\mathrm{diag}(\sqrt{\boldsymbol{\gamma}})$，因此，$\boldsymbol{\Sigma}=\boldsymbol{B}^*\boldsymbol{B}$。

4. 抽取近似子块，生成目标随机场

计算数组$\sqrt{\boldsymbol{p}}\cdot\boldsymbol{Z}$的二维快速傅里叶变换，其中平方根按分量应用$\sqrt{\boldsymbol{p}}$和$\boldsymbol{Z}$是一个$(2m-1)\times(2n-1)$复高斯矩阵，其项为$Z_{j,k}=U_{j,k}+iV_{j,k}$，$U_{j,k},V_{j,k}\overset{\mathrm{iid}}{\sim}N(0,1)$表示所有$j$和$k$。则第一个$m\times n$子块$\mathrm{FFT2}(\sqrt{\boldsymbol{p}}\cdot\boldsymbol{Z})$的实部和虚部表示协方差矩阵为$\boldsymbol{\Sigma}$的平稳高斯场在网格$\mathscr{G}$上两个独立的实现，需要更多的实现，只需重复步骤4即可。

循环嵌入法可用Python编程实现，程序如下：

```
import time
start=time.perf_counter()
#中间写上代码块
import numpy as np
h=101;v=41
h_step=1
v_step=1
tx=np.arange(0,h,h_step)
ty=np.arange(0,v,v_step)
#定义自相关函数
def f(x,y,thetax,thetay):
    return np.exp(-2*np.sqrt(x**2/thetax**2+y**2/thetay**2))
rows=np.zeros((v,len(tx)))
cols=rows
```

```
θx=6
θy=6
for i in range(len(tx)):
    for j in range(len(ty)):
        rows[j,i]=f(tx[i]-tx[0],ty[j]-ty[0],θx,θy)
        cols[j,i]=f(tx[0]-tx[i],ty[j]-ty[0],θx,θy)
#创建块循环矩阵
blk1=np.hstack((rows,np.fliplr(cols[:,1:])))
blk2=np.hstack((np.flipud(cols[1:,:]),np.flipud(rows[1:,1:])))
blk=np.vstack((blk1,blk2))
# print(blk)
lam=np.real(np.fft.fft2(blk))/(2*len(ty)-1)/(2*len(tx)-1)
# print(lam)
lam[lam[:,:]<=0]=0
lam=np.sqrt(lam)
# print(lam.shape)
F=np.fft.fft2(lam*(np.random.randn(2*len(ty)-1,2*len(tx)-1)+\
            1j*np.random.randn(2*len(ty)-1,2*len(tx)-1)))
guass=np.real(F[1:len(ty),1:len(tx)])
np.savetxt(r'ceb_all_same.txt',guass,fmt='%.5f')
# print(guass)
import matplotlib.pyplot as plt
plt.rcParams['font.sans-serif'] = ['Times New Roman'] #显示中文
plt.rcParams['axes.unicode_minus']=False #用来正常显示负号
plt.figure(2,figsize=(12,3))
ax1=plt.subplot(1,2,1)
h1=ax1.pcolor(tx,ty,guass,cmap='jet')
ax1.set_xlabel('x/m', fontname= 'times new roman', fontsize=16, fontstyle=
'italic')
ax1.set_ylabel('y/m', fontname= 'times new roman', fontsize=16, fontstyle=
'italic')
# ax.axis('off')
# fig.savefig(r"C:\Users\mxs\Desktop\dm.png",dpi=500)
c1=plt.colorbar(h1)
# c1.ax.tick_params(labelsize=14) #设置色标刻度字体大小
from scipy.stats import norm
import seaborn as sns
```

```
ax2=plt.subplot(1,2,2)
sns.set(color_codes=False, context="notebook", style="ticks",font_scale=1.1)
#font='cmr10',
sns.distplot(guass, hist=True, kde=True,rug=False,color='b')
ax2.set_xlabel('guass values', fontname='times new roman', fontstyle='italic',
fontsize=16)
ax2.set_ylabel('pdf', fontname='times new roman', fontstyle='italic', fontsize=
16)
x_fit=np.arange(guass.min(),guass.max(),0.2)
ax2.plot(x_fit,norm.pdf(x_fit,np.mean(guass),np.std(guass)),'-.r',lw=2,label=
'norm')
plt.legend(prop={'family' : 'Times New Roman', 'size'  : 14,'style':'italic'})
# plt.savefig(r'E:\鲁海峰的文件\Master_paper\专著插图\CEB_all_same_
guass_filed100-40.png',dpi=300,bbox_inches ='tight')
plt.show()
end=time.perf_counter()
print('Running time: %s Seconds'%(end-start))
```

8.5 岩土参数非高斯随机场转换

岩土参数去趋势后其分布服从高斯分布，在进行随机场模拟时，首先生成高斯随机场，而后使用等概率变换原理将高斯随机场转化为非高斯随机场，其基本原理如下：

设X为统计独立随机变量，其边缘概率密度函数和边缘累积分布函数分别为$f_{X_i}(x_i)$和$F_{X_i}(x_i)(i=1,2,\cdots,n)$。如图8.10所示，将随机变量$X$变换为标准正态随机变量称为“等概率变换”。

$$p=F_X(x)=\Phi(u) \tag{8.26}$$

式中$\Phi(\cdot)$为标准正态随机变量的累积分布函数，p为$X\leqslant x$或$U\leqslant u$的概率。

随机变量X的等概率变换为

$$T:u_i=\Phi^{-1}\left[F_{X_i}(x_i)\right]\quad(i=1,2,\cdots,n) \tag{8.27}$$

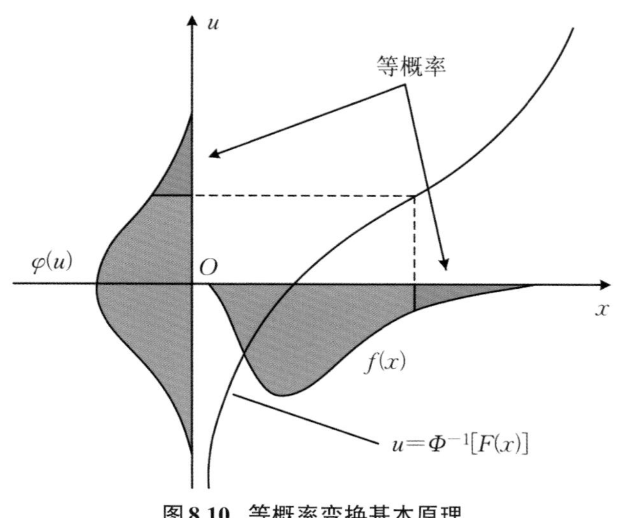

图8.10　等概率变换基本原理

8.6　算例分析

为详细说明上述随机场离散方法的实现过程,并就各种方法生成随机场的效率、精度等进行比较,以具体算例分别进行一次各向同性高斯随机场和各向异性高斯随机场的生成,表8.1为随机场离散的初始参数表。

表8.1　随机场离散的初始参数表

随机场类型	分布类型	μ	σ	θ_x/m	θ_y/m	相关函数
各向同性	正态分布	0	2	6	6	$\rho(\tau_x,\tau_y)=\exp\left(-2\sqrt{\frac{\tau_x^2}{\theta_1^2}+\frac{\tau_y^2}{\theta_2^2}}\right)$
各向异性	正态分布	0	2	20	2	$\rho(\tau_x,\tau_y)=\exp\left(-2\sqrt{\frac{\tau_x^2}{\theta_x^2}+\frac{\tau_y^2}{\theta_y^2}}\right)$

8.6.1　算例1

设算例1为一矩形各向同性高斯随机场,离散区域x方向100 m,y方向40 m,建立100 m×40 m离散网格,水平方向1 m一格,离散成100个网格,竖直方向1 m一格,随机场离散成4000个网格,网格自右下角由1开始编号,如图8.11所示。

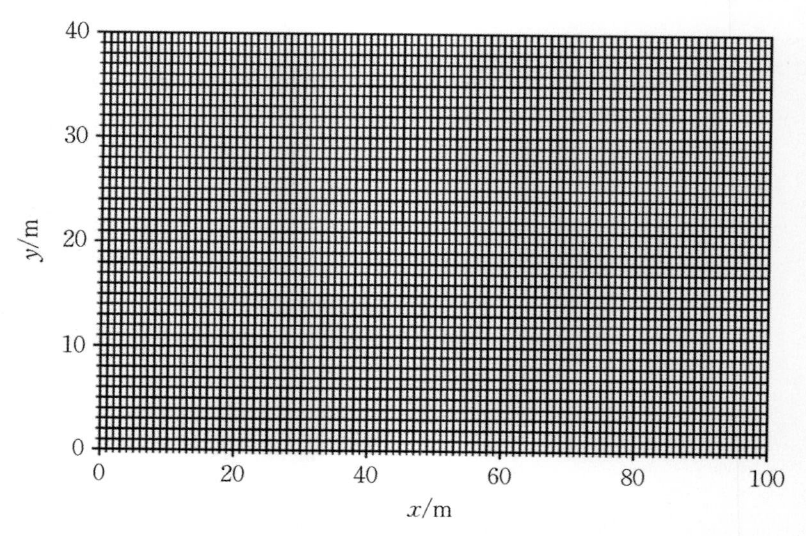

图8.11　离散网格区域

对于二维各向同性高斯随机场,X与Y方向的相关尺度是相等的,即$\theta_x=\theta_y$,取$\theta_x=6$ m,$\theta_y=6$ m,相关函数为$\rho(\tau_x,\tau_y)=\exp\left(-2\sqrt{\frac{\tau_x^2}{\theta_x^2}+\frac{\tau_y^2}{\theta_y^2}}\right)$,其中$\tau_x,\tau_y$分别为各单元中心点在$x$和$y$方向的长度。采用8.1~8.4节所述四种方法生成的随机场如图8.12~图8.15所示。

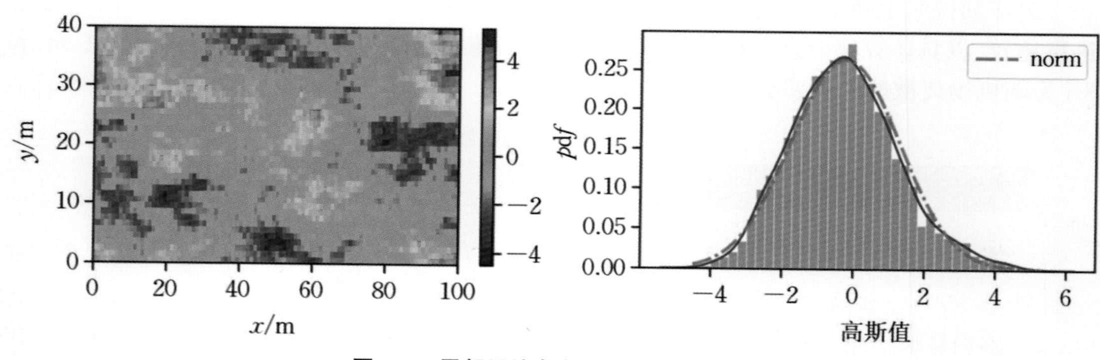

图8.12　局部平均各向同性高斯随机场

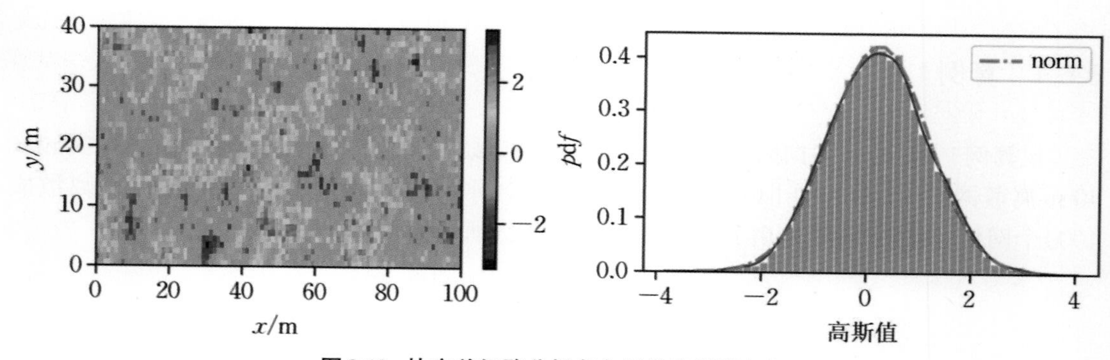

图8.13　协方差矩阵分解各向同性高斯随机场

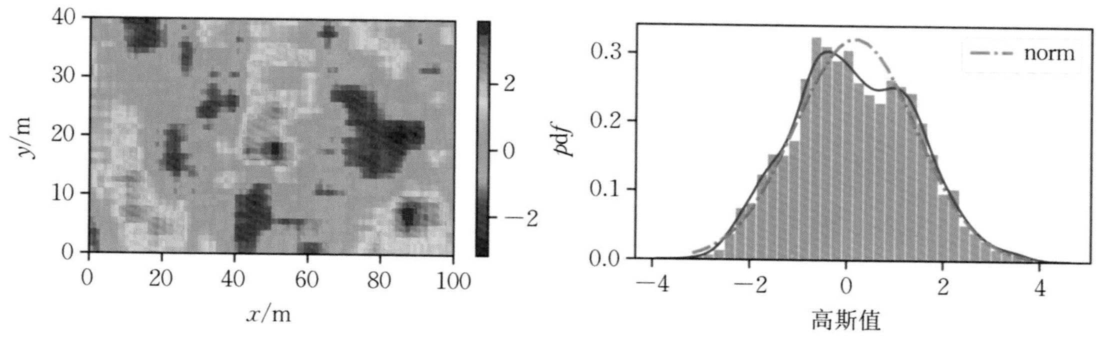

图8.14　移动平均各向同性高斯随机场

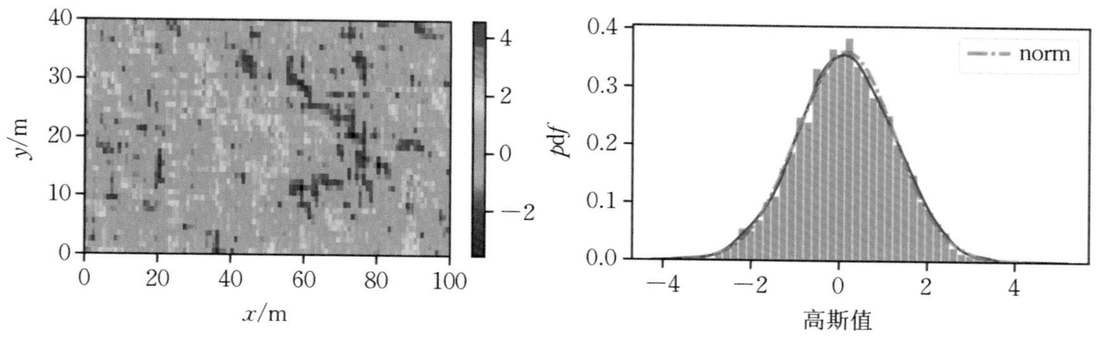

图8.15　循环嵌入各向同性高斯随机场

从图8.12～图8.15中可以看出，上述四种方法生成的高斯随机场均表现为零均值平稳随机场，从生成精度上看，循环嵌入法结果更符合正态分布类型，移动平均法正态分布拟合效果较差，且一点处表现出较大范围内的相关性，循环嵌入法和协方差矩阵分解法以中心点代表单元格整体，局部平均法则以单元格积分形式先计算单元格的局部平均，再以局部平均的均值、方差和协方差表征区域随机场，其精度较其他三者高。

在同等条件下，考虑多方法同一随机场（上述高斯随机场实例）生成的耗时问题，在英特尔酷睿i5-8500处理器，3.0 GHz主频，4 G内存的主机中，采用移动平均法耗时CPU时间0.0587 s，循环嵌入法耗时CPU时间0.0468 s，协方差矩阵分解法耗时CPU时间53.850 s，局部平均法耗时CPU时间43.337 s。从CPU耗时来看，协方差矩阵分解法耗时最长，局部平均法次之，二者耗时较长主要原因在于协方差矩阵的构建与分解方面，对于维数较大的矩阵，其产生与分解的运算深度越高，计算时间越长，将本例中的协方差矩阵单独取出，编制程序计算其耗时，分解本例中4000×4000的协方差矩阵CPU耗时33.21232546 s，移动平均法未使用协方差矩阵，通过线性变换和高斯白噪声实现了随机场的生成；循环嵌入法以协方差矩阵的第一行来对其进行重构，并引入二次傅里叶变换避免了协方差矩阵分解，计算效率较高。

为更直观表现各种方法生成的高斯随机场的特性和变化规律，分别取$x=0$ m和$y=0$ m所在线上的高斯值作切片图，如图8.16所示。

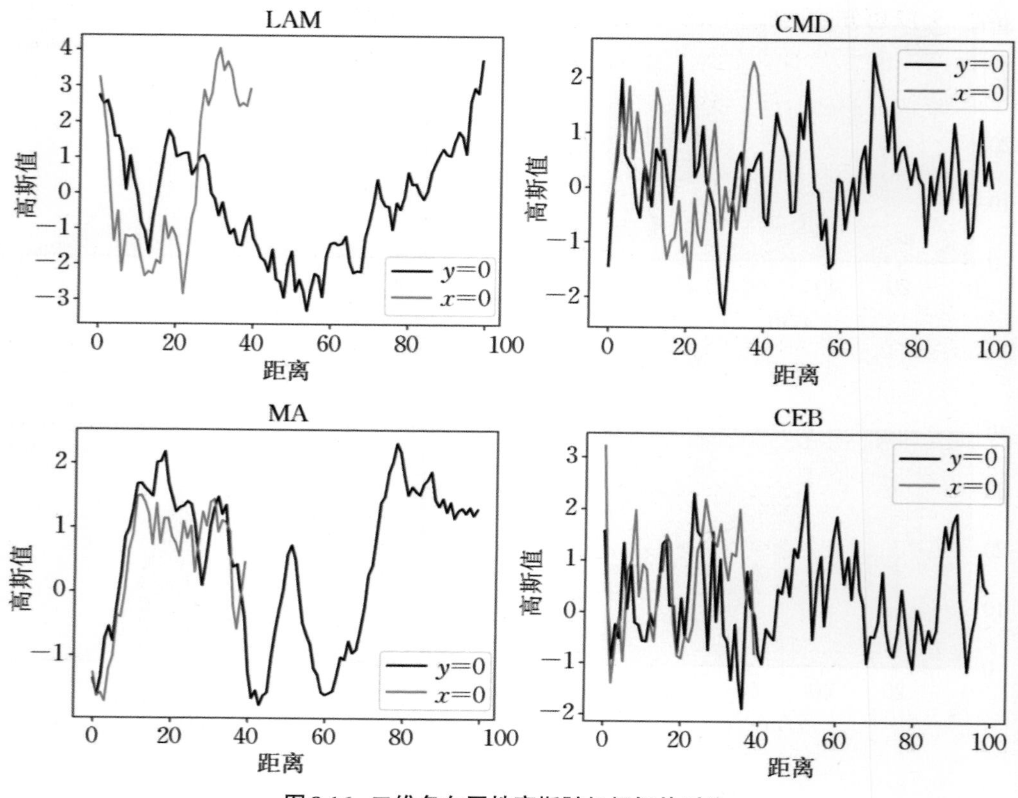

图 8.16　二维各向同性高斯随机场切片对比

由图 8.16 可知，在二维高斯随机场的水平切面上，因相关距离较大，其值的变化较慢，在较大距离内数值趋向于平稳；在竖直切面上，因相关距离较小，在相关距离内，两点具有较强的相关性，大于此距离，则无相关性，因此，其竖直方向在短距离内数值变化较快。符合岩土参数随机场的规律特性。

在 100×100 的区域内使用上述方法模拟各向同性随机场，取其一次的实现竖向和水平向模拟值进行相关性分析，并与理论值之间进行对比，结果如图 8.17 所示。

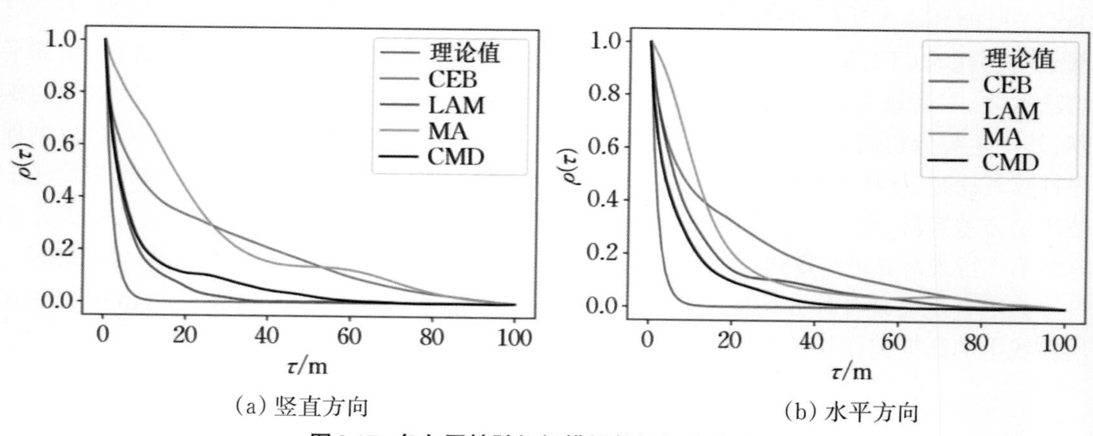

(a) 竖直方向　　(b) 水平方向

图 8.17　各向同性随机场模拟数据相关性统计

由图8.17可知，在竖直方向上，局部平均法的相关性曲线与理论值最接近，水平方向上协方差矩阵分解法与理论值最为接近，在进行相关问题研究时，选用这两种方法精度较高，但这两种方法均较为耗时，制约了其广泛使用。

8.6.2　算例2

设算例2为一矩形各向异性高斯随机场，离散区域大小仍与算例1相同，因水平方向相关性远大于竖直方向相关性[75-76]，为简化计算，设水平方向相关距离大于竖直方向相关距离一个数量级，在不影响研究结果的情况下，水平方向网格划分较为稀疏，4 m一格，离散成25个网格，竖直方向1 m一格，随机场离散成1000个网格，网格自右下角由1开始编号。如8.18所示。

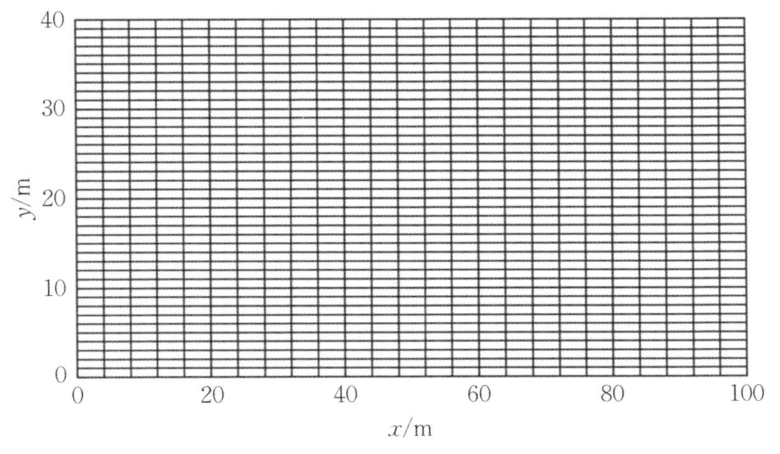

图8.18　离散网格区域

对于二维各向异性高斯随机场，X与Y方向的相关尺度是不相等的，取$\theta_x=20$ m，$\theta_y=2$ m，相关函数仍为$\rho(\tau_x,\tau_y)=\exp\left(-2\sqrt{\dfrac{\tau_x^2}{\theta_x^2}+\dfrac{\tau_y^2}{\theta_y^2}}\right)$。采用上述四种方法生成的各向异性高斯随机场如图8.19～图8.22所示。

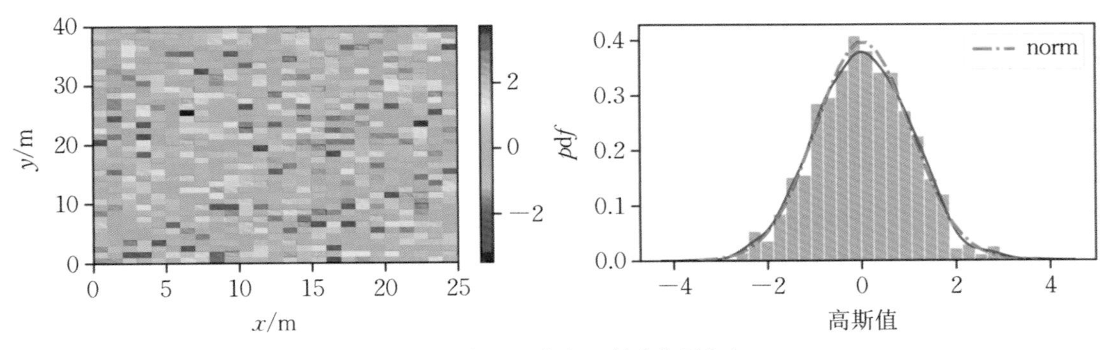

图8.19　局部平均各向异性高斯随机场

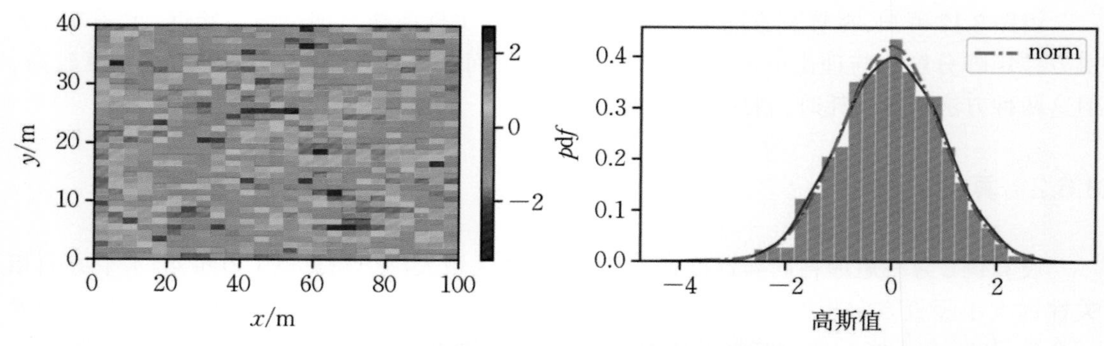

图8.20 协方差矩阵分解各向异性高斯随机场

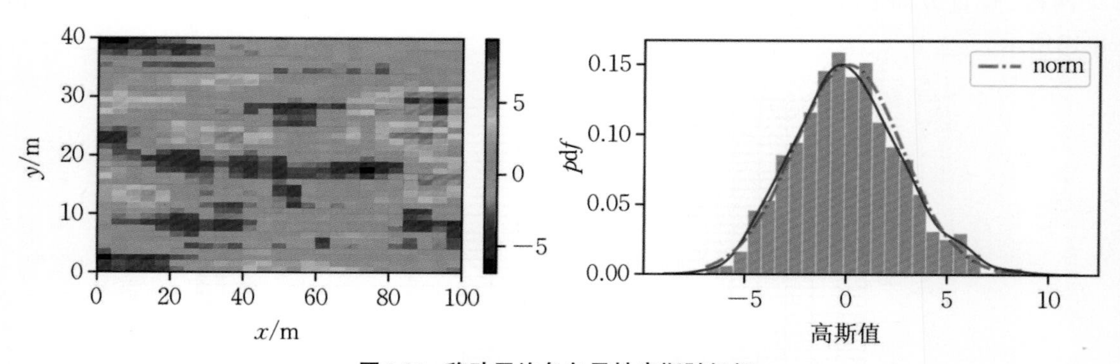

图8.21 移动平均各向异性高斯随机场

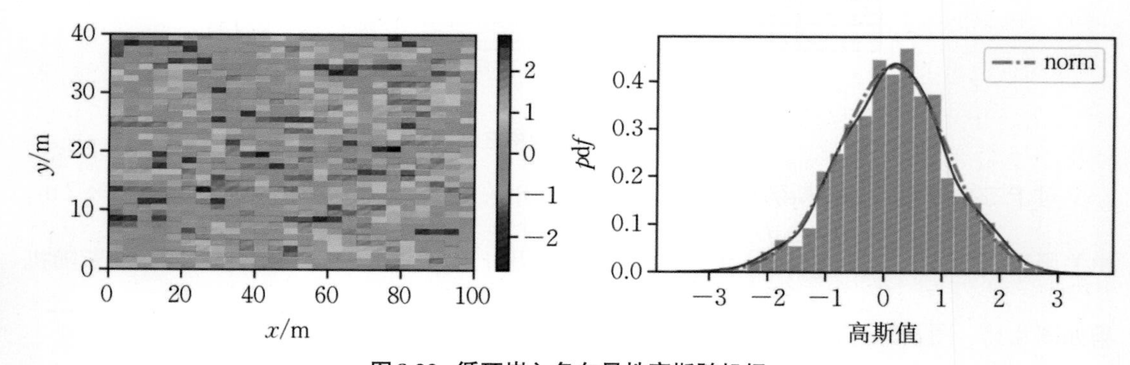

图8.22 循环嵌入各向异性高斯随机场

由以上四幅图进行对比可得，相较于移动平均法，其余三种方法高斯随机场较为离散，但四种方法均符合正态分布，且表现出水平方向强的相关性及竖直方向弱的相关性，变化规律与相关距离表现出高度的同步性，在图中表现为在水平方向上较为连续，较大范围内数值变化不大。

与算例1相同，对于各向异性高斯随机场，其在$x=0$ m和$y=0$ m所在线上的高斯值切片图如图8.23所示。

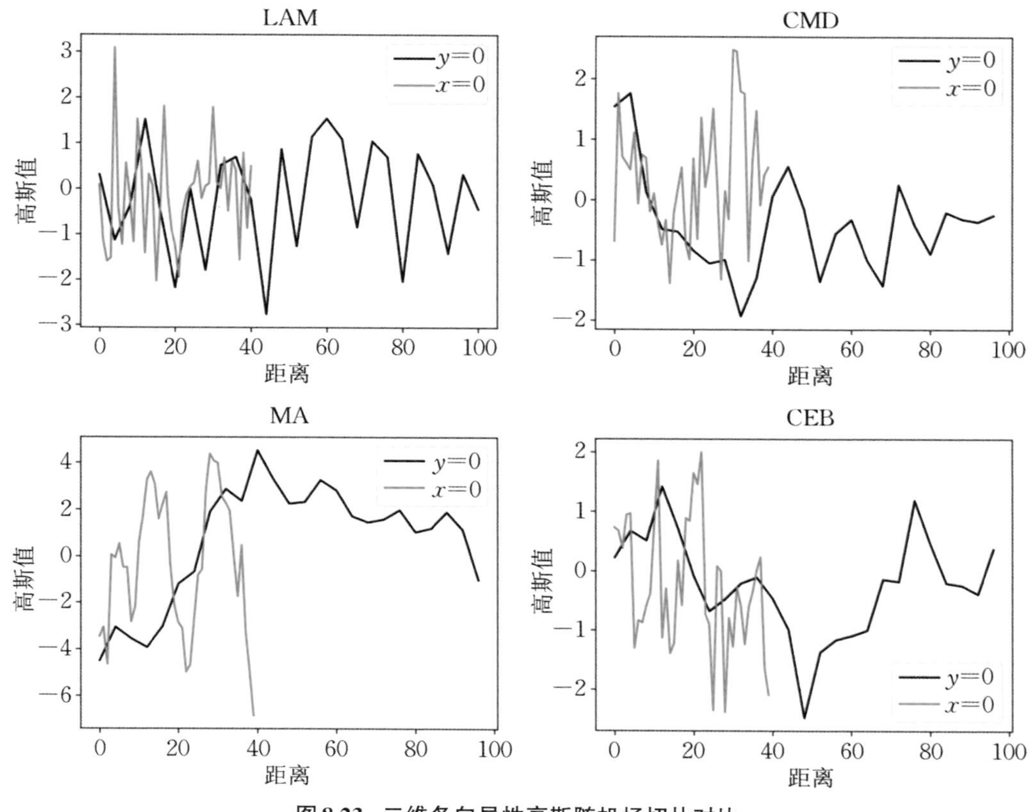

图8.23　二维各向异性高斯随机场切片对比

如图8.23所示，对于各向异性随机场，在同一尺度下，其在y方向的数值呈现高度的震荡性，在水平方向的变化梯度则远小于竖直方向，其原因在于水平方向相关距离较大，相关性强，较大距离内的数值变异性弱，竖直方向相关距离小，相关性弱，仅在较小范围内具有相关性，超出此范围则相关性变弱。

在100×100的区域内使用上述方法模拟各向异性随机场，取其一次实现竖向和水平向模拟值进行相关性分析，并与理论值之间进行对比，结果如图8.24所示。

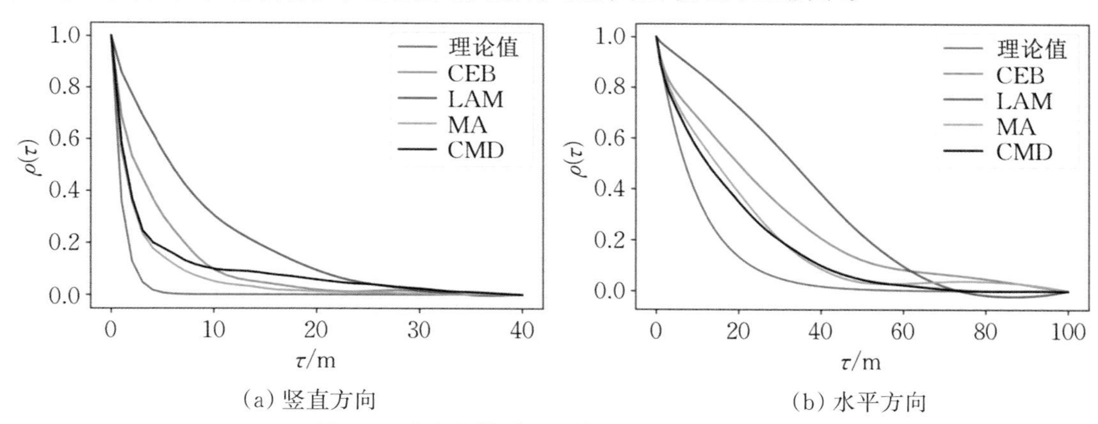

图8.24　各向异性随机场模拟数据相关性统计

由图8.24可知，在竖直方向和水平方向上，局部平均法和循环嵌入法的模拟值相关函数曲线均与理论值较为接近，在进行各向异性随机场模拟时精度较高，但局部平均法编程复杂，模拟耗时久，循环嵌入法则编程简单，生成效率高，本书在后续问题研究中将选用循环嵌入法进行岩土参数随机场的模拟。

本章小结

本章主要就随机场的离散与模拟进行了详细说明，阐述了局部平均法、移动平均法、循环嵌入法和协方差矩阵分解法实现二维高斯随机场离散的具体步骤与优缺点。并通过具体算例对四种方法生成的区域随机场进行了对比，即多方法各向同性高斯随机场与各向异性高斯随机场的生成，对四种方法生成同一随机场的耗时、精度进行了对比，得出以下结论：

(1) 采用四种方法进行各向同性随机场的模拟，得出：生成随机场均为高斯随机场，模拟结果均近似服从正态分布，移动平均法生成的高斯随机场正态分布拟合效果较差，在一点处较大范围内的模拟值相近，虽表现出来较强的各向同性，但离散范围已远大于相关距离，模拟效果不佳。

(2) 在生成离散区域的协方差矩阵时，就随机场模拟耗时而言，局部平均法在进行方差折减函数的计算时要进行多次的二重数值积分，计算过程极为耗时，且与协方差矩阵分解法相同，在得到协方差矩阵后要进行楚列斯基分解，对于高维矩阵，在计算机性能不高时，此过程基本占用随机场模拟的60%的时间，移动平均法和循环嵌入法则分别通过线性变换和二次傅里叶变换避免了此项步骤，模拟效率较前两者快上百倍。

(3) 就模拟精度而言，循环嵌入法和协方差矩阵分解法以中心点代表单元格整体，局部平均法则以单元格积分形式先计算单元格的局部平均，再以局部平均的均值、方差和协方差表征区域随机场，其精度较其他三者高。

(4) 综合以上四种模拟方法，在满足精度要求的基础上，从实现难度、生成效率、结果精度等方面考虑，循环嵌入法易于编程、模拟时间短、模拟精度高，是用以模拟随机场的最佳选择。

第9章　煤层底板采动稳定可靠度计算

9.1　可靠度的基本概念

对工程进行可靠度分析，首先要理解和掌握可靠度的基本概念，可靠度是指在规定的条件下工程结构保持稳定状态的概率。与之相反，结构失稳的概率称为失效概率，在岩土工程中，常用失效概率衡量工程结构可靠度。

在可靠度理论中，功能函数是其核心问题，设某结构工程的功能函数为Z，则有

$$Z=g(R,Q)=R-Q \tag{9.1}$$

式中Q表示结构荷载，R表示结构抗力，由于Q和R均为随机变量，其结果Z可能存在以下三种情况：

(1) 当$Z>0$时，结构处于稳定状态；

(2) 当$Z<0$时，结构处于失效状态；

(3) 当$Z=0$时，结构处于极限状态。

根据Z值大小，可以判断结构是否满足某一确定的功能要求，因此，称(9.1)式为功能函数。因$Z=0$时，结构处于失效与稳定的临界状态，所以把

$$Z=g(R,Q)=0 \tag{9.2}$$

称为极限状态方程。

设基本随机变量为$X_1,X_2,\cdots,X_n$。则功能函数的一般形式为

$$Z=g(X_1,X_2,\cdots,X_n)=0 \tag{9.3}$$

根据均值和方差的基本定义，Z的均值μ_Z和方差σ_Z^2为

$$\mu_Z=\mu_R+\mu_Q \tag{9.4}$$

$$\sigma_Z^2=\sigma_R^2+\sigma_Q^2-2\rho_{RQ}\sigma_R\sigma_Q \tag{9.5}$$

将均值与方差的比值β称为可靠度指标[49]：

$$\beta=\frac{\mu_Z}{\sigma_Z} \tag{9.6}$$

基本随机变量的联合概率密度函数难以得到，计算多重积分也非易事，因此，通常不用直接积分方法计算失效概率。引入与失效概率有对应关系的可靠指标，便是具有足够精度的简便途径。由前文可知，结构的失效概率p取决于功能函数Z的分布形式。不妨假定Z服

从正态分布，其均值为μ_Z，标准差为σ_Z，表示为$Z\sim N(\mu_Z,\sigma_Z)$。此时Z的概率密度函数为

$$f(x)=\frac{1}{\sqrt{2\pi}\,\sigma_Z}\exp\left[-\frac{(Z-\mu_Z)^2}{2\sigma_Z{}^2}\right] \tag{9.7}$$

通过变换$Y=(Z-\mu_Z)/\sigma_Z$，可以将Z转换为标准正态分布变量$Y\sim N(0,1)$，其概率密度函数和累积分布函数分别为

$$\varphi(y)=\frac{1}{\sqrt{2\pi}}\exp\left(-\frac{y^2}{2}\right) \tag{9.8}$$

$$\Phi(y)=\int_{-\infty}^{y}\varphi(y)\mathrm{d}y \tag{9.9}$$

由(9.7)式，并注意到(9.8)式和(9.9)式，此时结构的失效概率为

$$p_\mathrm{f}=\int_{-\infty}^{0}\frac{1}{\sqrt{2\pi}\,\sigma_Z}\exp\left[-\frac{(Z-\mu_Z)^2}{2\sigma_Z{}^2}\right]\mathrm{d}z=\int_{-\infty}^{-\frac{\mu_Z}{\sigma_Z}}\varphi(y)\mathrm{d}y=\Phi\left(-\frac{\mu_Z}{\sigma_Z}\right) \tag{9.10}$$

由此可见，可以用标准差σ_Z度量原点0到平均值μ_Z的距离。上式是在功能函数Z服从正态分布的条件下建立的，如Z不服从正态分布，它们不再精确成立，但通常仍能给出比较准确的结果。事实上，当$p_\mathrm{f}\geqslant 0.001$（或$\beta\leqslant 3.0902$）时，$p_\mathrm{f}$的计算结果对$Z$的分布形式不敏感，因而可以不考虑基本随机变量$X$的实际分布类型，而上式不仅可使计算大为简化，又能满足工程上的精度要求。

当结构的失效概率较小或可靠指标较大时，例如工程结构的承载能力可靠度要求就比较大[21-22]，在计算结构的可靠度时，必须考虑功能函数的概率分布形式。

如果功能函数$Z=R-S$，假定$R\sim N(\mu_R,\sigma_R)$，$S\sim N(\mu_S,\sigma_S)$，由于Z是R和S的线性函数，Z也服从正态分布，$\mu_Z=\mu_R-\mu_S$，可得出可靠指标为

$$\beta=\frac{\mu_R-\mu_S}{\sqrt{\sigma_R^2+\sigma_S^2}} \tag{9.11}$$

如果功能函数的形式为$Z=\ln R-\ln S$，R和S均服从对数正态分布，即$\ln R\sim N(u_{\ln R},\sigma_{\ln R})$，$\ln S\sim N(u_{\ln S},\sigma_{\ln S})$，则$Z$也服从正态分布，根据(9.11)式，可靠指标为

$$\beta=\frac{\mu_{\ln R}-\mu_{\ln S}}{\sqrt{\sigma_{\ln R}^2+\sigma_{\ln S}^2}}=\frac{1}{\sqrt{\ln[(1+V_R^2)(1+V_S^2)]}}\ln\left(\frac{\mu_R}{\mu_S}\sqrt{\frac{1+V_S^2}{1+V_R^2}}\right) \tag{9.12}$$

假设Z符合正态分布，则对于失效概率p_f与可靠度指标β存在以下关系：

$$p_\mathrm{f}=P(Z<0)=\Phi(-\beta)=1-\Phi(\beta) \tag{9.13}$$

其中$\Phi(\cdot)$为标准正态分布函数。如图9.1所示。

在概率密度曲线坐标中，服从正态分布的功能函数的平均值，即曲线的峰值点到结构功能函数等于0点的距离（图9.1），可用标准差的倍数表示，这个倍数就是二阶矩模式中的可靠指标。图中阴影部分的面积为结构的失效概率p_f。

而如果将结构功能函数随机变量线性变换为一个标准正态随机变量，则在新的概率密度曲线坐标中，可靠指标为坐标原点到极限状态曲面的距离。将这几何概念进行推广，可将可靠指标定义为标准正态空间内坐标原点到极限状态曲面的最短距离，原点向曲面垂线的垂足为验算点（图9.2）。极限状态曲面为结构功能函数等于0的曲面，这样坐标原点到极限

状态曲面的最短距离只有一个,因此据此定义的结构可靠指标是唯一的。

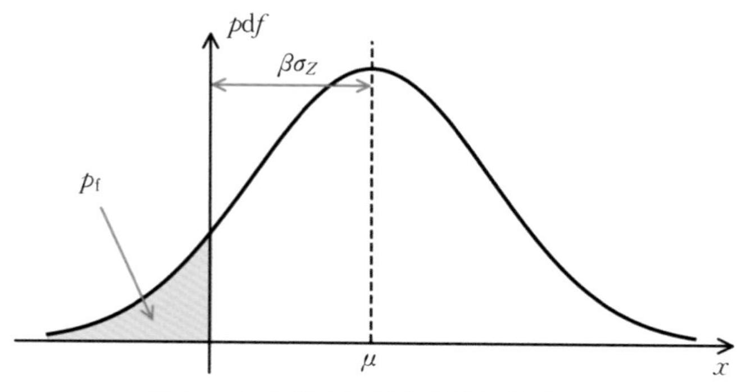

图9.1　失效概率与可靠性指标的关系

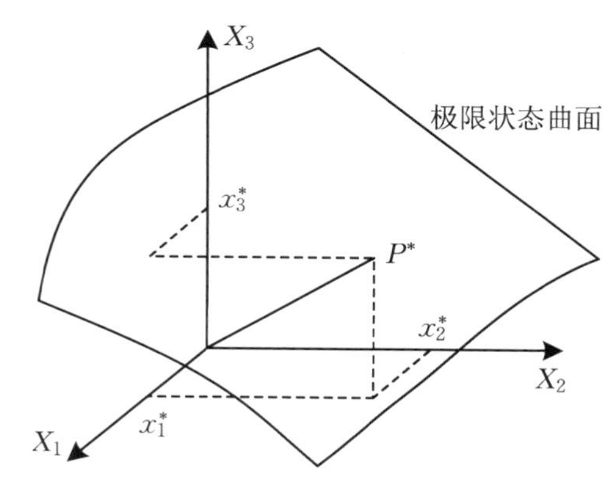

图9.2　三个正态随机变量的极限状态平面与设计验算点

9.2　可靠度计算常用方法

以上通过岩体工程可靠度和可靠指标概念的叙述,给出了最简单情况下岩体工程可靠指标的计算方法。但是对于工程中比较复杂的可靠度分析问题,还需要进一步讨论有关的计算方法,以满足岩体工程可靠性设计和可靠度研究的需要。影响岩体可靠性分析的因素既多又复杂,由于系统因素研究深入性不够和实际考虑因素的不全面,因此很难用统一的方法确定各随机变量的实际分布并精确计算结构的可靠度。可靠度计算方法是可靠度理论用于实际工程的前提,是可靠度理论不可或缺的一部分和重要的研究方向。经过几十年的发展,结构可靠度理论至今已取得显著的进展和成果,形成了一套较为完善的系统计算分析方法。主要有一次二阶矩法、验算点法、蒙特卡罗法以及响应面法等[77-80]。

9.2.1 一次二阶矩法

一次二阶矩法是针对岩体的功能函数为变量、以变量的一阶矩和二阶矩为概率特征进行可靠度计算的一种方法。对于非线性功能函数，一般在某点进行泰勒级数展开并近似地取其一次式，使岩体功能函数线性化，然后再利用一次二阶矩法计算可靠指标。设影响岩体可靠度的n个随机变量为$X_i(i=1,2,\cdots,n)$，岩体的功能函数为

$$Z=g(X_1,X_2,\cdots,X_n) \tag{9.14}$$

则极限状态方程为

$$Z=g(X_1,X_2,\cdots,X_n)=0 \tag{9.15}$$

将岩体的功能函数在点$X_i(i=1,2,\cdots,n)$处展开为泰勒级数，即存在

$$Z=g(X_{O_1},X_{O_2},\cdots,X_{O_n})+\sum_{i=1}^{n}\left(\frac{\partial g}{\partial X_i}\right)_{X_0}(X_1-X_{O_i})+\cdots \tag{9.16}$$

为了得到线性极限状态方程，近似地只取到一次项，得到

$$Z=g(X_{O_1},X_{O_2},\cdots,X_{O_n})+\sum_{i=1}^{n}\left(\frac{\partial g}{\partial X_i}\right)_{X_0}(X_i-X_{O_i}) \tag{9.17}$$

式中$\left(\frac{\partial g}{\partial X_i}\right)_{X_0}$表示该点导数在$X_{O_i}(i=1,2,\cdots,n)$处取值。上式即为功能函数线性化的常用公式。

在可靠度设计的初期，各个随机变量的分布规律难以确定，但其均值和方差则易计算，对于非线性岩体功能函数，在其均值点进行泰勒级数展开并取得其一次式极大地简化了岩体可靠性计算，称之为均值一次二阶矩法。

9.2.2 验算点法

均值一次二阶矩法是在均值点附近将非线性功能函数线性化，并据此计算可靠指标，由于均值点一般在可靠区，且距失效边界较远，求得的可靠指标误差很大。因此一些学者提出了验算点法。这一方法是将非线性功能函数的线性化点选为设计验算点P'，并据此计算可靠指标，使得到的可靠指标具有较高的精度，这也从根本上解决了均值一次二阶矩法存在的问题。

对于任意一组随机变量$X_i(i=1,2,\cdots,n)$，设计验算点为$x_i^*(i=1,2,\cdots,n)$，验算点处的线性化极限状态方程为

$$Z=g(x_1^*,x_2^*,\cdots,x_n^*)=0 \tag{9.18}$$

Z的均值为

$$\mu_Z=g(x_1^*,x_2^*,\cdots,x_n^*)+\sum_{i=1}^{n}\left(\frac{\partial g}{\partial X_i}\right)_{x^*}(\mu_{X_i}-x_i^*) \tag{9.19}$$

由于设计验算点在失效边界上功能函数为0，则

$$\mu_Z=\sum_{i=1}^{n}\left(\frac{\partial g}{\partial X_i}\right)_{x^*}(\mu_{X_i}-x_i^*) \tag{9.20}$$

在变量相互独立的情况下，Z的标准差为

$$\sigma_Z=\sqrt{\sum_{i=1}^{n}\left(\sigma_{X_i}\left(\frac{\partial g}{\partial X_i}\right)\right)_{x^*}^2} \tag{9.21}$$

由于设计验算点$\boldsymbol{x}^*$提前不能确定，所以直接根据(9.20)式、(9.21)式计算Z的均值和标准差，进而计算可靠指标β是不现实的。目前一般采用迭代法得到可靠指标和设计验算点的值，过程如下：

采用一般分离法将上述根式线性化，得

$$\sigma_Z=\sum_{i=1}^{n}\alpha_i\sigma_{X_i}\left(\frac{\partial g}{\partial X_i}\right)_{x^*} \tag{9.22}$$

式中α_i可由一般分离法求得，即

$$\alpha_i=\frac{\sigma_{X_i}\left(\frac{\partial g}{\partial X_i}\right)_{x^*}}{\sqrt{\sum_{i=1}^{n}\sigma_{X_i}\left(\frac{\partial g}{\partial X_i}\right)_{x^*}}} \tag{9.23}$$

事实上，α_i可以反映变量X_i对综合变量Z的标准差的影响，因此被称作敏感系数。显然，α_i的值在-1和1之间，并且满足下列关系式：

$$\sum_{i=1}^{n}\alpha_i^2=1 \tag{9.24}$$

根据可靠指标的定义有

$$\beta=\frac{\mu_Z}{\sigma_Z}=\frac{\sum_{i=1}^{n}\left(\frac{\partial g}{\partial X_i}\right)_{x^*}(\mu_{X_1}-x_i^*)}{\sum_{i=1}^{n}\left[\alpha_i\sigma_{X_i}\left(\frac{\partial g}{\partial X_i}\right)_{x^*}\right]} \tag{9.25}$$

整理上式得

$$\sum_{i=1}^{n}\left(\frac{\partial g}{\partial X_i}\right)(\mu_{X_i}-x_i^*-\beta\alpha_i\sigma_{X_i})=0 \tag{9.26}$$

由此可得

$$(\mu_{X_i}-x_i^*-\beta\alpha_i\sigma_{X_i})=0 \tag{9.27}$$

设计验算点的计算公式：

$$x_i^{\ *}=\mu_{X_i}-\beta\alpha_i\sigma_{X_i}=0\quad(i=1,2,\cdots,n) \tag{9.28}$$

在已知μ_{X_i},σ_{X_i}($i=1,2,\cdots,n$)的条件下，要求解可靠指标β和设计验算点x_i^*($i=1,2,\cdots,n$)的值，需要$n+1$个方程。而上式表示n个方程，由于设计验算点位于极限状态面上，所以一般再补充方程式并采用迭代法求解。

计算流程如图9.3所示。

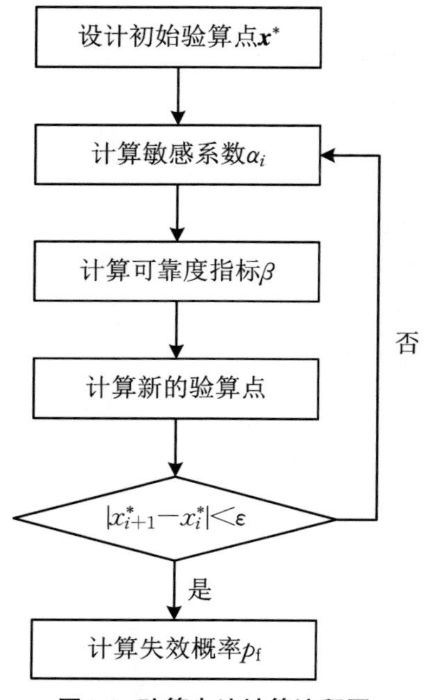

图9.3 验算点法计算流程图

结构的可靠指标比较直观而且便于实际应用。它是在功能函数服从正态分布的条件下定义的,在此条件下与失效概率有精确的对应关系。任意分布的基本随机变量且任意形式的功能函数通常并不服从正态分布。此时无法直接计算结构的可靠指标,需要研究可靠指标的近似计算方法。

将非线性功能函数展开成泰勒级数并取至一次项,按照可靠指标的定义形成求解方程,就产生了求解可靠度的一次二阶矩法。这种方法只用到基本变量的均值和方差,是计算可靠度的最简单、最常用的方法,其他方法大都以此为基础。掌握一次可靠度方法,能够加深对可靠指标概念的理解,也便于其他计算方法的研究。

计算可靠度时,基本随机变量分布概型及其相关性需要做适当考虑。一次二阶矩法分中心点法和设计验算点法。中心点法不顾及变量的概率分布;设计验算点法只处理正态随机变量;JC法、映射变换法和实用分析法还能够处理其他概率分布随机变量。

在处理随机变量的相关性方面,可靠度计算方法可以利用理论上最为完备的Rosenblatt变换法以及有一定近似性的方法,如认为非正态变量正态化基本不改变变量的相关性的正交变换法和广义随机空间分析法,也可以利用Nataf变换对此进行改进,以及正态化后变量相关性的改变。

9.2.3 中心点法

设结构的功能函数具有一般形式,即

$$Z=g_X(\boldsymbol{X}) \tag{9.29}$$

其中基本随机向量 $\boldsymbol{X}=(X_1,X_2,\cdots,X_n)^{\mathrm{T}}$ 的各个分量相互独立，其均值为 $\boldsymbol{\mu_X}=(\mu_{X_1},\mu_{X_2},\cdots,\mu_{X_n})^{\mathrm{T}}$，标准差为 $\boldsymbol{\sigma_X}=(\sigma_{X_1},\sigma_{X_2},\cdots,\sigma_{X_n})^{\mathrm{T}}$。

将功能函数Z在均值点(或称中心点)$\boldsymbol{X}$处展开成泰勒级数并保留至一次项，即

$$Z\approx Z_L=g_X(\boldsymbol{\mu_X})+\sum_{i=1}^{n}\frac{\partial g_X(\boldsymbol{\mu_X})}{\partial X_i}(X_i-\mu_{X_i}) \tag{9.30}$$

则Z的均值和方差可分别表示为

$$\mu_Z\approx\mu_{Z_L}=g_X(\boldsymbol{\mu}_X) \tag{9.31}$$

$$\sigma_Z^2\approx\sigma_{Z_L}^2=\sum_{i=1}^{n}\left[\frac{\partial g_X(\boldsymbol{\mu_X})}{\partial X_i}\right]^2\sigma_{X_i}^2 \tag{9.32}$$

由(9.31)式和(9.32)式，得到结构的可靠指标β近似为

$$\beta_c=\frac{\mu_{Z_L}}{\sigma_{Z_L}}=\frac{g_X(\boldsymbol{\mu_X})}{\sqrt{\sum_{i=1}^{n}\left[\frac{\partial g_X(\boldsymbol{\mu_X})}{\partial X_i}\right]^2\sigma_{X_i}^2}} \tag{9.33}$$

上述计算非线性功能函数Z的近似均值μ_{Z_L}和近似标准差σ_{Z_L}所用的泰勒级数方法通常称为δ方法，工程师通常称(9.32)式为误差传播公式。这种方法将功能函数Z在随机变量$\boldsymbol{X}$的均值点展成泰勒级数并取一次项，利用$\boldsymbol{X}$的一阶矩(均值)和二阶矩(方差)计算Z的可靠度，所以称为均值一次二阶矩法或中心点法。当已知$\boldsymbol{X}$的均值和方差时，可用此法方便地估计结构可靠指标的近似值β_c。但此法对于相同意义但不同形式的极限状态方程，可能会给出不同的可靠指标β_c。这是因为中心点$\boldsymbol{\mu_X}$不在极限状态面上，在$\boldsymbol{\mu_X}$处作泰勒展开后的超曲面$Z_L=0$是超平面，可能会明显偏离原极限状态面。

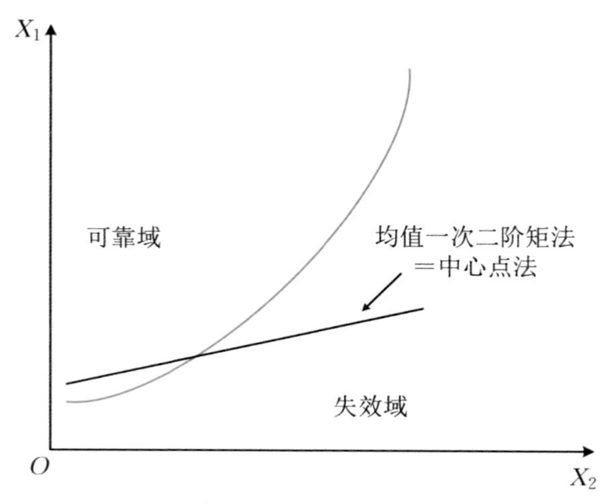

图9.4　一次二阶矩法与中心点法对比图

此外，中心点法没有利用基本随机变量的概率分布，只利用了随机变量的前两阶矩，这也是它明显的不足之处。

中心点法计算简便，若分析精度要求不太高，仍有一定的实用价值。在选择功能函数

时，可尽量选择线性化程度较好的形式，以便减小非线性函数的线性化带来的误差。

例 9.1 圆截面直杆承受轴向拉力 $P=100\ \text{kN}$，设杆的材料的屈服极限 f_y 和直径 d 为随机变量，其均值和标准差分别为 $\mu_{f_y}=290\ \text{N/mm}^2$，$\sigma_{f_y}=25\ \text{N/mm}^2$，$\mu_d=30\ \text{mm}$，$\sigma_d=3\ \text{mm}$。求杆的可靠指标。

解 此杆的极限状态方程为

$$Z=g(f_y,d)=0 \tag{a}$$

由(9.33)式，可得杆的可靠指标

$$\beta_c=\frac{g(\mu_{f_y},\mu_d)}{\sqrt{\left[\frac{\partial g(\mu_{f_y},\mu_d)}{\partial f_y}\right]^2\sigma_{f_y}^2+\left[\frac{\partial g(\mu_{f_y},\mu_d)}{\partial d}\right]^2\sigma_d^2}} \tag{b}$$

以轴力表示的极限状态方程为

$$Z=g(f_y,d)=\frac{\pi d^2}{4}f_y-P=0 \tag{c}$$

将(c)式中的 $g(f_y,d)$ 代入(b)式并化简，得杆的可靠指标

$$\begin{aligned}\beta_c&=\frac{\pi\mu_d^2\mu_{f_y}-4P}{\pi\mu_d\sqrt{\mu_d^2\sigma_{f_y}^2+4\mu_{f_y}^2\sigma_d^2}}\\&=\frac{\pi\times30^2\times290-4\times100\times10^3}{\pi\times30\sqrt{30^2\times25^2+4\times290^2\times3^2}}=2.3517\end{aligned}$$

将以应力表示的极限状态方程中的 $g(f_y,d)$ 代入(b)式并化简，得杆的可靠指标

$$\begin{aligned}\beta_c&=\frac{\pi\mu_{f_y}\mu_d^3-4P\mu_d}{\sqrt{\pi^2\sigma_{f_y}^2\mu_d^6+64P^2\sigma_d^2}}\\&=\frac{\pi\times290\times30^3-4\times100\times10^3\times30}{\sqrt{\pi^2\times25^2\times30^6+64\times100^2\times10^6\times3^2}}=3.9339\end{aligned}$$

对同一问题，采用不同的功能函数形式，中心点法两次计算所得的可靠指标值明显不同。但是，中心点法相对简单，它的计算机程序则更为简单，甚至无需计算机程序亦可计算。为了用程序说明算法的完整性，这里给出中心点法的计算程序。

在计算机程序中，除了功能函数 $Z=g_X(\boldsymbol{X})$ 的表达式外，功能函数的梯度 $\nabla_g(\boldsymbol{X})$ 的表达式可能也要经常使用。

由(c)式可得

$$\nabla_g(f_y,d)=\left(\frac{\partial g}{\partial f_y},\frac{\partial g}{\partial d}\right)^{\mathrm{T}}=\left(\frac{\pi}{4}d^2,\frac{\pi}{2}f_yd\right)^{\mathrm{T}}$$

对应于以应力表示的极限状态方程，有

$$\nabla_g(f_y,d)=\left(1,\frac{8P}{\pi d^3}\right)^{\mathrm{T}}$$

此题也可用编程实现，Python程序如下：

```
import numpy as np
muX=[290,30]
sigmaX=[25,3]
g1=np.pi/4*muX[1]**2*muX[0]-1e5
gX=[np.pi/4*muX[1]**2,np.pi/2*muX[0]*muX[1]]
beta1=g1/np.linalg.norm(np.array(gX)*np.array(sigmaX))
g2=muX[0]-4/np.pi*1e5/muX[1]**2
gX=[1,8e5/np.pi/muX[1]**3]
beta2=g2/np.linalg.norm(np.array(gX)*np.array(sigmaX))
print(beta1,beta2)
```

9.2.4　设计验算点法

设计验算点法将功能函数的线性化泰勒展开点选在失效面上，同时又能考虑基本随机变量的实际分布。它从根本上解决中心点法存在的问题，故又称为改进一次二阶矩法(图9.5)。

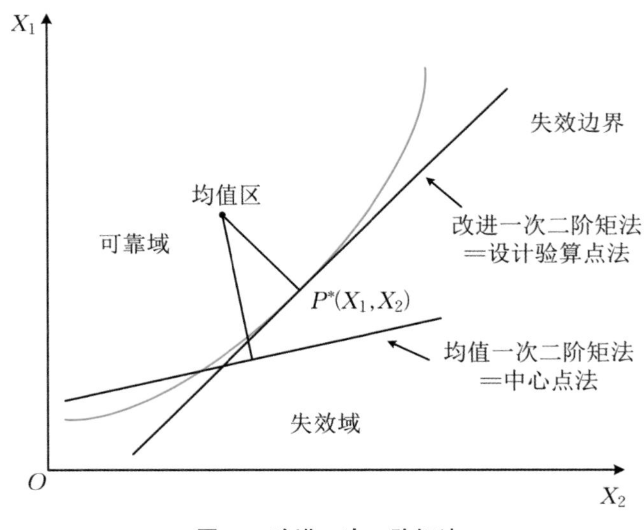

图9.5　改进一次二阶矩法

本节以独立正态分布随机变量的情况，说明验算点的概念及验算点法的原理，对于非正态分布随机变量的情况将分别介绍JC法、等概率变换法和实用分析法。

设结构的极限状态方程为

$$Z=g_X(\boldsymbol{X})=0 \tag{9.34}$$

再设$\boldsymbol{x}^*=(x_1^*,x_2^*,\cdots,x_n^*)^{\mathrm{T}}$为极限状态面上的一点，即

$$g_X(\boldsymbol{x}^*)=0 \tag{9.35}$$

在点$\boldsymbol{x}^*$处将(9.34)式按泰勒级数展开并取至一次项，有

$$Z_L = g_X(\boldsymbol{x}^*) + \sum_{i=1}^{n} \frac{\partial g_X(\boldsymbol{x}^*)}{\partial X_i}(X_i - \boldsymbol{x}_i^*) \tag{9.36}$$

在随机变量X空间，方程$Z_L=0$为过点x^*处的极限状态面的切平面。利用相互独立正态分布随机变量线性组合的性质，Z_L的均值和标准差分别为

$$\mu_{Z_L} = g_X(\boldsymbol{x}^*) + \sum_{i=1}^{n} \frac{\partial g_X(\boldsymbol{x}^*)}{\partial X_i}(\mu_{X_i} - x_i^*) \tag{9.37}$$

$$\sigma_{Z_L} = \sqrt{\sum_{i=1}^{n}\left[\frac{\partial g_X(\boldsymbol{x}^*)}{\partial X_i}\right]^2 \sigma_{X_i}^2} \tag{9.38}$$

由(9.37)式和(9.38)式，可得结构的可靠指标

$$\beta = \frac{\mu_{Z_L}}{\sigma_{Z_L}} = \frac{g_X(\boldsymbol{x}^*) + \sum_{i=1}^{n} \frac{\partial g_X(\boldsymbol{x}^*)}{\partial X_i}(\mu_{X_i} - x_i^*)}{\sqrt{\sum_{i=1}^{n}\left[\frac{\partial g_X(\boldsymbol{x}^*)}{\partial X_i}\right]^2 \sigma_{X_i}^2}} \tag{9.39}$$

将(9.36)式对应的极限状态方程$Z_L=0$用X_i的标准化变量$Y_i=(X_i-\mu_{X_i})/\sigma_{X_i}$改写，并用(9.38)式作为法化因子遍除，整理后得

$$-\frac{g_X(\boldsymbol{x}^*) + \sum_{i=1}^{n} \frac{\partial g_X(\boldsymbol{x}^*)}{\partial X_i}(\mu_{X_i} - x_i^*)}{\sqrt{\sum_{i=1}^{n}\left[\frac{\partial g_X(\boldsymbol{x}^*)}{\partial X_i}\right]^2 \sigma_{X_i}^2}} - \frac{\sum_{i=1}^{n} \frac{\partial g_X(\boldsymbol{x}^*)}{\partial X_i}\sigma_{X_i} Y_i}{\sqrt{\sum_{i=1}^{n}\left[\frac{\partial g_X(\boldsymbol{x}^*)}{\partial X_i}\right]^2 \sigma_{X_i}^2}} = 0 \tag{9.40}$$

比较(9.39)式和(9.40)式，(9.40)式又可以写成

$$-\beta - \frac{\sum_{i=1}^{n} \frac{\partial g_X(\boldsymbol{x}^*)}{\partial X_i}\sigma_{X_i}}{\sqrt{\sum_{i=1}^{n}\left[\frac{\partial g_X(\boldsymbol{x}^*)}{\partial X_i}\right]^2 \sigma_{X_i}^2}} Y_i = 0 \tag{9.41}$$

定义变量X_i的灵敏度系数如下：

$$\alpha_{X_i} = \cos\theta_{X_i} = \cos\theta_{Y_i} = -\frac{\frac{\partial g_X(\boldsymbol{x}^*)}{\partial X_i}\sigma_{X_i}}{\sqrt{\sum_{i=1}^{n}\left[\frac{\partial g_X(\boldsymbol{x}^*)}{\partial X_i}\right]^2 \sigma_{X_i}^2}} \tag{9.42}$$

(9.41)式可写成

$$\sum_{i=1}^{n} \cos\theta_{Y_i} Y_i - \beta = 0 \tag{9.43}$$

(9.43)式则表示在标准正态随机变量$\boldsymbol{Y}$空间的法线式超平面方程，法线就是极限状态面上的点P^*(在$\boldsymbol{X}$空间中的坐标为$\boldsymbol{x}^*$)到标准化空间中原点O的连线，其方向余弦为$\cos\theta_{Y_i}$，长度为β。因此，可靠指标β就是标准化正态空间中坐标原点到极限状态面的最短距离，与此相对应的极限状态面上的点P^*就称为设计验算点，常简称为验算点或设计点。图9.6为二

维的情形，图中还表示出了曲线$Z=0$在P^*局部的不同凹向。

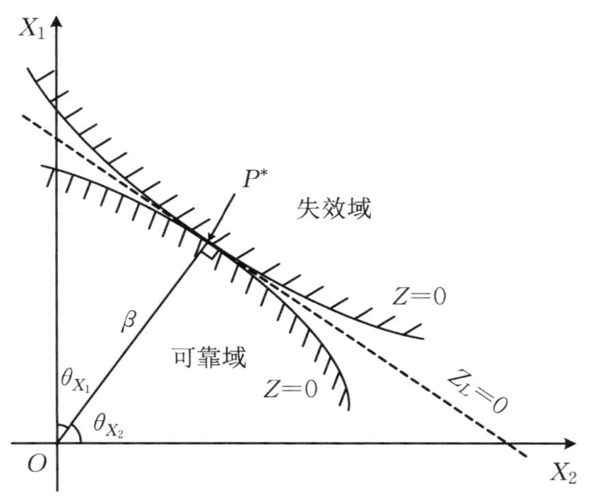

图9.6 可靠指标的几何意义及设计验算点

设计验算点P^*在标准化正态变量$\boldsymbol{Y}$空间中的坐标为

$$y_i^*=\beta\cos\theta_{Y_i}\quad(i=1,2,\cdots,n)\tag{9.44}$$

在原始$\boldsymbol{X}$空间中的坐标为

$$x_i^*=\mu_{X_i}+\beta\sigma_{X_i}\cos\theta_{X_i}\quad(i=1,2,\cdots,n)\tag{9.45}$$

将(9.35)式、(9.39)式、(9.42)式和(9.45)式联立可求解β和$\boldsymbol{x}^*$。用迭代求解的方法可以避免求解方程(9.35)，此时方程(9.35)不一定成立，(9.39)式中的$g_X(\boldsymbol{x}^*)$需予以保留，通用性较强，其迭代步骤如下：

(1) 假定初始验算点$\boldsymbol{x}^*$，一般可设$\boldsymbol{x}^*$；

(2) 计算$\cos\theta_{X_i}$，可利用(9.42)式；

(3) 计算β，可利用(9.39)式；

(4) 计算新的$\boldsymbol{x}^*$，可利用(9.45)式；

(5) 以新的$\boldsymbol{x}^*$重复步骤(2)至(4)，直至前后两次$\|\boldsymbol{x}^*\|$之差<允许误差ε。

这些迭代计算步骤是一次二阶矩方法所必需的，其他很多方法都包含这些基本步骤，都是对这些基本迭代方法所做的改进。

利用可靠指标的几何意义，可将可靠指标的求解归结为以下最优化问题：

$$\min\beta=\|\boldsymbol{y}\|=\sqrt{\boldsymbol{y}^{\mathrm{T}}\boldsymbol{y}}=\sqrt{\sum_{i=1}^{n}\left(\frac{x_i-\mu_{X_i}}{\sigma_{X_i}}\right)^2}\tag{9.46}$$

$$\text{s.t.}\quad g_X(\boldsymbol{x})=g_X(x_1,x_2,\cdots,x_n)=0$$

由此可建立迭代计算公式，其好处是不必计算梯度$\nabla_g(\boldsymbol{X})$，对于迭代求解不收敛的问题也比较奏效。

例9.2 已知极限状态方程$Z=f\cdot W-1140=0$，f和W均服从正态分布，其均值和标准差分别为$\mu_f=38$，$\mu_f=3.8$，$\sigma_w=54$，$\sigma_W=2.7$，求可靠指标β以及f和W的验算点的值f^*和W^*。

解　功能函数的梯度为$\nabla_g(f,W)=(W,f)^{\mathrm{T}}$。

按照上述计算步骤编制程序进行求解，Python程序如下：

```
import numpy as np
muX=np.array([38,54])
sigmaX=np.array([3.8,2.7])
x=muX;
normX=2**(-52);
while np.abs(np.linalg.norm(x)-normX)/normX>1e-6:
    normX=np.linalg.norm(x);
    g=x[0]*x[1]-1140;
    gX=np.array([x[1],x[0]])
    print(gX)
    gs=gX*sigmaX;
    alphaX=-gs/np.linalg.norm(gs);
    bbeta=(g+np.dot(np.transpose(gX),(muX-x)))/np.linalg.norm(gs)
    x=muX+bbeta*sigmaX*alphaX
print(bbeta)
print(x)
```

1. JC法

当基本变量X中含有非正态随机变量时，运用验算点法需事先设法处理这些非正态随机变量。当量正态化法是国际安全度联合委员会(JCSS)推荐使用的方法，又称JC法。

设$\boldsymbol{x}$中的x_i为非正态分布变量，其均值为μ_{x_i}，标准差为σ_{x_i}。概率密度函数为$f_{X_i}(x_i)$，累积分布函数为$F_{X_i}(x_i)$；与x_i相应的当量正态化变量为X_i'，其均值为μ_{X_i}'，标准差为σ_{X_i}。概率密度函数为$f_{X_i'(x_i')}$，累积分布函数为$F_{X_i'(x_i')}$，JC法的当量正态化条件要求在验算点x_i^*处X_i的累积分布函数和概率密度函数分别对应相等(参见图9.6)，即

$$F_{X_i'(x_i^*)}=\Phi\left(\frac{x_i^*-\mu_{X_i'}}{\sigma_{X_i'}}\right)=F_{X_i}(x_i^*) \tag{9.47}$$

$$f_{X_i'(x_i^*)}=\frac{1}{\sigma_{X_i'}}\varphi\left(\frac{x_i^*-\mu_{X_i'}}{\sigma_{X_i'}}\right)=f_{X_i}(x_i^*) \tag{9.48}$$

根据当量正态化条件，可得到当量正态化变量的均值和标准差。对(9.47)式求反函数，得

$$\mu_{X_i'}=x_i^*-\Phi^{-1}[F_{X_i}(x_i^*)]\sigma_{X_i'} \tag{9.49}$$

由(9.48)式求解得

$$\sigma_{X_i'}=\frac{\varphi\{\Phi^{-1}[F_{X_i}(x_i^*)]\}}{f_{X_i}(x_i^*)} \tag{9.50}$$

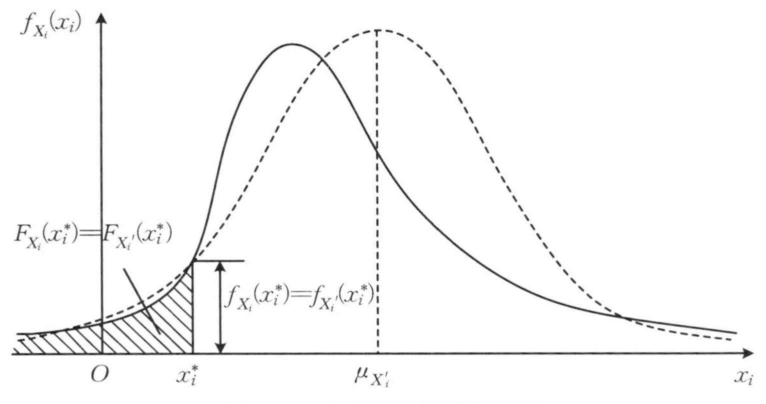

图9.7 JC法的当量正态化条件

对于如对数正态分布、WEIBULL分布、极值Ⅰ型分布等常用的分布类型，均可由(9.49)式和(9.50)式得到所需的当量正态变量的均值和标准差，在现有的书中都可查到。不过在数值计算中，有时并不需要针对其具体分布推导出均值和标准差的显式表达式。

JC法是采用当量正态化的验算点法。参照独立正态分布变量的验算点法的迭代步骤，可以建立JC法的迭代计算步骤。二者的整体架构是相似的，不同点仅在于迭代中增加了非正态变量的当量正态化过程。JC法的迭代计算步骤如下：

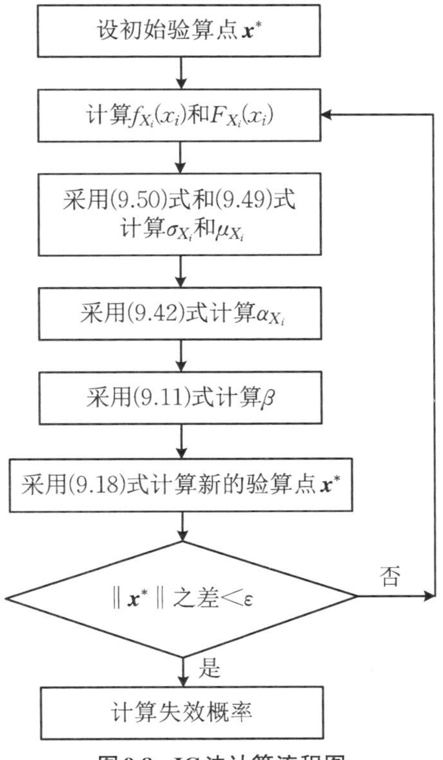

图9.8 JC法计算流程图

(1) 假定初始验算点$\boldsymbol{x}^*$，一般$\boldsymbol{x}^*=\mu_X$。

(2) 对非正态分布变量X_i,计算$\sigma_{X_i'}$和$\mu_{X_i'}$,分别利用(9.50)式和(9.49)式;用$\mu_{X_i'}$替换μ_{X_i},用$\sigma_{X_i'}$替换σ_{X_i}。

(3) 计算$\cos\theta X_i$,可利用(9.42)式。

(4) 计算θ,可利用(9.39)式。

(5) 计算新的$\boldsymbol{x}^*$,可利用(9.45)式。

(6) 以新的$\boldsymbol{x}^*$重复步骤(2)至(5),直至前后两次$\|\boldsymbol{x}^*\|$之差<允许误差ε。

例9.3 设一轴压短柱承载力为R,承受永久荷载G和可变荷载Q作用。已知R服从对数正态分布,$\mu_R=22$ kN,$\sigma_R=2$ kN;G服从正态分布,$\mu_G=10$ kN,$\sigma_G=0.9$ kN;Q服从极值Ⅰ型分布,$\mu_Q=2$ kN,$\sigma_Q=0.6$ kN。R、G和Q相互独立。试确定短柱的受压承载能力的可靠指标。

解 短柱的功能函数为$Z=R-G-Q$,其梯度为$\nabla_g(R,G,Q)=(1,-1,-1)^{\mathrm{T}}$。

按照上述计算步骤编制程序进行求解,Python程序如下:

```
import numpy as np
import scipy.stats as st
muX=[22,10,2],sigmaX=[2,0.9,0.6]
sLn=sqrt(np.log(1+(sigmaX[0]/muX[0])**2))
mLn=np.log(muX[0])-sLn**2/2
aEv=np.sqrt(6)*sigmaX[3]/pi
uEv=0.5572*aEv-muX[2]
muX1=muX;sigmaX1=sigmaX
x=muX;normX=eps
while abs(norm(x)-normX)/normX>1e-6:
    normX=norm(x)
    g=x[1]-x[2]-x[3]
    gX=[1,-1,-1]
    cdfx=[st. lognorm. cdf (x[1], mLn, sLn), 1-st. gumbel_r. cdf (-x[3], uEv,
aEv)]
    pdfx=[st.lognorm.pdf(x[1],mLn,sLn),st.gumbel_r.pdf(-x[3],uEv,aEv)]
    nc=norminv(cdfx)
    sigmaX1(1:2:3)=st.norm.pdf(nc)/pdfx
    muX1(1:2:3)=[x(1:2:3)-nc*sigmaX1(1:2:3)]
    gs=gX*sigmaX1
    alphaX=-gs/norm(gs)
    bbeta=(g+np.dot(np.transpose(gX),(muX1-x)))/norm(gs)
    x=muX1+bbeta*sigmaX1*alphaX
print(x)
```

例 9.4　已知非线性极限状态方程$567f_r-0.5H^2=0$。f服从正态分布，$\mu_f=0.6$，$\sigma_f=0.131$；r服从正态分布，$\mu_r=2.18$，$V_r=0.03$；H服从对数正态分布，$\mu_H=32.8$，$V_H=0.03$。试用JC法求可靠指标β及设计验算点坐标f^*，r^*，h^*的值。

解　功能函数的梯度为$\nabla_g(f,r,H)=(567r,567f,-H)^{\mathrm{T}}$。

2. 映射变换法

映射变换法，又称全分布变换法，其原理就是利用累积分布函数值相等的映射，将非正态分布随机变量变换为正态分布随机变量。

为了表达和叙述方便，假设基本随机变量向量$\boldsymbol{X}=(X_1,X_2,\cdots,X_n)^{\mathrm{T}}$中的各个分量均为独立非正态分布变量，$X_i(i=1,2,\cdots,n)$的概率密度函数为$f_{X_i}(x_i)$，累积分布函数为$F_{X_i}(x_i)$。

对每一个变量$X_i(i=1,2,\cdots,n)$做下列变换，以将任意随机变量向量$\boldsymbol{X}$映射成标准正态变量$\boldsymbol{Y}$：

$$F_{X_i}(x_i)=\Phi(Y_i) \tag{9.51}$$

即

$$X_i=F_{X_i}^{-1}[\Phi(Y_i)] \tag{9.52}$$

$$Y_i=\Phi^{-1}[F_{X_i}(X_i)] \tag{9.53}$$

由此得到由$\boldsymbol{Y}$表示的功能函数为

$$Z=g(\boldsymbol{X})=g\left\{F_{X_1}^{-1}\left[\Phi(Y_1)\right],F_{X_2}^{-1}\left[\Phi(Y_2)\right],\cdots,F_{X_n}^{-1}\left[\Phi(Y_n)\right]\right\}=g'(\boldsymbol{Y}) \tag{9.54}$$

由(9.54)式出发，就可用标准正态向量$\boldsymbol{Y}$和独立正态分布随机变量的验算点法求解可靠度。由于$\boldsymbol{Y}$是标准正态向量，每一个分量$Y_i\sim N(0,1)$，则(9.11)式、(9.23)式和(9.28)式分别改写为

$$\beta=\frac{g(\boldsymbol{x}^*)-\sum\limits_{i=1}^{n}\left(\dfrac{\partial g'}{\partial Y_i}\right)_{\boldsymbol{y}^*y_i^*}Y_i}{\sqrt{\sum\limits_{i=1}^{n}\left[\left(\dfrac{\partial g'}{\partial Y_i}\right)_{\boldsymbol{y}^*}\right]^2}} \tag{9.55}$$

$$\alpha_{Y_i}=\cos\theta_{Y_i}=-\frac{\left(\dfrac{\partial g'}{\partial Y_i}\right)_{\boldsymbol{y}^*}}{\sqrt{\sum\limits_{i=1}^{n}\left[\left(\dfrac{\partial g'}{\partial Y_i}\right)_{\boldsymbol{y}^*}\right]^2}}\quad(i=1,2,\cdots,n) \tag{9.56}$$

$$\boldsymbol{y}^*=\beta\cos\theta_{Y_i}\quad(i=1,2,\cdots,n) \tag{9.57}$$

其中

$$\left(\frac{\partial g'}{\partial Y_i}\right)_{\boldsymbol{y}^*}=\left(\frac{\partial g}{\partial X_i}\right)_{x^*}\frac{\partial X_i}{\partial Y_i}\bigg|_{\boldsymbol{y}^*} \tag{9.58}$$

对(9.51)式两边进行微分，得

$$f_{X_i}(x_i)\mathrm{d}x_i=\Phi(Y_i)\mathrm{d}Y_i \tag{9.59}$$

由(9.58)式可知，映射变换(9.51)式保持变换前后概率相等，概率微元也相等，因此是一

种等概率变换。

由(9.58)式得到

$$\left.\frac{\mathrm{d}X_i}{\mathrm{d}Y_i}\right|_{y^*}=\left.\frac{\partial X_i}{\partial Y_i}\right|_{y^*}=\frac{\Phi(y_i^*)}{f_{X_i}(x_i^*)} \tag{9.60}$$

映射变换法仍然可采用独立正态分布变量的验算点法的迭代过程，只是其中需要增加全分布变换过程以及计算$\boldsymbol{y}^*$的步骤。映射变换法的整个迭代计算步骤如下：

(1) 假设初始验算点$\boldsymbol{x}^*$，一般可取$\boldsymbol{x}^*=\mu_X$；

(2) 根据$\boldsymbol{x}^*$，利用(9.53)式计算$\boldsymbol{y}^*$的初始值；

(3) 利用(9.56)式、(9.58)式和(9.60)式计算$\cos\theta_y$；

(4) 利用(9.55)式、(9.58)式和(9.60)式计算β；

(5) 利用(9.57)式计算$\boldsymbol{y}^*$；

(6) 利用(9.52)式计算$\boldsymbol{x}^*$；

(7) 以新的$\boldsymbol{x}^*$重复步骤(3)至(6)，直至前后两次$\|\boldsymbol{x}^*\|$之差小于ε。

映射变换法的计算流程如图9.9所示。

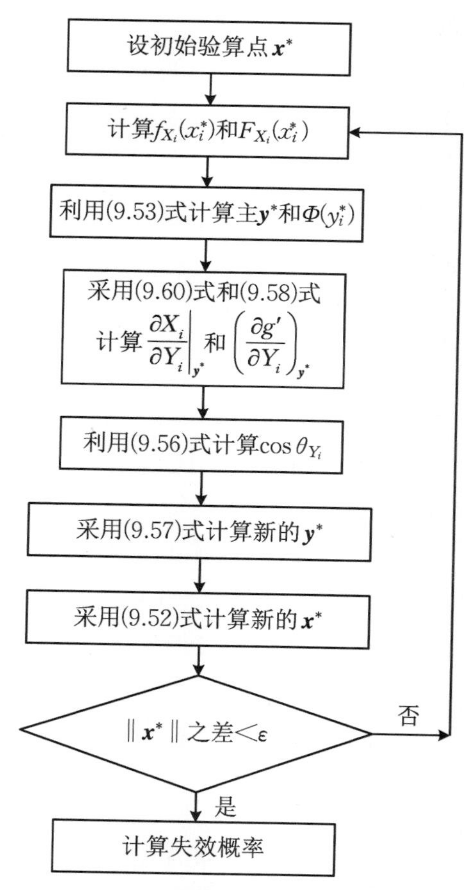

图9.9　映射变换法计算流程图

将(9.53)式在验算点处展成泰勒级数并保留线性项，并注意到(9.60)式，可得

$$Y_i \approx y_i^* + \left.\frac{\partial Y_i}{\partial X_i}\right|_{x^*}(X_i - x_i^*)$$

$$= \Phi^{-1}\left[F_{X_i}(x_i^*)\right] + \frac{f_{X_i}(x_i^*)}{\varphi\left\{\Phi^{-1}\left[F_{X_i}(x_i^*)\right]\right\}}(X_i - x_i^*) = \frac{X_i - \mu_{X_i'}}{\sigma_{X_i'}} \tag{9.61}$$

其中$\mu_{X_i'}$和$\sigma_{X_i'}$分别由(9.50)式和(9.49)式给出。(9.61)式说明，JC法的当量正态化条件式与等概率边缘变换(9.51)式的线性近似是等价的。等概率变换是精确的非线性变换，在标准正态空间可能增加功能函数的非线性程度，而JC法只是在随机变量的尾部进行正态尾部近似[34]，不改变功能函数的形式，因此得到非常广泛的应用。

3. 实用分析法

实用分析法是对Paloheimo和Hannus的加权分位值方法的变化。这种方法比较简单，但是计算精度较差，从计算方法内容全面的角度考虑，在此也予以介绍，但不推荐使用。

在实用分析法中，对基本随机向量$\boldsymbol{X}$中的非正态分布变量X_i，按验算点$\boldsymbol{x}^*$处对应于概率p_f或$1-p_f$有相同分位值x_i^f的条件，代之以当量正态分布变量X_i'，并要求X_i'和X_i的均值相等。对于某一非正态分布变量X_i，如图9.10所示，当$g_{\boldsymbol{X}}(\boldsymbol{x}^*)>0$时，即点$\boldsymbol{x}^*$取在$X_i$的概率密度曲线$f_{X_i}(x_i)$的上升段时，有

$$F_{X_i}(x_i^f) = F_{X_i'}(x_i^f) = p_f \tag{9.62}$$

即

$$F_{X_i}(\mu_{X_i} - \beta_i^- \sigma_{X_i}) = F_{X_i'}(\mu_{X_i'} - \beta\sigma_{X_i'}) = p_f \tag{9.63}$$

其中p_f和β分别为结构的失效概率和可靠指标，β_i^-的意义见图9.10(a)。此时X_i相当于极限状态方程$Z=R-S=0$中的R。当$\partial g_{\boldsymbol{X}}(\boldsymbol{x}^*)<0$，即点$\boldsymbol{x}^*$取在$f_{X_i}(x_i)$的下降段时，有

$$F_{X_i}(x_i^f) = F_{X_i'}(x_i^f) = 1 - p_f \tag{9.64}$$

即

$$F_{X_i}(\mu_{X_i} + \beta_i^+ \sigma_{X_i}) = F_{X_i'}(\mu_{X_i'} + \beta\sigma_{X_i'}) = 1 - p_f \tag{9.65}$$

其中β_i^+的意义见图9.10(b)。此时$\boldsymbol{X}$相当于极限状态方程$Z=R-S=0$中的S。正态当量化除上述条件外，还要求X_i'和X_i有相等的均值，即

$$\mu_{X_i'} = \mu_{X_i} \tag{9.66}$$

利用(9.63)式、(9.65)式和(9.66)式，可知正态当量化对X_i'和X_i的标准差的要求为

$$\sigma_{X_i'} = \frac{\beta_i \sigma_{X_i'}}{\beta} \tag{9.67}$$

其中

$$\beta_i = \begin{cases} \dfrac{\mu_{X_i} - F_{X_i}^{-1}(p_f)}{\sigma_{X_i}}, & \dfrac{\partial g_{\boldsymbol{X}}(\boldsymbol{x}^*)}{\partial X_i} > 0 \\ -\dfrac{\mu_{X_i} - F_{X_i}^{-1}(1-p_f)}{\sigma_{X_i}}, & \dfrac{\partial g_{\boldsymbol{X}}(\boldsymbol{x}^*)}{\partial X_i} < 0 \end{cases} \tag{9.68}$$

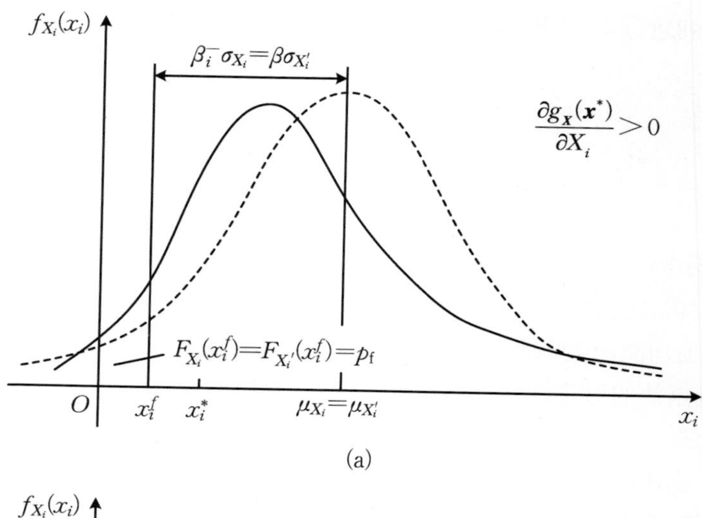

(a)

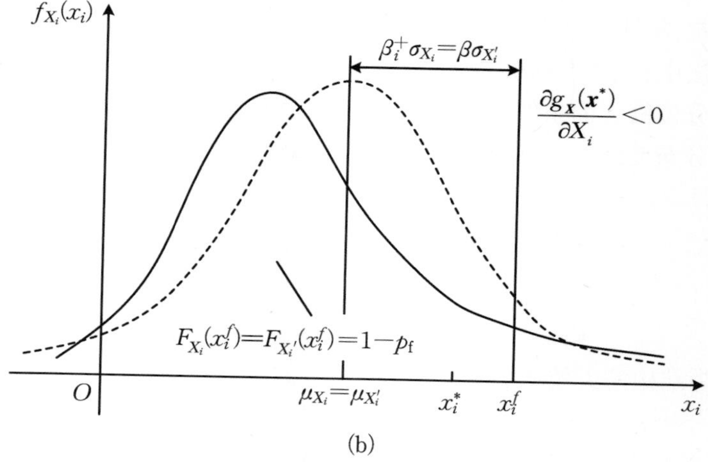

(b)

图 9.10　实用分析法中 $\boldsymbol{\beta}_i^-$ 和 $\boldsymbol{\beta}_i^+$ 的定义

因此，只要将验算点法公式中与非正态变量 $\boldsymbol{X}_i$ 相应的标准差 σ_{X_i}，按(9.67)式换以 $\sigma_{X_i'}$，就可利用前述验算点法进行计算了。

对于常用的一些概率分布，也可推导出(9.68)式的具体表达式，可参见有关图书。在采用数值计算时，也可不必这么做。实用分析法的迭代步骤可表述如下：

(1) 假定初始验算点 $a\boldsymbol{x}^*$ 和初始可靠指标 β，一般可设 $a\boldsymbol{x}^* = \mu_{\boldsymbol{X}}$。

(2) 计算 p_f。

(3) 对非正态变量 $\boldsymbol{X}$，计算 σ_X'，利用(9.68)式和(9.67)式用 $\sigma_{X_i'}$ 替换 σ_{X_i}。

(4) 计算 $\cos\theta_{\boldsymbol{X}}$，可利用(9.42)式。

(5) 计算 β，可利用(9.39)式。

(6) 计算新的 $\boldsymbol{x}^*$，可利用(9.45)式。

(7) 以新的 $a\boldsymbol{x}^*$ 重复步骤(2)至(6)，直至前后两次 $\|\boldsymbol{x}^*\|$ 之差 $< \varepsilon$。

一次二阶矩方法概念清晰、简单易行，得到了广泛的应用。但它没有考虑功能函数在设计验算点附近的局部性质，当功能函数的非线性程度较高时，将产生较大误差。如图 9.11 所示，在标准正态随机变量空间内，A为线性极限状态面，B和C均为非线性极限状态曲面。采用一次二阶矩方法即在设计验算点处假设极限状态面为A，对这三个极限状态面而言，得到的可靠度指标相等。对极限状态曲面B而言，采用一次二阶矩方法计算的失效概率比实际失效概率大，即计算偏保守。如极限状态曲面为C面，则计算失效概率比实际失效概率小，即计算偏不安全。

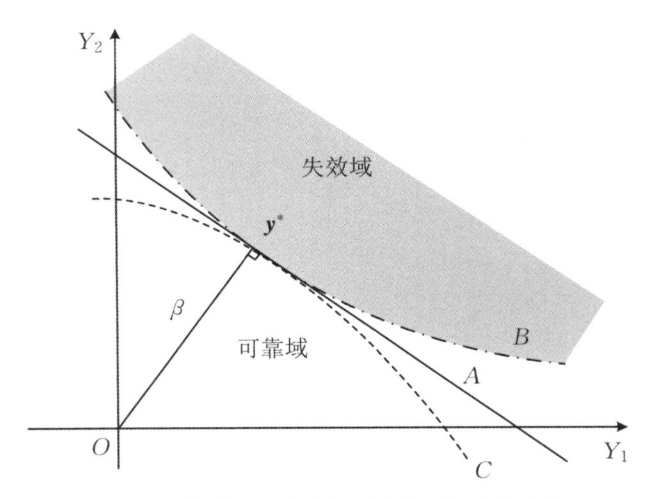

图9.11　非线性极限状态面对失效概率的影响

9.2.5　响应面法

当岩土工程结构较为复杂时，影响因素较多，其功能函数的确定表达式难以写出。为此一些学者提出用响应面法来确定结构功能函数，响应面法也叫代理模型方法，最早是由数学家Box和Wilson提出的，通过设计一系列取样点，采用确定性的分析得到系统的安全响应，进而拟合一个响应面来逼近真实的极限状态曲面，如图9.12所示。其基本思想是假设一个包括一些未知参量的功能函数来代替实际的不能明确表达的功能函数，再结合其他已有的可靠度分析方法进行工程结构可靠度分析，如图9.13所示。由于该方法可以直接应用确定

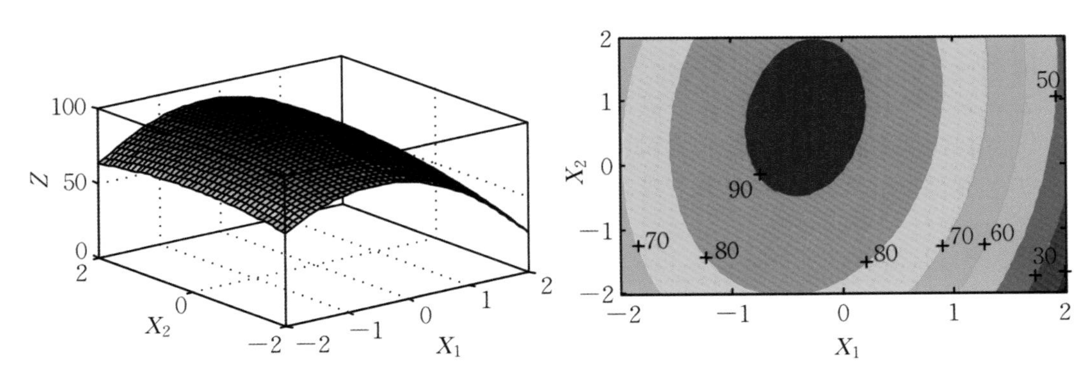

图9.12　响应面

性结构的计算程序,使得可靠度分析工作更加简便易行,近年来日益受到重视,在大型复杂结构的可靠度分析中展现出了良好的应用前景。

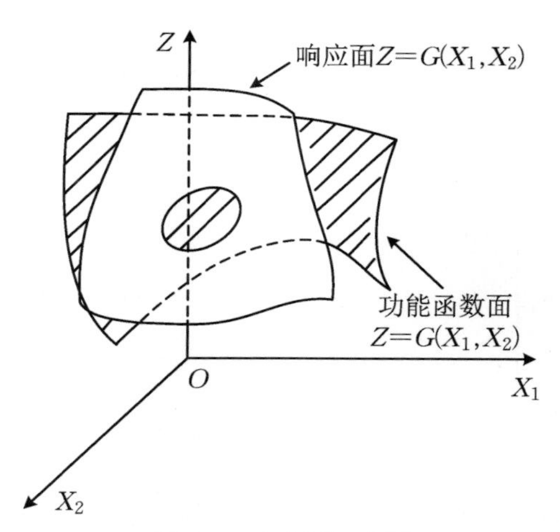

图9.13 响应面示意图

响应面法根据其拟合精度可以分为一次响应面法和二次响应面法。

1. 一次响应面法

对于两个随机变量X_1,X_2,其极限状态函数为$Y=g(X_1,X_2)$,它一般是非线性的,取响应面函数为一次多项式,则

$$Y'=g'(X_1,X_2)=\alpha_0+\alpha_1X_1+\alpha_2X_2 \tag{9.69}$$

为了确定系数$\alpha_0,\alpha_1,\alpha_2$,以均值$\mu_X$为中心,在区间$(\mu_X-f\sigma_X,\mu_X+f\sigma_X)$内取$2n+1$个样本点,$f$是确定取值界限的选择参数,一般取$f=1$。由样本点可计算得到$Y=g(X_1,X_2)$的值,建立三个方程求解系数$\alpha_0,\alpha_1,\alpha_2$响应面系数后,即可计算结构的可靠指标和设计验算点$X_D$的值。然后再以$X_D$为中心选取一组新的样本点,重复上述过程,即可得到与极限状态方程$Y=g(X_1,X_2)=0$相对应的可靠指标和设计验算点的近似值。

2. 二次响应面法

为了提高响应面法计算结构可靠度的精度,对如下极限状态函数:

$$\boldsymbol{Y}=g(X_1,X_2,\cdots,X_n) \tag{9.70}$$

响应面函数可取为随机变量的完全二次式:

$$\boldsymbol{Y}'=g'(\boldsymbol{X})=\boldsymbol{a}+\boldsymbol{X}^{\mathrm{T}}\boldsymbol{b}+\boldsymbol{X}^{\mathrm{T}}\boldsymbol{c}\boldsymbol{X} \tag{9.71}$$

式中$\boldsymbol{a},\boldsymbol{b},\boldsymbol{c}$为常量矩阵。在岩体工程可靠度分析中,涉及的随机变量往往较多,为了确定(9.71)式中的待求系数,需要取很多的样本点进行分析计算,从而影响了响应面法的计算效率。为了在保证计算精度的前提下提高计算效率,Buche于1990年建议取如下形式的响应面函数:

$$g'(\boldsymbol{X})=a_i+\sum_{i=1}^{n}b_iX_i+\sum_{i=1}^{n}c_iX_i^2 \tag{9.72}$$

式中系数a_i,b_i,c_i需要由$2n+1$个样本点得到足够的方程来确定。由于响应面函数中不含混合项,因此确定响应面函数所取的样本点减少。具体计算步骤如下:

(1) 以均值m_x为中心点，在区间$(\mu_X-f\sigma_X,\mu_X+f\sigma_X)$内选取样本点，建议$f$在1~3之间取值。由样本点可计算得到$2n+1$个函数$g(\boldsymbol{X})$值，然后确定极限状态面上设计验算点的近似值$X$。

(2) 选取新的中心点，新中心点X_m可选在均值点μ与$\boldsymbol{X}$的连线上，并保证满足极限状态方程$g(\boldsymbol{X})=0$，即

$$X_\mu=\mu_X+(X_D-\mu_X)\frac{g(\mu_X)}{g(\mu_{\boldsymbol{X}})-g(X_D)} \tag{9.73}$$

这样选取新中心点的目的是为了使所选样本点包含原极限状态面更多的信息。

(3) 以X_μ为中心点选取新的一组样本点，重复第(1)步的计算，即可得到极限状态面上设计验算点的值和相应的可靠度指标。

9.2.6　蒙特卡罗法

蒙特卡罗法是随着近代电子计算机发展而兴起的一种基于随机抽样来实现的数值计算方法，又称随机抽样法或统计试验法。其理论基础是概率论中的大数定理，蒙特卡罗模拟进行可靠度计算是根据抽样方法和变量的分布类型生成大量的随机变量样本，将样本代入结构功能函数，从而根据统计的失效区样本的数量来估算失效概率。蒙特卡罗法的计算过程为：

(1) 根据随机变量的分布类型和概率密度函数编写程序产生相应随机变量的样本点集$X=\{x_1,x_2,x_3,\cdots,x_n\}$作为初始输入样本；

(2) 建立数学模型求取结构的极限状态方程$Z=g(x_1,x_2,x_3,\cdots,x_n)$，或建立数值模型作为多次计算或模拟的初始模型；

(3) 利用产生的样本点集进行极限状态方程的多次求解或数值模拟。失效概率可近似表示为功能函数值小于零的次数占总抽样次数的频率或数值模拟中失效次数占总模拟次数的频率，即

$$p_{\mathrm{f}}=P\{g(x_1,x_2,x_3,\cdots,x_n)\leqslant 0\}=\frac{M}{N}\approx p \tag{9.74}$$

式中M代表失效次数，N代表模拟总次数，p_{f}为试验的失效频率，p为失效概率。当模拟次数足够多时，则可将试验的失效频率p_{f}近似认为是研究问题的失效概率p。

蒙特卡罗模拟的优点是概念明确，操作方便，其计算过程不受研究问题模型及其功能函数复杂程度的影响，适应性强，计算精度高，当模拟次数较高时，可将蒙特卡罗计算结果视为“精确解”。

蒙特卡罗法进行有限元分析的基本步骤为：将连续的随机场空间离散为有限个随机场单元，应用随机场模拟的方法模拟有限个随机场单元，得到有限个随机场单元的大量的样本值。然后，将随机场单元的模拟样本值作为确定性有限元各个单元对应参数的输入，计算确定性有限元得到相应预求结果的样本，对结果样本进行统计分析，得到预求结果的统计特征。结构可靠度的模拟往往采用蒙特卡罗法。该方法特点非常明显，其模拟的收敛速度与基本随机变量的维数无关，极限状态函数的复杂程度与模拟过程无关，其更无需将状态函数

线性化和随机变量“当量正态”化，具有直接解决问题的能力同时，也可以容易地确定数值模拟的误差，从而确定模拟的次数和精度。上述特点决定了蒙特卡罗法将会在结构可靠度分析中发挥很大的作用。

蒙特卡罗法主要用于求解具有随机性的不确定性问题，计算机技术的迅速发展，使蒙特卡罗模拟的实现方式和实现效率大幅提升，其计算结果也更为可靠。抽样方法是影响蒙特卡罗模拟精度的重要因素，其核心是生成服从指定分布类型的随机数。目前产生随机数的方法有随机数表法、物理法和数学法三类。其中数学法具有简单、速度快、可重复等优点，因而得到了广泛的使用。数学法快速、高效地产生给定随机变量的随机数，通常分为两步进行：首先在(0,1)区间上产生均匀分布随机数，然后再变换成给定分布变量的随机数。具体包括逆变换法、舍选法两种常用方法。

1. 随机数和伪随机数

在概率统计的应用中，常需要模拟各种分布的随机变量，即需要产生各种分布随机变量的简单随机样本的样本值。某一分布随机变量的样本值，就称为这一分布的随机数。例如，指数分布随机变量的样本值就称为指数分布随机数。特别地，区间(0,1)上均匀分布的随机变量的样本值称为均匀分布随机数，简称随机数。我们先来考虑如何产生均匀分布随机数，其他分布随机数，一般可以由均匀分布随机数变换得到。产生均匀分布随机数的方法很多，目前使用最广泛的方法是在计算机上利用数学的递推公式来产生的。这种按确定性算法得到的序列，不可能是真正来自区间(0,1)上均匀分布的独立同分布样本值序列，我们称它为伪随机数。在大多数计算机中都装有产生伪随机数序列的算法程序，我们一般假设由这些程序产生的伪随机数序列能通过独立性和均匀分布检验，可作为随机数序列来使用，需要时用特定的命令加以调用。

(1) 逆变换法[81-82]

假设随机变量X的累计分布函数为$F_X(x)$，U服从0到1之间的均匀分布，则按函数$x=F_X^{-1}(U)$生成的随机变量服从累积分布函数为$F_X(x)$的分布。

其证明过程如下：

当$x=F_X^{-1}(U)$时，

$$P(X\leqslant x)=P\left(F_x^{-1}(U)\leqslant x\right)=P\left[U\leqslant F_X(x)\right]=F_X(x) \tag{9.75}$$

则X的概率分布为$F_X(x)$(图9.14)。

(2) 舍选法[83-84]

用反变换法生成随机数时，如果求不出$F^{-1}(x)$的解析形式或者$F(x)$就没有解析形式，则可以用$F^{-1}(x)$的近似公式代替。但是由于反函数计算量较大，有时也不是很适宜的。另一种方法是由VonNeumann提出的舍选抽样法。其实现思路为：

假设$h_X(x)$和$S_Y(y)$为两个概率密度函数，其中可以较为方便地生成$S_Y(y)$的样本，然后对由$S_Y(y)$生成的样本按一定规则进行选择，使得挑选出来的样本服从$h_X(x)$的分布。若存在常数c，使得$c\cdot S_Y(y)\geqslant h_X(x)$。舍选法进行随机变量样本生成的步骤如下：

(1) 从$S_Y(y)$中抽取一个样本y'。

(2) 从均匀分布[0,1]中抽取一个样本u，如果$u<h_X(y')/[cS_Y(y')]$，则y'可以作为

$h_X(x)$的样本。

(3) 返回步骤(1)直到获得所需要的样本数。

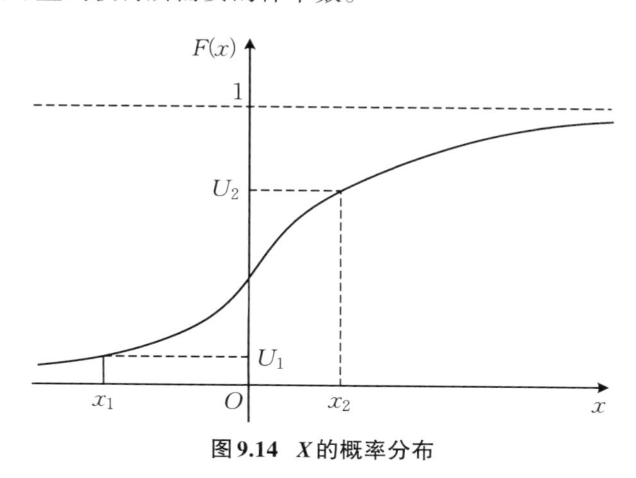

图9.14　X的概率分布

基本的舍选法步骤如下：

(1) $x \in [x_{\min}, x_{\max}]$；

(2) $y \in [0, y_{\max}]$；

(3) 如果$y < w(x)$，则样本在接受域内；反之，样本在拒绝域内；

(4) 重复(1)～(3)。

即落在曲线$w(x)$和X轴所围成区域内的点接受，落在该区域外的点舍弃(图9.15)。

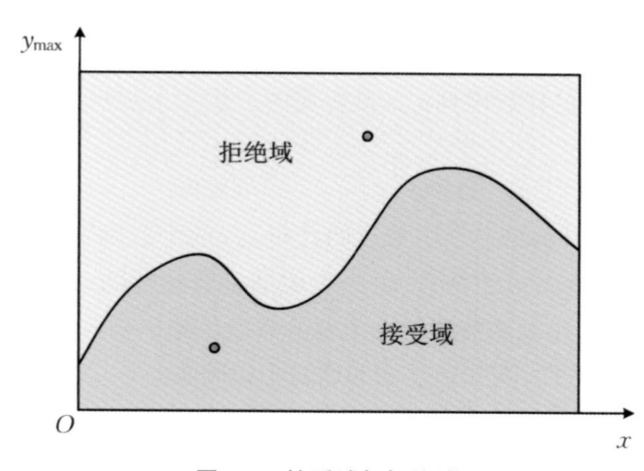

图9.15　接受域与拒绝域

定理　设$F(x)$是连续且严格单调上升的分布函数，它的反函数存在，且记为$F^{-1}(x)$，即$F[F^{-1}(x)]$。

(1) 若随机变量ξ的分布函数为$F(x)$，则$F(\xi) \sim U(0,1)$；

(2) 若随机变量$R \sim U(0,1)$，则$F^{-1}(R)$的分布函数为$F(x)$。设$R \sim U(0,1)$，则服从任意分布$F(x)$的随机数X，$X = F^{-1}(R)$。

此方法原则上适用于任意随机变量的模拟，若进一步假设分布F有密度函数f，则X应满足方程$R=F(x)=\int_{-\infty}^{x}f(y)\mathrm{d}y$。因此,若给定了均匀分布随机数$R$,则具有给定分布$F$的随机数$X$可由求解方程$R=\int_{-\infty}^{x}f(y)\mathrm{d}y$得到。利用(1)或(2)由均匀随机数$\{r_i\}$直接产生$F(x)$分布随机数的方法称为逆变换法。

抽样步骤为:① 产生$R\sim U(0,1)$;② 计算$F^{-1}(R)$。

例9.5 产生具有参数λ的指数分布随机数X。

解 X的密度函数为$f(x)=\lambda\mathrm{e}^{-\lambda x}(x\geqslant 0)$,则由此可得$R=\int_{0}^{X}\lambda\mathrm{e}^{-\lambda y}\mathrm{d}y=1-\mathrm{e}^{-\lambda X}$。

于是有$X=-\frac{1}{\lambda}\ln(1-R)$,由于$1-R$与$R$同是服从$U(0,1)$均匀分布的随机数,故上式可简化为$X=-\frac{1}{\lambda}\ln R$。抽样步骤为:① 产生$R\sim U(0,1)$;② 计算$X=-\frac{1}{\lambda}\ln R$。

2. 常见几种分布随机数产生原理及实现途径

随机模拟,特别是蒙特卡罗方法会用到随机变量,因此生成服从某种分布的随机数就成为必需技术之一。随机数在很多领域也都有应用,这些应用领域涉及随机数的计算机生成。要了解随机数首先从蒙特卡罗开始,从蒙特卡罗积分里开始探讨随机数的产生及其意义。随机数有两个完全不同的意义:第一个是理论上的,随机数是按照一个抽象模型定义的抽象概念;第二个是经验上的,随机数是一个实数序列,它们要么是来自一个具体实验的物理数据,要么是运行一个确定的计算机程序的输出。

(1) 正态分布随机数生成

在蒙特卡罗计算中,随机数主要通过计算机程序产生,我们的目的是产生服从任意分布的随机数序列,然而,目前计算机不能直接产生任意的随机数序列,已有的算法只能生成服从$(0,m)$上均匀分布的随机整数序列z_n。最普通的产生一个随机数序列的算法用下面的方程描述:

$$z_n=f\left(z_{n-1},z_{n-r}\right)\bmod m$$

其中$z_n=f\left(z_{n-1},z_{n-r}\right)\bmod m$是一个由最近的已得到$r$的个数确定的函数。按照上式,$z_n$是$z_n=f\left(z_{n-1},z_{n-r}\right)\bmod m$除以$m$的余数,这个生成的是非线性的,递归关系由整数$m$,函数$f$以及初值1,…,确定,这样得到的随机数发生器的质量依赖于函数f,函数f越复杂,产生的随机数序列性能似乎越好,然而,实践已经证明这是不正确的。

正态分布随机数产生的方法是从中心极限定理推导出来的,给定m个独立的随机变量U_K,构造和式

$$z=u^1+\cdots+u^m$$

如果m很大,随机变量是近似正态的。如果u是m个相互独立的随机数序列,那么它们的和

$$z_i=u_i^1+\cdots+u_i^m$$

是近似正态分布的随机数序列。产生的标准正态分布随机数时序如图9.16所示。

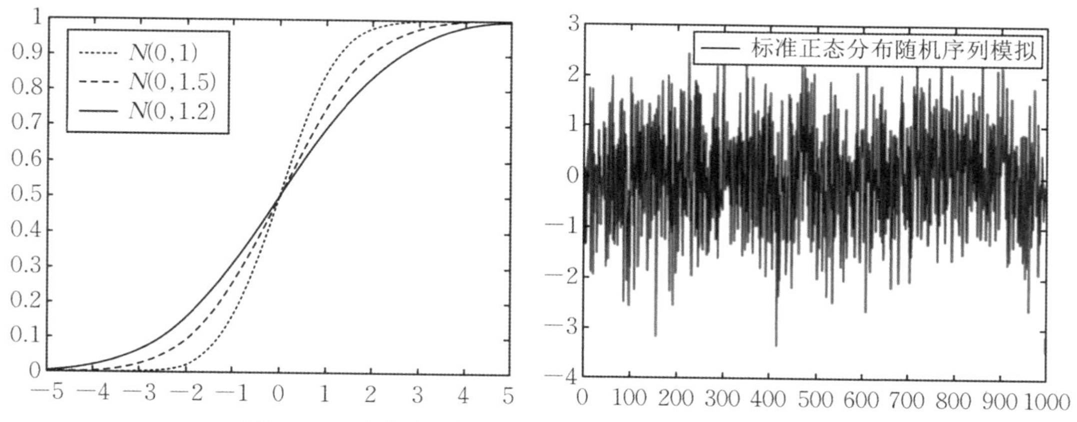

图9.16　正态分布函数曲线及标准正态分布产生随机序列

(2) 对数正态分布随机数生成

如果z服从$N(0,1)$,那么w服从对数正态分布

$$f(w)=\frac{1}{bw\sqrt{2\pi}}\exp\left\{-\frac{(\ln w-a)^2}{2b^2}\right\}$$

于是如果z_i是服从$N(0,1)$分布的序列,则序列

$$w_i=e^{a+bz_i}$$

参数值为1服从对数正态分布的随机数序列如图9.17所示。

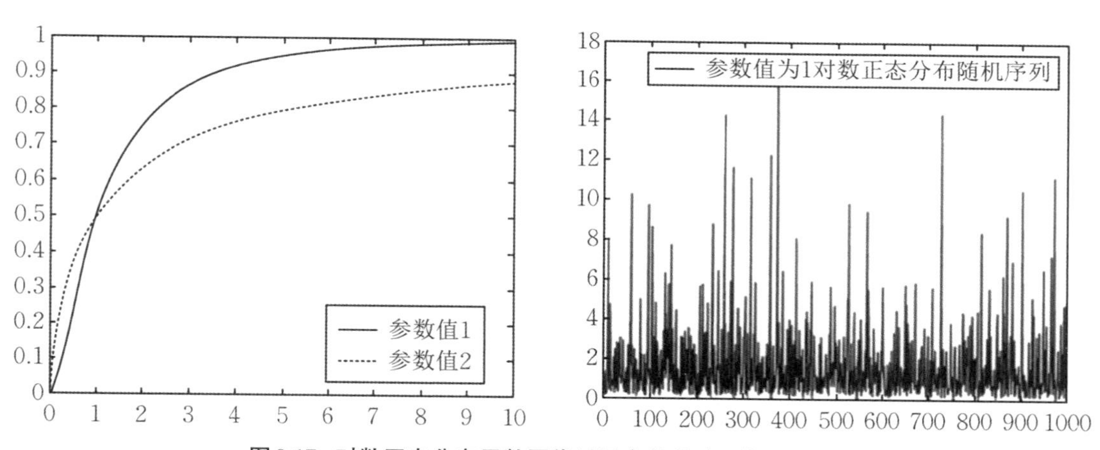

图9.17　对数正态分布函数图像以及参数值为1的随机序列

3. 实例应用

(1) 逆变换法实例

设需产生分布函数为$F(x)$的连续随机数X。若已有$[0,1]$区间均匀分布随机数R,则产生X的反变换公式为

$$F(x)=r$$

即

$$x=F^{-1}(r)$$

反函数存在条件:如果函数$y=f(x)$是定义域D上的单调函数,那么$f(x)$一定有反函数存在,且反函数一定是单调的。分布函数$F(x)$是一个单调递增函数,所以其反函数存在。从直观意义上理解,因为r与x一一对应,而在[0,1]均匀分布随机数$R\leqslant r$的概率$P(R\leqslant r)=r$。因此,连续随机数$X\leqslant x$的概率

$$P(X\leqslant x)=P(R\leqslant r)=r=F(x)$$

即X的分布函数为$F(x)$。

例9.6 使用反变换法在区间[0,6]上生成随机数,使其概率密度近似为$f(x)=e^{-x}$。

解 编制程序进行求解,Python程序如下:

```
import numpy as np
import matplotlib.pyplot as plt
# probability distribution we're trying to calculate
p = lambda x: np.exp(-x)
# CDF of p
CDF = lambda x: 1-np.exp(-x)
# invert the CDF
invCDF = lambda x: -np.log(1-x)
# domain limits
xmin = 0 # the lower limit of our domain
xmax = 6 # the upper limit of our domain
# range limits
rmin = CDF(xmin)
rmax = CDF(xmax)
N = 20000 # the total of samples we wish to generate
# generate uniform samples in our range then invert the CDF
# to get samples of our target distribution
R = np.random.uniform(rmin,rmax,N)
X = invCDF(R)
# get the histogram info
hinfo = np.histogram(X,100)
# plot the histogram
plt.hist(X,bins=100,label=u'Samples');
# plot our (normalized) function
xvals=np.linspace(xmin,xmax,1000)
plt.plot(xvals,hinfo[0][0]*p(xvals),'r',label=u'p(x)')
# turn on the legend
plt.legend()
plt.show()
```

程序运行结果如图9.18所示。

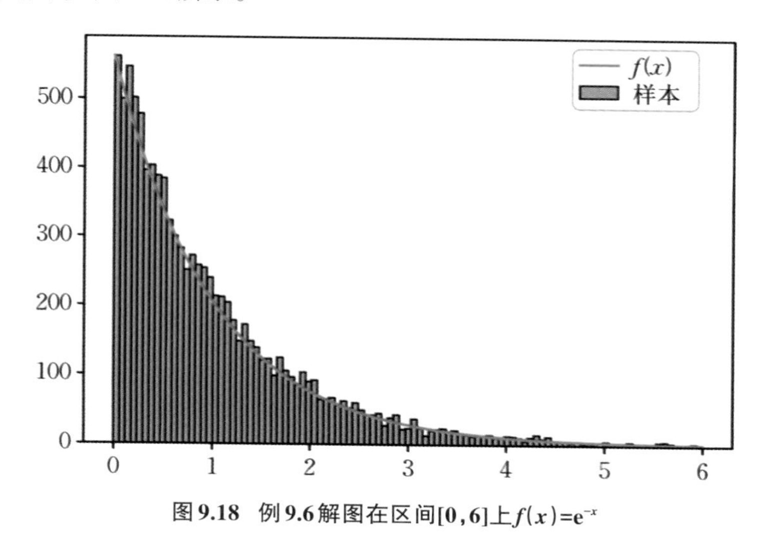

图9.18　例9.6解图在区间[0,6]上$f(x)=e^{-x}$

(2) 舍选法实例

例9.7　使用舍选法在区间[0,10]上生成随机数,使其概率密度近似为$f(x)=e^{-x}$。

解　编制程序进行求解,Python程序如下:

```
# -*- coding: utf-8 -*-
'''
The following code produces samples that follow the distribution P(x)=e^-x
for x=[0, 10] and generates a histogram of the sampled distribution.
'''
import numpy as np
import matplotlib.pyplot as plt
P = lambda x: np.exp(-x)
# domain limits
xmin = 0 # the lower limit of our domain
xmax = 10 # the upper limit of our domain
# range limit (supremum) for y
ymax = 1
N = 20000  # the total of samples we wish to generate
accepted = 0 # the number of accepted samples
samples = np.zeros(N)
count = 0  # the total count of proposals
# generation loop
while (accepted < N):
   # pick a uniform number on [xmin, xmax) (e.g. 0...10)
```

```
x = np.random.uniform(xmin, xmax)
  # pick a uniform number on [0, ymax)
y = np.random.uniform(0,ymax)
  # Do the accept/reject comparison
if y < P(x):
  samples[accepted] = x
  accepted += 1
  count +=1
print count, accepted
# get the histogram info
# If bins is an int, it defines the number of equal-width bins in the given range
(n, bins)= np.histogram(samples, bins=30) # Returns: n-The values of the histogram,n是直方图中柱子的高度
# plot the histogram
plt.hist(samples,bins=30,label=u'Samples') # bins=30即直方图中有30根柱子
# plot our (normalized) function
xvals=np.linspace(xmin, xmax, 1000)
plt.plot(xvals, n[0]*P(xvals), 'r', label=u'P(x)')
# turn on the legend
plt.legend()
    plt.show()
```

程序运行结果如图9.19所示。

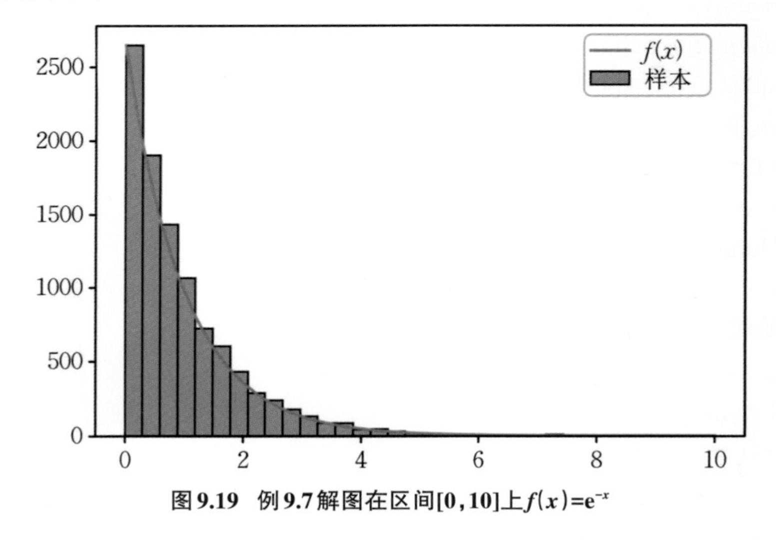

图9.19　例9.7解图在区间[0,10]上$f(x)=e^{-x}$

9.3 基于随机有限元的采动可靠度数值模拟

在常规煤层开挖数值模拟中，常将煤层顶底板岩体参数视为固定值进行求解，这对于小尺寸模型尚可，但当模拟模型尺寸较大，即在区域内展布时，再将其视为固定值求解结果必然存在较大误差，经大量研究表明，岩体参数具有随机性，可以采用随机变量的分析方法对岩土参数进行分析，在岩土参数的研究初期，人们基于古典概率理论将岩土设计参数作为随机变量来处理，即看作是相互独立的随机抽样。而实际上空间分布的土层由于沉积环境、地质构造等原因，同一岩层的土性参数不仅具有变异性，还表现为一定程度上的自相关性或参数之间的互相关性。用随机变量来处理土体参数是不合理的，而随机场则不同，它将土体剖面看成是空间位置坐标的随机函数，具有自相关的结构特性，表征了土体空间范围内的参数信息。采用随机场理论从岩体参数的视角进行数值模拟，进一步提高数值模拟与实际开采条件的一致性，对于理论研究或实际工程指导具有重要意义，下面将讨论基于随机有限元的煤层底板可靠度数值模拟，探索在考虑空间变异性基础上的采动稳定可靠度计算。

为研究基于随机有限元的底板采动可靠度的变化规律，依据生成的底板岩体参数随机场模型，运用FLAC3D软件建立煤层开采数值模型，利用FISH语言进行煤层底板单元格遍历赋值随机场参数；数值模拟初步采用四种方案，采取控制变量法进行，如表9.1所示。

表9.1 数值模拟方案

方案	底板岩性	变量		水压	相关距离/m	模拟次数
①	软岩	固定值	随机场	1 MPa	$\theta_x=20,\theta_y=2$	1
②	软岩	随机变量	随机场	1 MPa	$\theta_x=20,\theta_y=2$	2000
③	—	随机场	岩性组合	1 MPa	$\theta_x=20,\theta_y=2$	视方案②结果确定
④	软岩	随机场	相关距离	1 MPa	—	视方案②结果确定

(1) 模拟定值岩体力学参数和随机场条件下的煤层开采，分别将煤层底板赋以固定值参数和随机场参数，模拟对煤层进一步开挖，分析其底板岩体破坏特征并与固定值参数模型进行对比，讨论随机场参数对煤层底板采动破坏的控制作用；

(2) 模拟随机变量和随机场条件下的煤层开采，根据参数分布类型、均值、方差等统计特性利用计算机随机数生成工具生成随机变量，基于Python编程语言编写计算程序生成服从正态分布的底板参数随机场，分别将煤层底板赋以随机变量参数和随机场参数，探究在相关性条件下参数对底板破坏的控制作用，基于蒙特卡罗原理模拟2000次计算确定各单元的失效概率，讨论考虑空间变异性和空间变异性下的底板破坏特征的差异；

(3) 模拟随机场条件下底板岩层岩体参数相关距离变化对煤层底板采动破坏特征的影

响，以模型底板随机场参数作为变量；按不同相关距离生成随机场，讨论不同相关距离下随机场底板破坏单元格的分布特征；

(4) 模拟随机场条件下岩性组合对煤层底板采动破坏特征的影响，将底板岩体设为单层硬质岩层、单层软质岩层、上部软岩和下部硬岩四种组合，即考虑均一性和非均一性的底板破坏的控制作用。

本研究基于蒙特卡罗原理进行煤层采动稳定可靠度计算，其计算流程如图9.20所示。

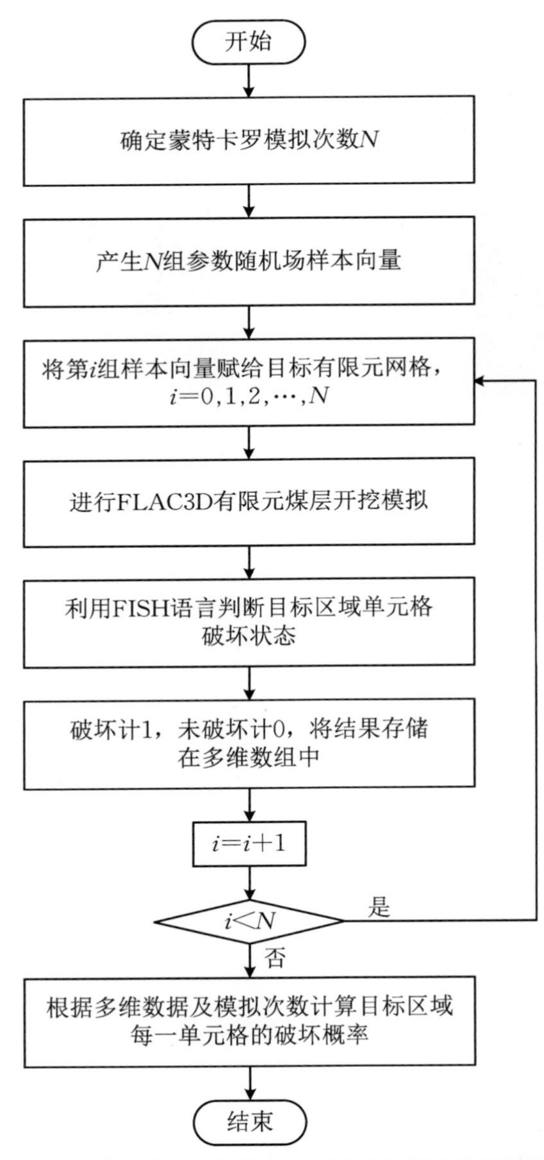

图9.20 基于蒙特卡罗法的煤层采动稳定可靠度计算数值模拟

数值模型设计如下：设研究区为某矿某主采煤层，根据工作面的实际开采条件，基于FLAC3D软件建立试验数值模型，为简化计算，提高计算效率，将研究区域概化为平面物理模型，整个模型尺寸(长×宽×高)确定为100 m×1 m×123 m，采高3 m。自上而下分别为顶板、煤层、底板和灰岩含水层4个工程地质层组(图9.21)，各岩组物理力学参数见表9.2。

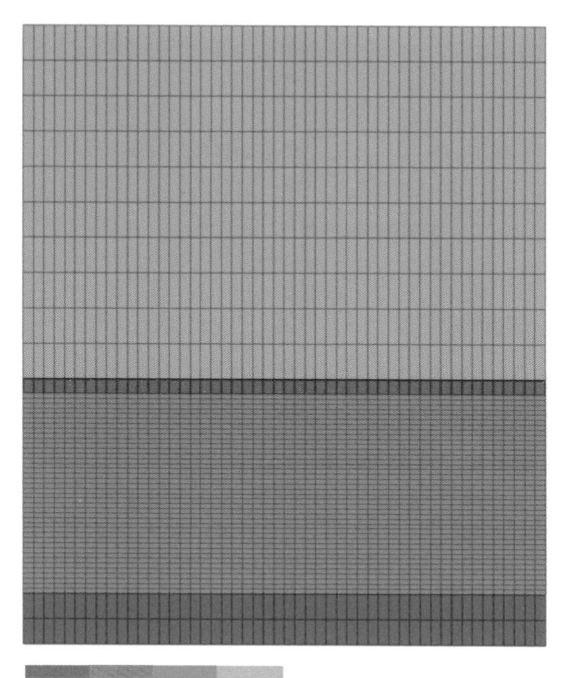

(a) 单层底板

(b) 双层底板

图9.21 数值模型示意图

表9.2 模型岩体力学参数

模型岩层	厚度 /m	体积模量 /GPa	剪切模量 /GPa	内聚力 /MPa	内摩擦角 /°	抗拉强度 /MPa	容重 /kg•cm^3
顶板	50	25	17.3	7.0	35	3.9	2570
煤层	3	2.5	1.2	2.5	27	0.5	1900
底板	40	15.9	8.9	c/c^*	φ/φ^*	t/t^*	2400
灰岩含水层	20	26	15.6	7.0	35	3.9	2650

注：c/c^*、φ/φ^*、t/t^*分别表示内聚力c、内摩擦角φ、抗拉强度t的随机变量与随机场。

模型采用摩尔-库仑屈服准则，模拟工作面推进40 m，两边各留30 m安全煤柱，为简化计算，采用一步开挖。考虑计算范围较大，煤层采厚较小，模型两侧为侧向边界，下部边界限制水平和垂直位移，上部施加500 m的载荷10 MPa等效上覆岩石自重应力σ_v。侧压系数0.5，水平施加应力σ_h=5 MPa，如图9.22所示。

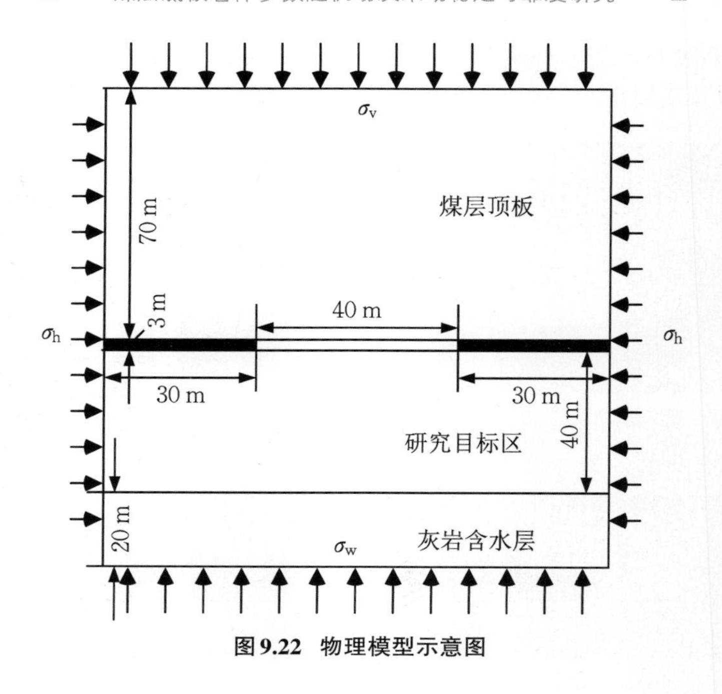

图9.22　物理模型示意图

9.3.1　固定值参数与随机场参数下底板采动破坏分析

对比普通有限元分析与随机有限元分析的差异，在进行随机有限元分析之前首先就固定值参数和随机场条件下的底板采动破坏进行对比，研究随机场条件下底板采动破坏规律与固定值参数的不同，底板固定值参数内聚力为2 MPa，内摩擦角为29°，抗拉强度为1 MPa，依照前文模拟方案与数值模型设计进行模拟，固定值与随机场各模拟一次，模拟结果如图9.23所示。

对比固定值参数与随机场参数底板，从模拟结果来看，固定值参数底板破坏规律与前人所做工作中的破坏规律相同，固定值参数底板破坏较为连续，破坏形状呈现“马鞍”形，并且具有高度对称性，随机场参数底板整体破坏形式与固定值参数底板一致，但因底板参数的随机性与离散性，其破坏范围虽大体集中，但仍呈现出一定的离散性。

9.3.2　随机变量与随机场条件下的采动稳定可靠度数值模拟

采用弹塑性模型对底板采动稳定可靠度进行研究，将模型底板岩体参数视为随机变量，依据参数的统计特性进行随机变量的生成，表9.3为自定义软岩和硬岩的底板岩体参数统计值。

基于表9.3底板软硬岩体的随机变量c，φ，t的统计参数，使用上述计算参数的对数均值$\mu_{\ln}$和对数标准差$\sigma_{\ln}$，以此为原始数据，基于随机数生成原理编写程序生成服从指定对数正态分布$N(\mu_{\ln},\sigma_{\ln})$的独立不相关随机变量。其各参数的直方图如图9.24所示。

从各参数的分布直方图可以看出，生成的随机变量频率密度曲线均呈钟形，符合对数正态分布，满足生成要求。

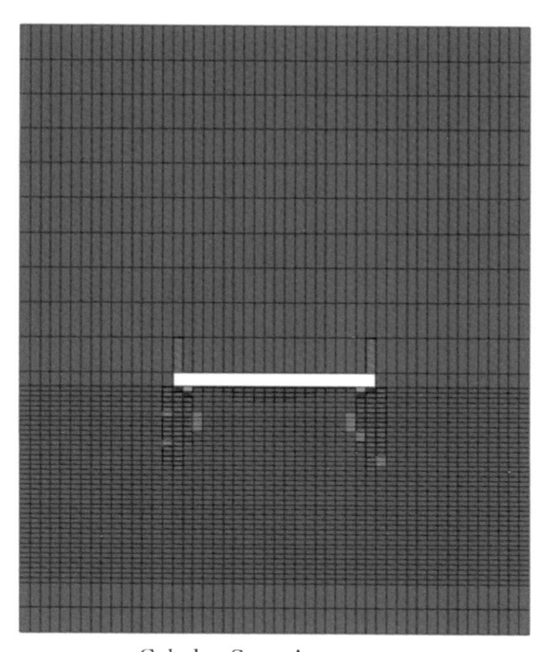

(a) 固定值参数底板

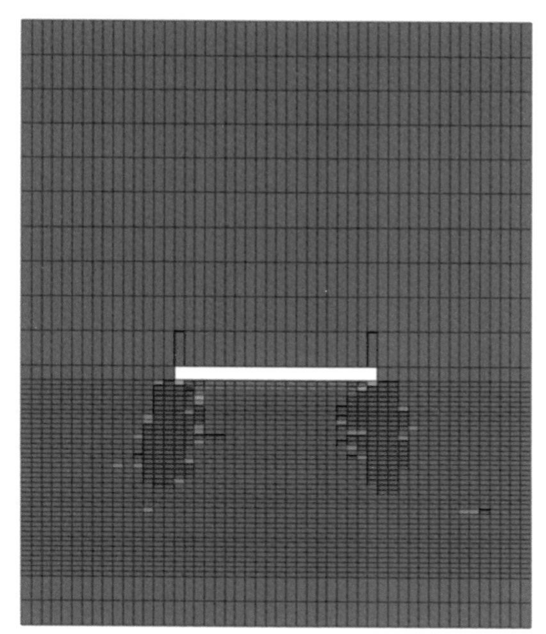

(b) 随机场参数底板

图9.23 普通有限元分析与随机有限元分析

表9.3 随机变量底板岩体参数统计表

岩性	统计参数	内聚力 c/MPa	内摩擦角 φ/°	抗拉强度 t/MPa
软岩	均值 μ	3	32	1.5
	标准差 σ	0.51	4.48	0.18
	变异系数	0.17	0.14	0.12
硬岩	均值 μ	9	38	4
	标准差 σ	0.72	4.18	0.24
	变异系数	0.08	0.11	0.06

以上述随机变量为原始数据,分别将其赋值给不同类型的FLAC3D数值模型,进行计算,设计模拟次数1000次,一次模拟完成后将模型单元格进行重置,对底板岩层重新赋以随机变量参数,再次模拟开挖,直至模拟次数完成。

考虑空间变异性,将模型底板岩体参数视为随机场,运用循环嵌入法进行内聚力、内摩擦角和抗拉强度三种参数随机场的生成,其所需的岩体参数统计如表9.4所示。

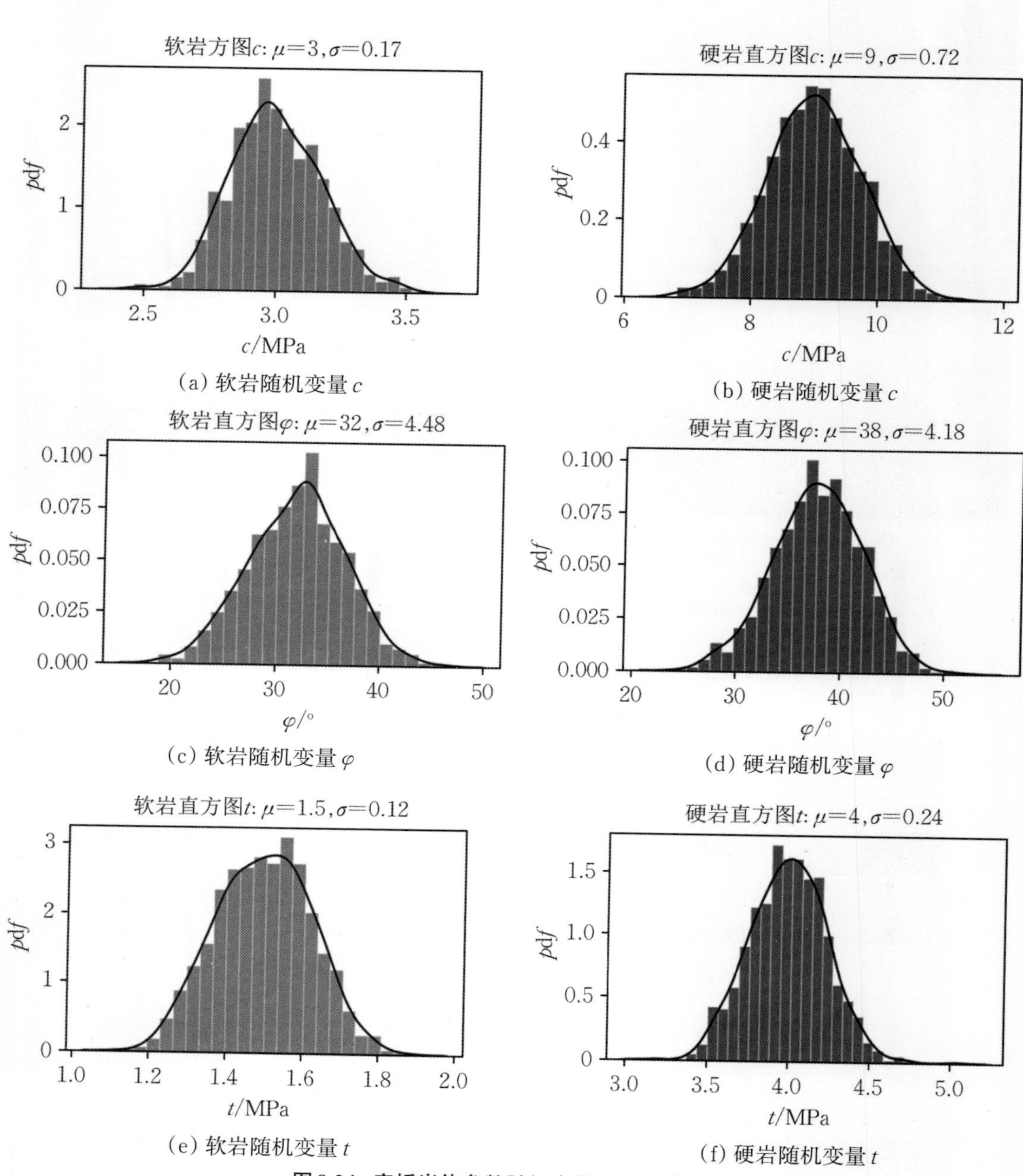

图9.24　底板岩体参数随机变量的分布特征

表9.4　随机场底板岩体参数统计表

岩性 / 岩体参数	软岩				硬岩			
	$\mu_{\ln}$/MPa	$\sigma_{\ln}$/MPa	θ_x/m	θ_y/m	$\mu_{\ln}$/MPa	$\sigma_{\ln}$/MPa	θ_x/m	θ_y/m
c/MPa	1.08	0.17	10	1.0	2.19	0.08	30	3
φ/°	3.45	0.15	18	1.8	3.63	0.11	50	5
t/MPa	0.40	0.12	14	1.4	1.38	0.06	25	2.5
相关函数	$\rho(\tau_x,\tau_y)=\exp\left(-2\sqrt{\dfrac{\tau_x^2}{\theta_x^2}+\dfrac{\tau_y^2}{\theta_y^2}}\right)$							

注：$\mu_{\ln}$和$\sigma_{\ln}$分别表示岩体参数的对数均值和对数方差，θ_x和θ_y分别表示水平向和竖向相关距离，岩体参数相关函数均选用指数型相关函数。

生成的随机场及分布特征如图9.25～图9.27所示。

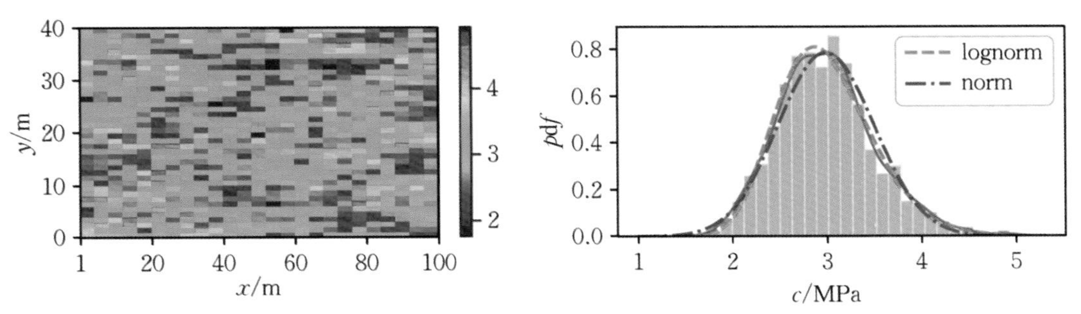

图9.25　内聚力c随机场及其分布特征(一次实现)

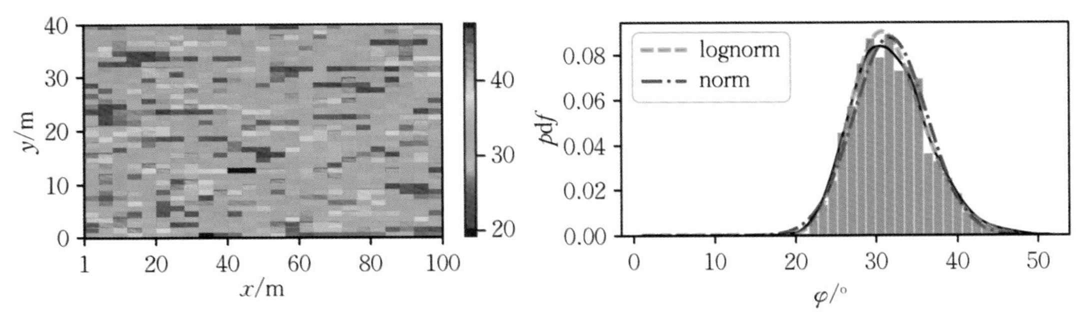

图9.26　内摩擦角φ随机场及其分布特征(一次实现)

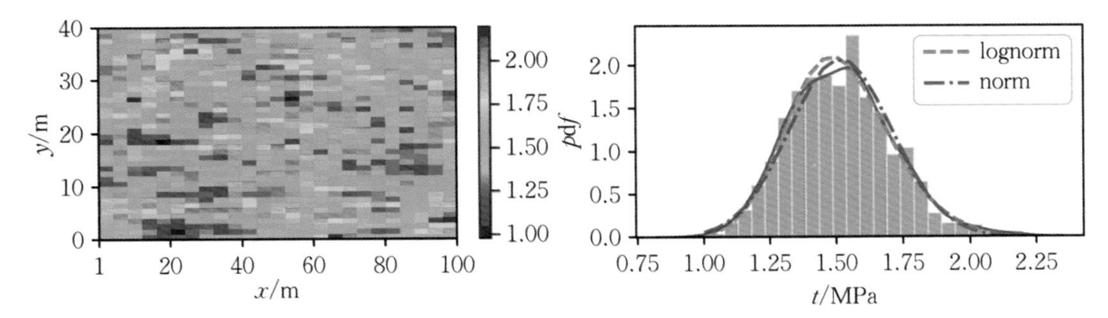

图9.27　抗拉强度t随机场及其分布特征(一次实现)

从图9.25～图9.27可以看出，对生成的三种参数的随机场进行正态分布和对数正态分布拟合，对数正态分布拟合效果较正态分布拟合效果好，曲线中心呈现左偏态，符合初始参数的分布要求。

采用与随机变量相同方法，将随机场参数赋值给FLAC3D模型底板单元格，以内聚力和内摩擦角为例，赋值结果如图9.28所示。

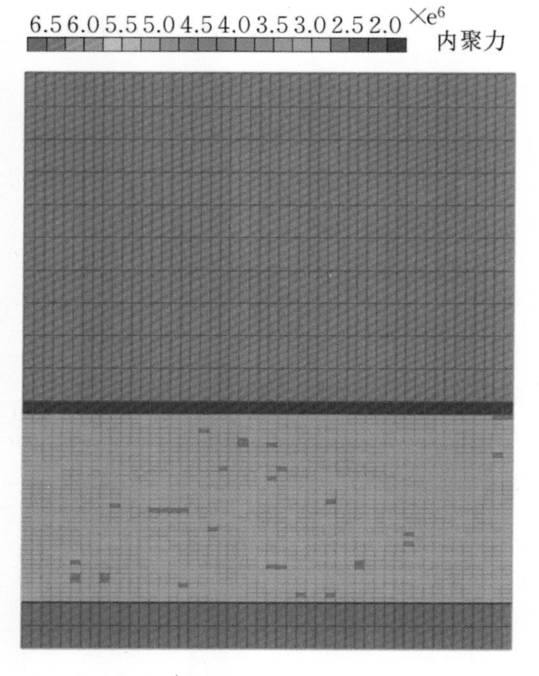

(a) 底板内聚力赋值(θ_x=20 m，θ_y=2 m)

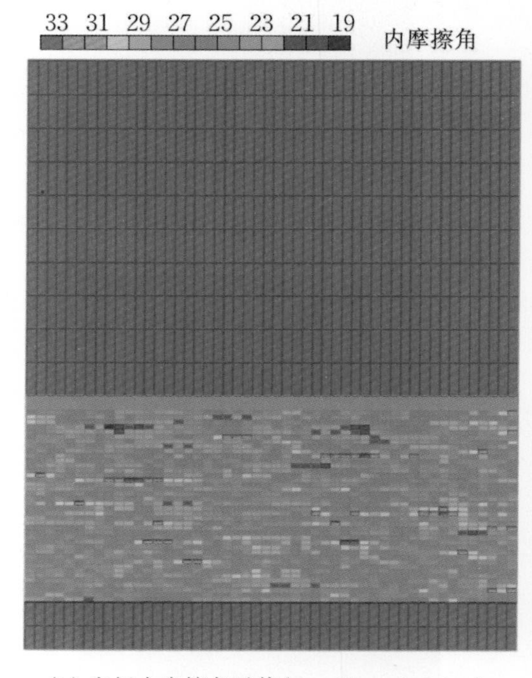

(b) 底板内摩擦角赋值(θ_x=20 m，θ_y=2 m)

图9.28　数值模型赋参

基于控制变量法基本原理，保证其余条件相同，模拟2000次，根据随机变量与随机场的模拟结果作出失效概率等值线图，如图9.29和图9.30所示。

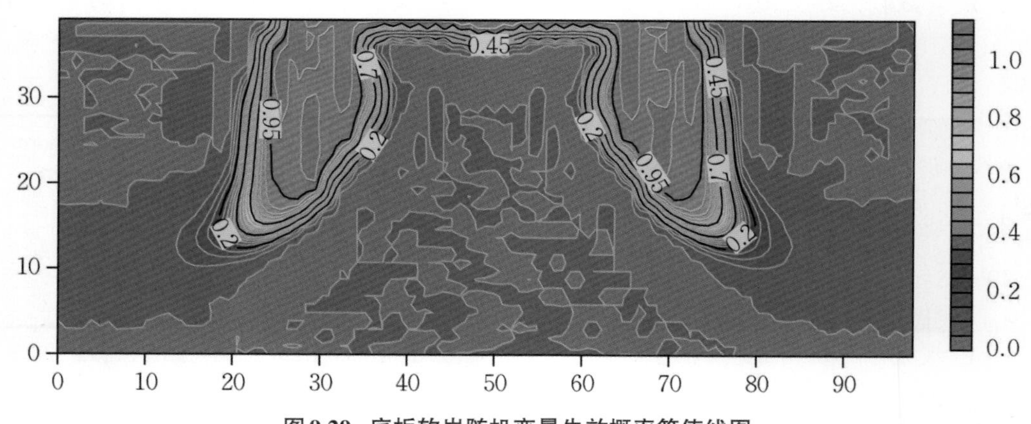

图9.29　底板软岩随机变量失效概率等值线图

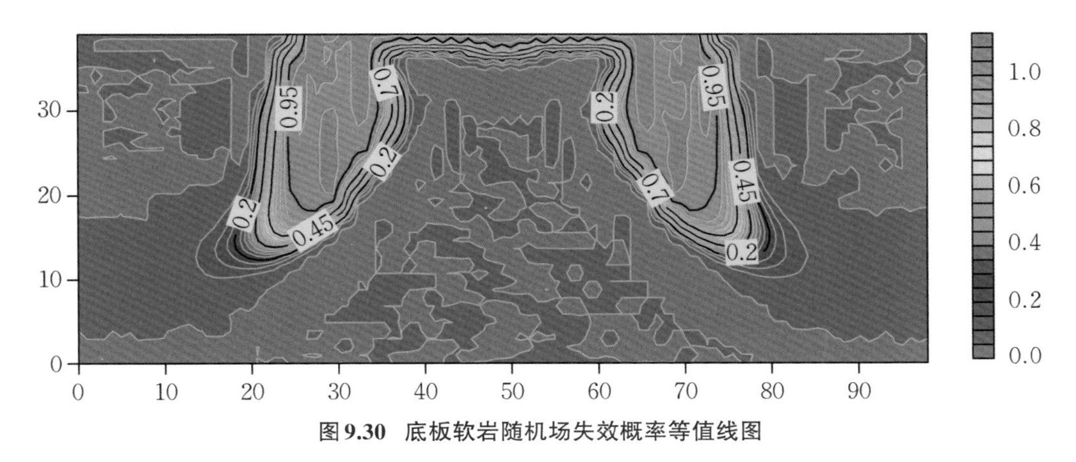

图9.30 底板软岩随机场失效概率等值线图

对底板整体进行分析，当模拟1000次时，对比底板随机变量与随机场，二者的失效概率等值线图形态均与单元格破坏形态一致，呈“马鞍”形，二者上方的煤层开采对其底板均有向斜下方的扰动作用，整体形态呈“八字”形，当为随机变量时，岩体破坏的横向展布和纵向展布呈现一致性，破坏规律虽与固定值参数底板大致相同，但表现出一定的随机性和离散型。当为随机场时，岩体破坏规律与随机变量大体相同，但因岩体随机场竖向相关距离远小于其横向相关距离，因此，岩体破坏的纵向展布大于横向展布，即竖向方向上的变化性更强。宏观上说明了随机场对底板岩体破坏的控制作用。在工作面正下方，二者破坏规律则完全不同，随机变量底板每次开挖后在底板下方0～4 m范围内均完全破坏，随机场底板被破坏则呈“反拱形”。

为更加清晰地确定随机变量和随机场对底板破坏的影响规律及其差异，在底板下5 m及15 m处布置一系列观测单元，观测单元水平间隔6 m一个，分别为1851号～1899号单元，单元编号间隔为3，如图9.31所示，分别计算这些单元体在模拟200～2000次的失效概率，间隔100次，计算结果如图9.31～图9.35所示。

对计算结果进行分析可知：同一单元格的失效概率随模拟次数的不同而不同，当模拟次数较小时，单元格的失效概率呈现较大的波动性，此时得到的失效概率结果可靠性不高；当模拟次数较高时，单元格失效概率趋于稳定，再增加模拟次数，其结果也基本不再发生变化，这一稳定结果可以作为该单元格的失效概率。从图9.32～图9.35中来看，当模拟次数达到1000次，其失效概率曲线基本平稳，此模拟次数可以作为后续其他方案的参考标准。在煤层开挖区域底部两端的观测单元，其失效概率随模拟次数的变化不大；在开挖区域正下方，因采动影响和岩体参数的综合作用，失效概率随模拟次数的变化而变化。

对比随机变量与随机场，对于同一单元格，模拟相同次数时，结果有较大差别，随机变量结果较随机场结果波动性更大，在一定程度上反映了随机变量结果的不稳定性。

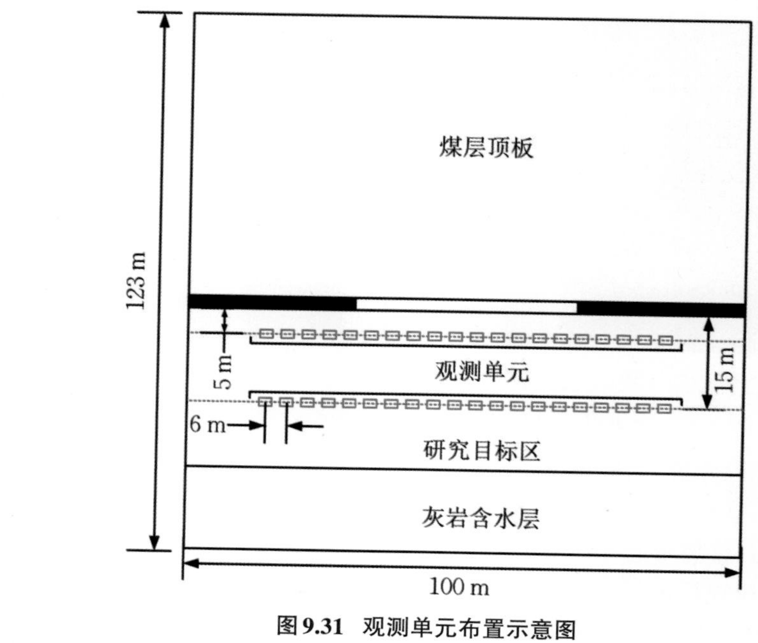

图 9.31 观测单元布置示意图

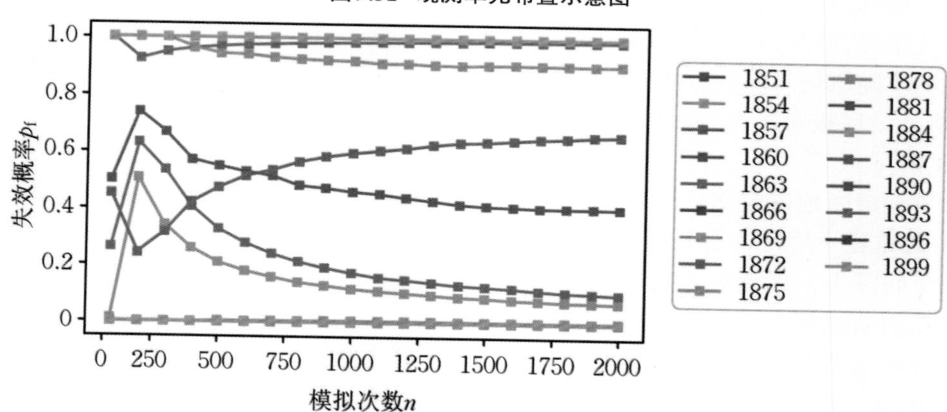

图 9.32 各观测单元失效概率随模拟次数变化(随机场底板下 **5 m**)

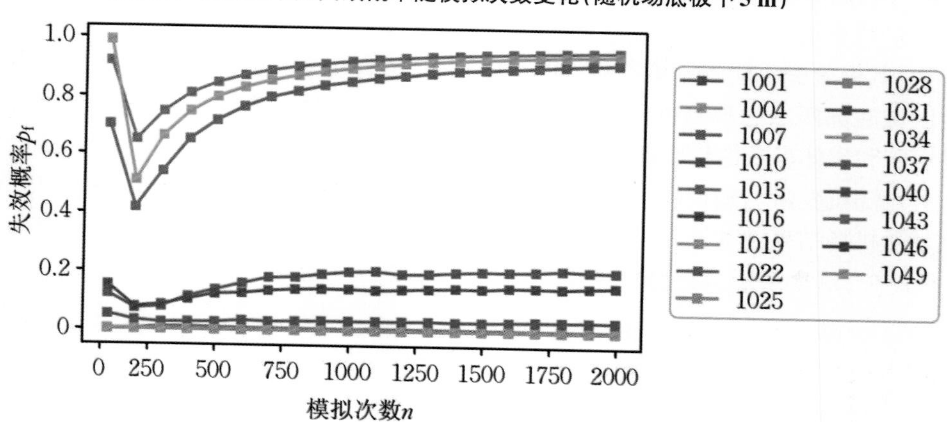

图 9.33 各观测单元失效概率随模拟次数变化(随机场底板下 **15 m**)

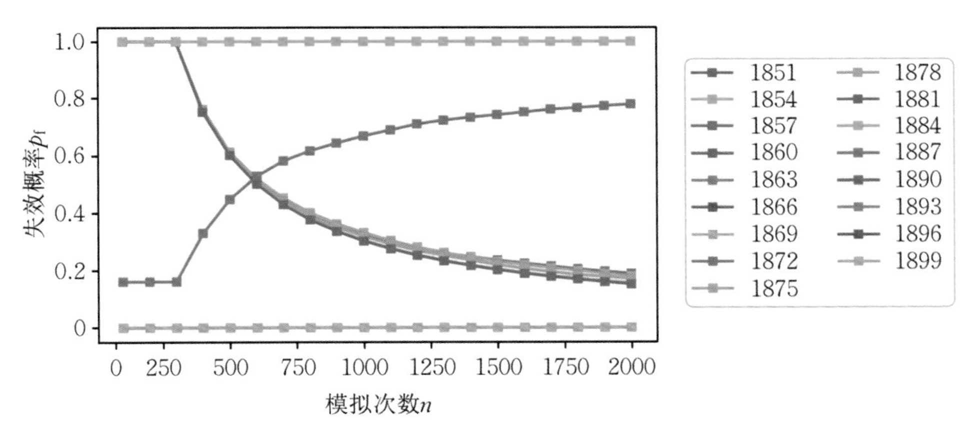

图9.34　各观测单元失效概率随模拟次数变化(随机变量底板下5 m)

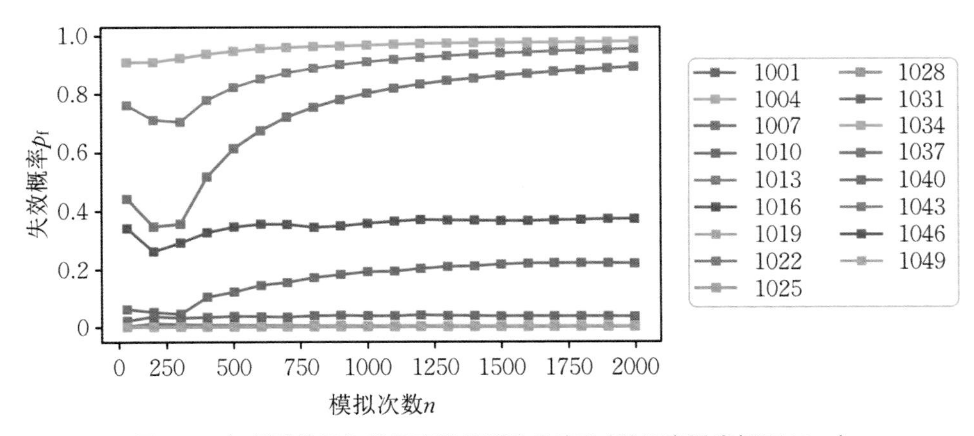

图9.35　各观测单元失效概率随模拟次数变化(随机变量底板下15 m)

9.3.3　随机场条件下的岩性组合对采动稳定可靠度的影响分析

煤层底板由岩性不同的岩层所组成,由于不同岩层的力学性质不同,其破坏形式也不相同。在确立模拟方案时,考虑到实际情况,由于在自然界中地质条件复杂,岩体结构类型也很多,为了能够避开多因素的相互影响,同时对比随机场条件不同底板结构对采动稳定可靠度的影响,建立了对比模型,分别为软岩底板型结构模型、硬岩底板型结构模型、上硬下软型底板结构模型以及上软下硬型底板结构模型。模型分别归属于两大类底板:a类(均质)和b类(非均质)层状结构底板模型,a类代表稳定的单一沉积环境,b类代表海陆交互相沉积环境。两大类模型根据底板各岩层厚度、岩性及组合的不同细分成四个子类,如表9.5所示,水平层状各类型底板岩体结构地质模型图如图9.36所示。

本次模拟主要研究在随机变量及随机场条件下的层状底板和均质底板的采动破坏效应,通过对比这些若干模型数值模拟的结果,找出在相同的地质条件下,不同岩体结构下的层状与非层状底板在考虑空间变异性基础上的破坏情况，计算底板岩体采动失效概率。以能够更好地对比分析出岩体结构的控制作用。

表9.5 底板岩体结构

大类	子类	底板具体岩性及组合
a类	a_1	均质硬质底板
	a_2	均质软质底板
b类	b_1	上硬下软底板
	b_2	上软下硬底板

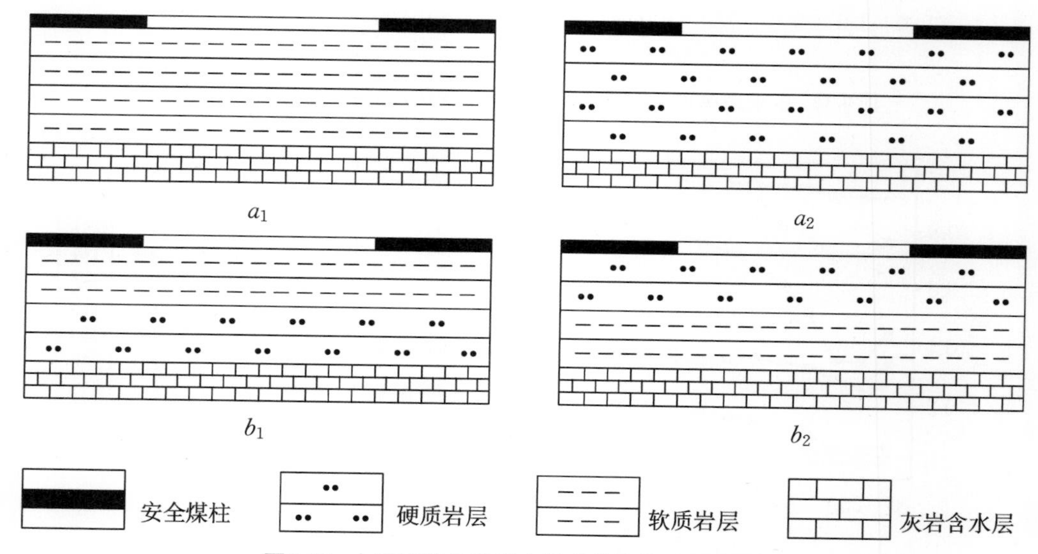

图9.36 水平层状各类型底板岩体结构地质模型图

依据上述模型建立方案，建立底板随机场数值模型，运用FLAC3D进行蒙特卡罗数值模拟，基于随机变量与随机场模拟结果，在1000次数时失效概率即趋于稳定，为简化计算，提高效率，本次模拟1000次，不同岩性组合下的底板失效概率等值线图如图9.37所示。

从以上模拟结果可得：底板为单一硬岩时，其破坏主要集中于两帮和工作面正下方，两帮以剪切破坏为主，工作面正下方以拉张破坏为主，且拉张破坏的范围和两帮剪切破坏范围大致相同，因岩层为硬岩，较致密，所以其破坏区域较小，从失效概率等值线图来看，失效概率在0.8以上的区域较为集中，且占据破坏的主要部分，失效概率在0.1～0.8的区域则较少，说明对于硬岩来说，因其强度关系每次模拟的结果大致相同，随机场对其影响较弱。底板为单一软岩时，其破坏主要集中于工作面两侧，工作面正下方仅有轻微拉张破坏，纵向延伸仅有3～4 m，两帮剪切破坏的纵向延伸范围则有15 m，剪切破坏范围远大于拉张破坏范围，从岩石力学性质的角度分析，因软岩质软，煤层开采过后，由卸压作用，两帮形成对向的剪切破坏，而工作面正下方岩体因下部压力上鼓，产生轻微破坏。从软岩的失效概率等值线图来

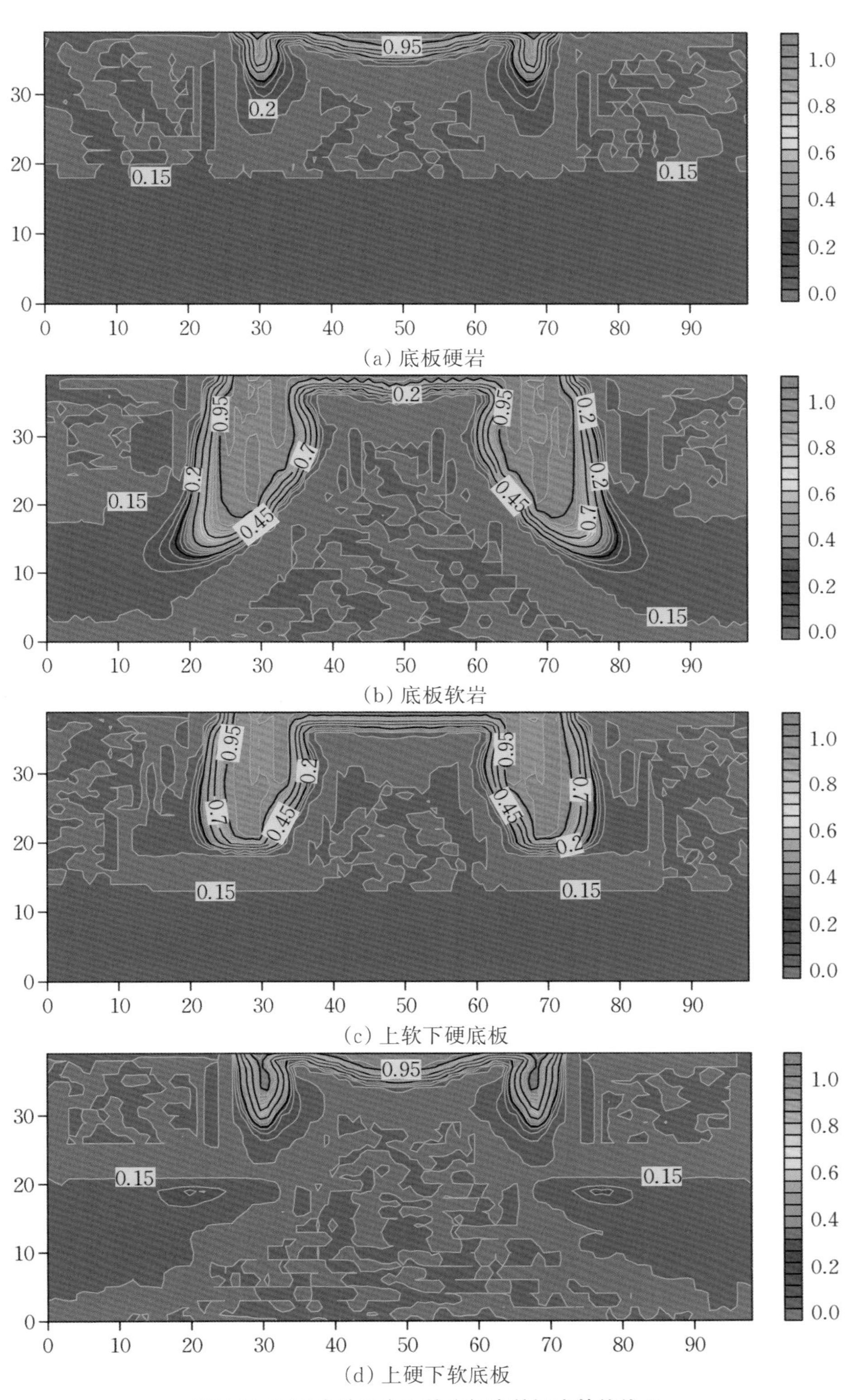

(a) 底板硬岩

(b) 底板软岩

(c) 上软下硬底板

(d) 上硬下软底板

图9.37 不同岩性组合下的底板失效概率等值线图

看，失效概率在0.8以上的区域较为集中，且占据破坏的主要部分，但与硬岩对比，失效概率在0.1～0.8的区域也较为明显，说明对于软岩来说，随机场对其有较好的描绘。当底板岩性为上软下硬岩层时，硬岩对底板的破坏具有明显的控制作用，其破坏形态与单一软岩有较大区别，岩层的破坏延伸至软硬岩分界面为止，破坏状态在分界面具有突变性，从失效概率等值线图来看，岩层破坏主要以两侧破坏为主，工作面正下方仅产生极小范围破坏，这与单一软岩工作面正下方的破坏形态完全不同，认为是上部岩层质软，下部岩层质硬，下部岩层承担主要应力，从而抑制了工作面正下方岩体的拉张破坏。当底板岩性为下硬上软岩层时，底板的破坏形态与单一硬岩底板的破坏形态基本一致，不同的是，在下部软岩中，模型岩层左右边界处有一定的破坏概率，虽然其概率较小，但也说明采动扰动对软质岩层的影响。

组合底板的岩性分界面是底板采动破坏需要重点关注的区域之一，上述模拟从宏观角度展示了底板采动破坏失效概率，现进行点线分析，观测单元选区坐标仍与上小节相同，其不同岩性组合底板失效概率随模拟次数的变化规律如图9.38和图9.39所示。

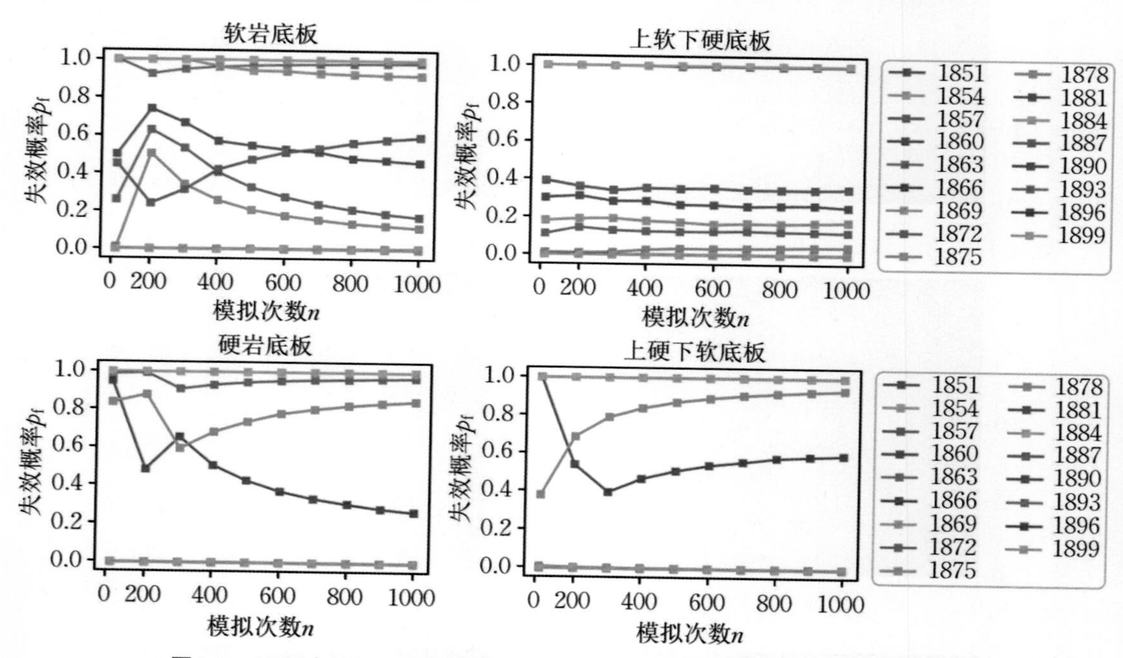

图9.38 不同岩性组合底板失效概率随模拟次数的变化规律(工作面下5 m)

由曲线图9.39可知，在开采工作面下方15 m处的观测单元，对比硬岩底板和上硬下软底板，其观测单元失效概率随模拟次数的变化规律基本相同，上硬下软型底板观测单元失效概率整体较硬岩底板大。对比软岩底板和上软下硬底板，其失效概率则大不相同，对于同一观测单元，以软岩1007单元格为例，其失效概率在1000次达到稳定，为0.8，上软下硬岩层1007单元格失效概率则为0.4，因下部硬岩作用，其破坏概率显著减小。

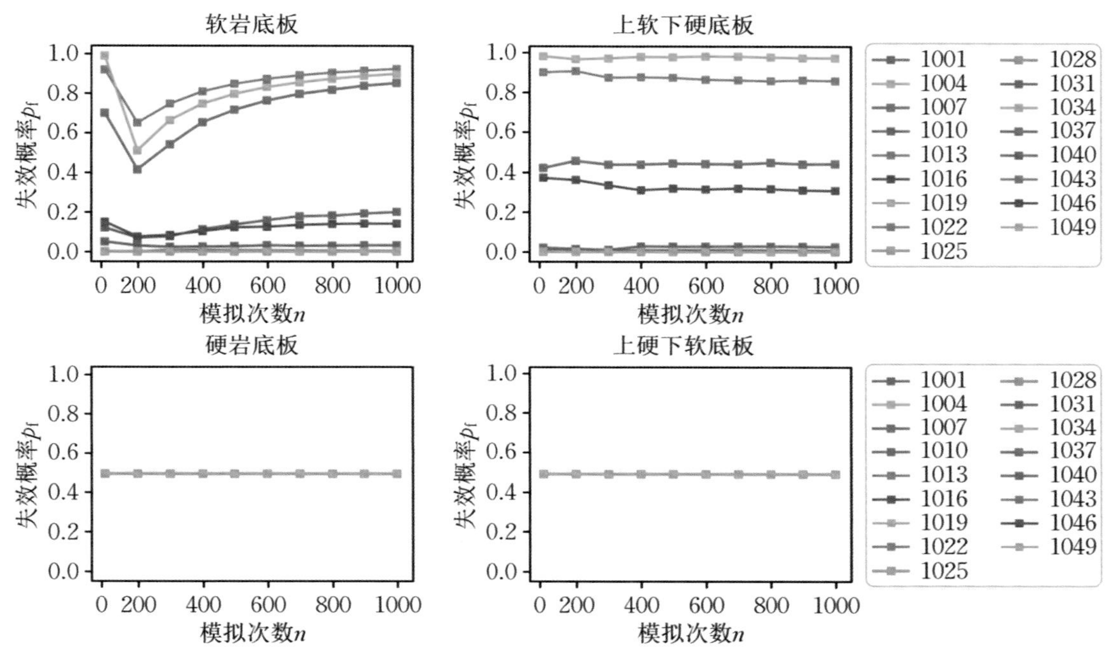

图9.39 不同岩性组合底板失效概率随模拟次数的变化规律(工作面下15 m)

在工作面下方15 m处的观测单元,对比硬岩底板和上硬下软底板,其失效概率均大致为0,说明对于本试验模型,因工作面下方的强硬岩层,其煤层开采的扰动作用并未传递到工作面15 m处。对比软岩底板和上软下硬底板,其失效概率随模拟次数的变化规律明显不同,上软下硬底板硬岩与软岩分界面在工作面下方15 m处,其观测单元的失效概率也基本为0,说明了强硬岩层对底板破坏具有控制作用,软岩底板观测单元的失效概率大多在0~0.2之间,说明软岩层的破坏较上软下硬层状底板已向下延伸。

9.3.4 随机场条件下的相关距离对采动稳定可靠度的影响分析

岩体的竖向相关距离是衡量岩土体空间变异性的重要参数,为研究底板随机场条件下,底板随机场岩体参数相关距离变化对底板采动稳定可靠度的影响,设计模拟方案如下:模型尺寸、边界条件、开挖步距、岩体参数均与前小节相同,设计底板为硬质岩层,下部灰岩含水层水压为1 MPa,竖向相关距离变化为1 m、2 m、3 m、4 m。根据前人所作研究工作,取横向相关距离为竖向相关距离的10倍[56-66,76-85],不同相关距离下内聚力随机场的一次实现如图9.40所示。

根据相关距离的性质,相关距离越大,在范围内的相关性越强,反之,相关性越弱。由图9.40可知,当相关距离较小时,参数在相关距离方向上的变异性较强,当相关距离较大时,参数在相关距离方向上的变异性较弱,水平和竖向两个方向上,相关距离越大,参数的连续性越强,参数一致性程度越高。

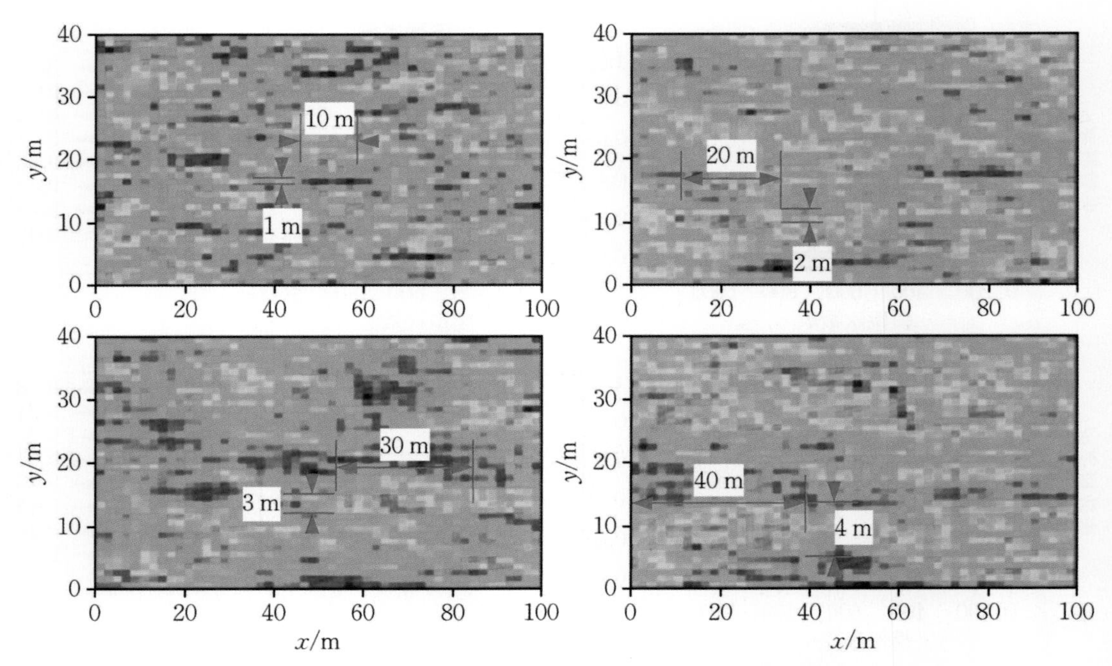

图9.40　四种相关距离下的内聚力随机场(一次实现)

以内聚力为例,不同相关距离底板参数随机场数值模型如图9.41所示。

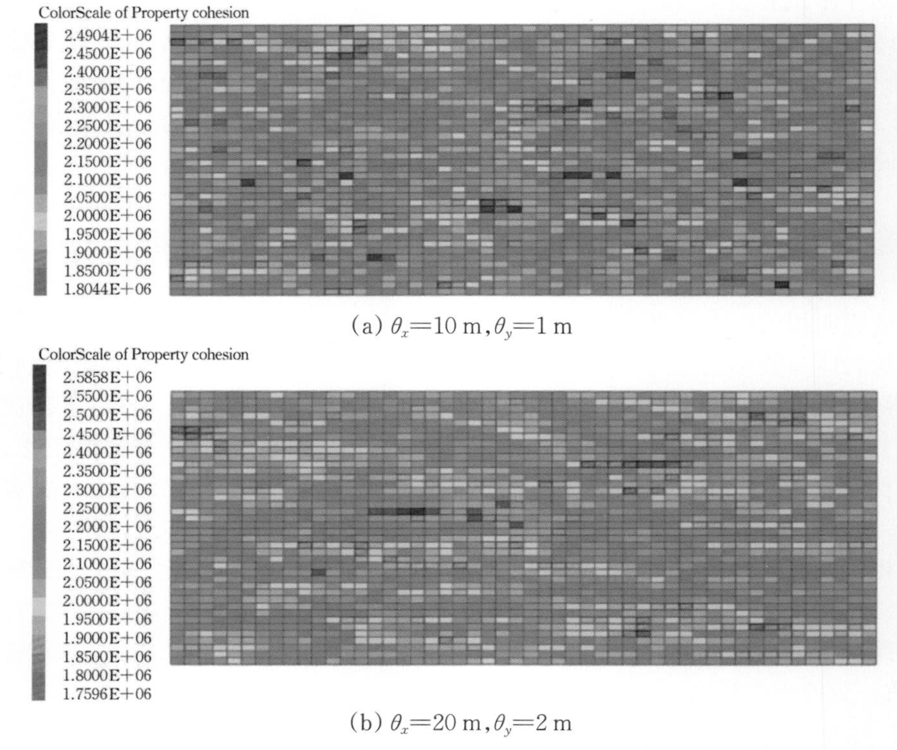

(a) $\theta_x=10$ m, $\theta_y=1$ m

(b) $\theta_x=20$ m, $\theta_y=2$ m

图9.41　不同相关距离下的底板内聚力随机场模型(一次实现)

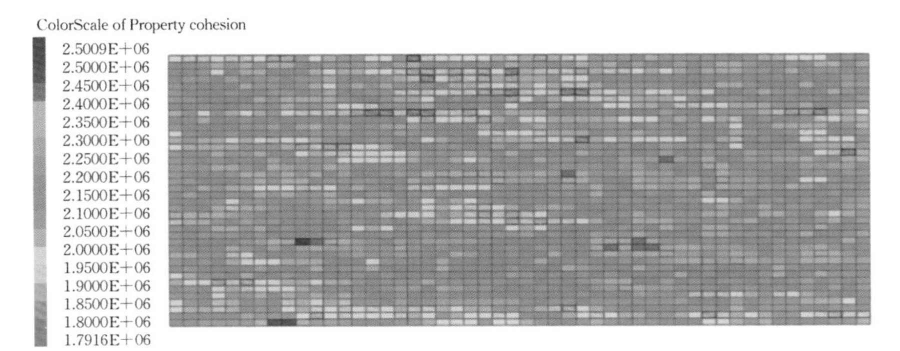

(c) $\theta_x=30$ m, $\theta_y=3$ m

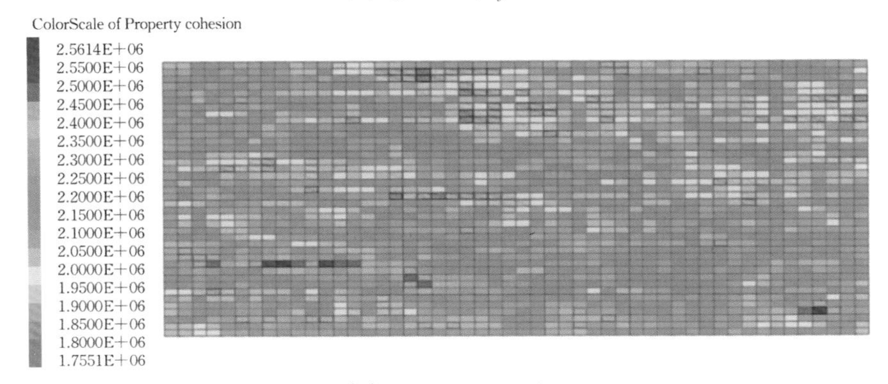

(d) $\theta_x=40$ m, $\theta_y=4$ m

图9.41　不同相关距离下的底板内聚力随机场模型(一次实现)(续)

底板单元赋以不同相关距离下的内聚力、内摩擦角和抗拉强度随机场参数后分别对其进行蒙特卡罗法模拟，模拟1000次，模拟结果如图9.42所示。

由图9.42可知，不同相关距离下的底板岩体失效概率等值线图形态基本相同，符合煤层底板采动破坏的“马鞍”形态，仅在工作面两侧及下部失效概率较小处有轻微差异。从宏观角度无法明确看出相关距离随机场对底板破坏的影响规律，为深入探究相关距离对底板破坏的影响，仍以有限单元为例，取上小节工作面下方等距单元进行单点分析，计算不同相关距离情况下单一单元失效概率随模拟次数的变化规律，结果如图9.43~图9.44所示。

由图9.44可知，不同相关距离下同一单元的失效概率随模拟次数的变化规律基本相同，当模拟次数低于500次时，工作面下方观测单元失效概率具有明显的波动，当模拟次数超过500次时，单元格失效频率开始趋于平稳。

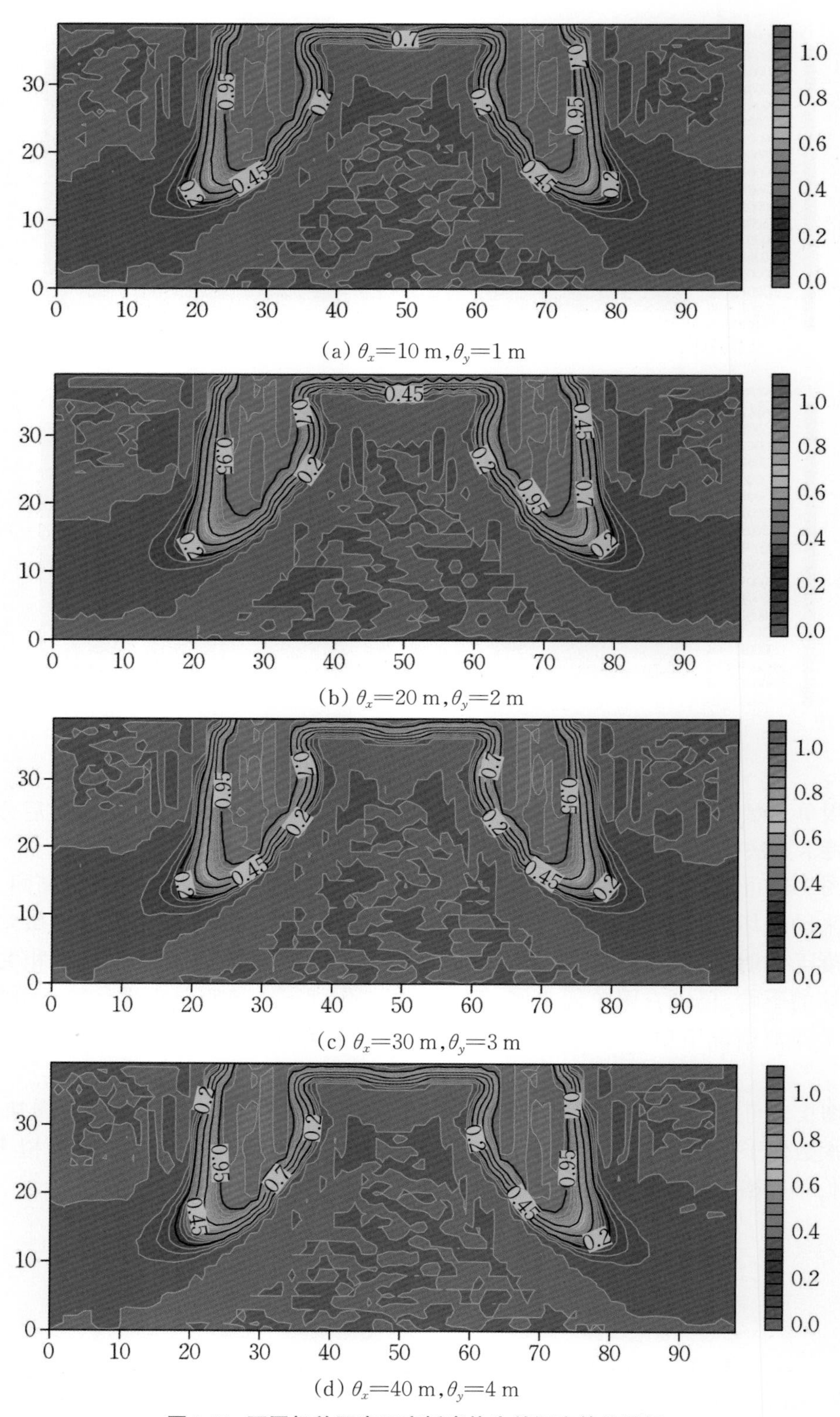

(a) $\theta_x=10$ m, $\theta_y=1$ m

(b) $\theta_x=20$ m, $\theta_y=2$ m

(c) $\theta_x=30$ m, $\theta_y=3$ m

(d) $\theta_x=40$ m, $\theta_y=4$ m

图 9.42　不同相关距离下底板岩体失效概率等值线图

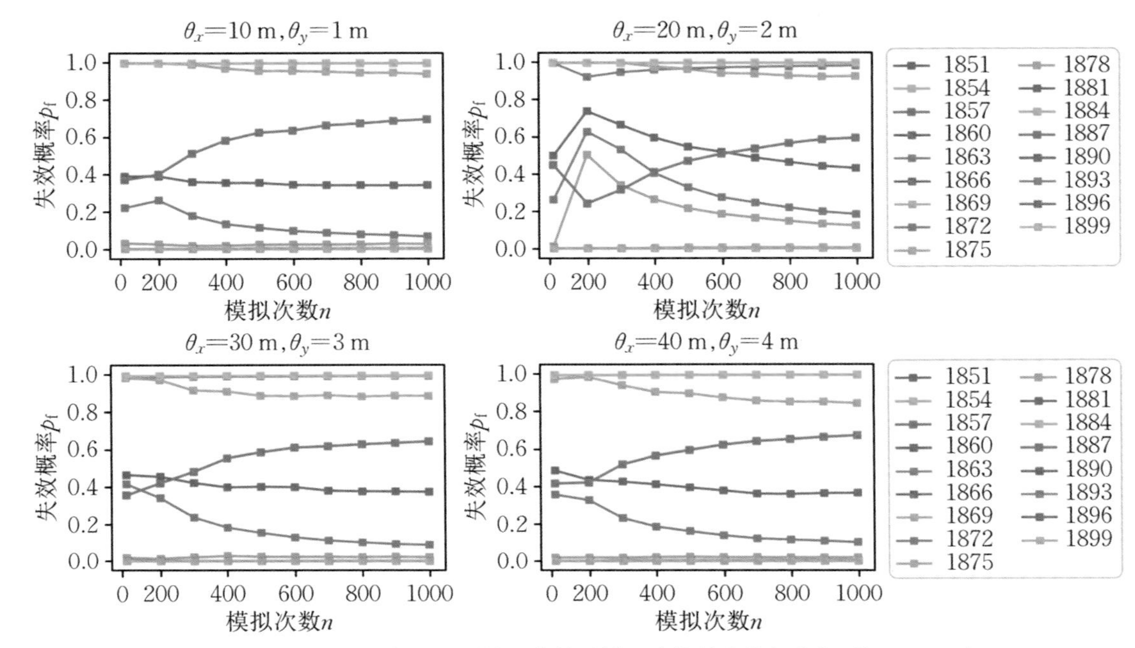

图9.43　不同相关距离下观测单元失效随模拟次数的变化规律(工作面下**5 m**)

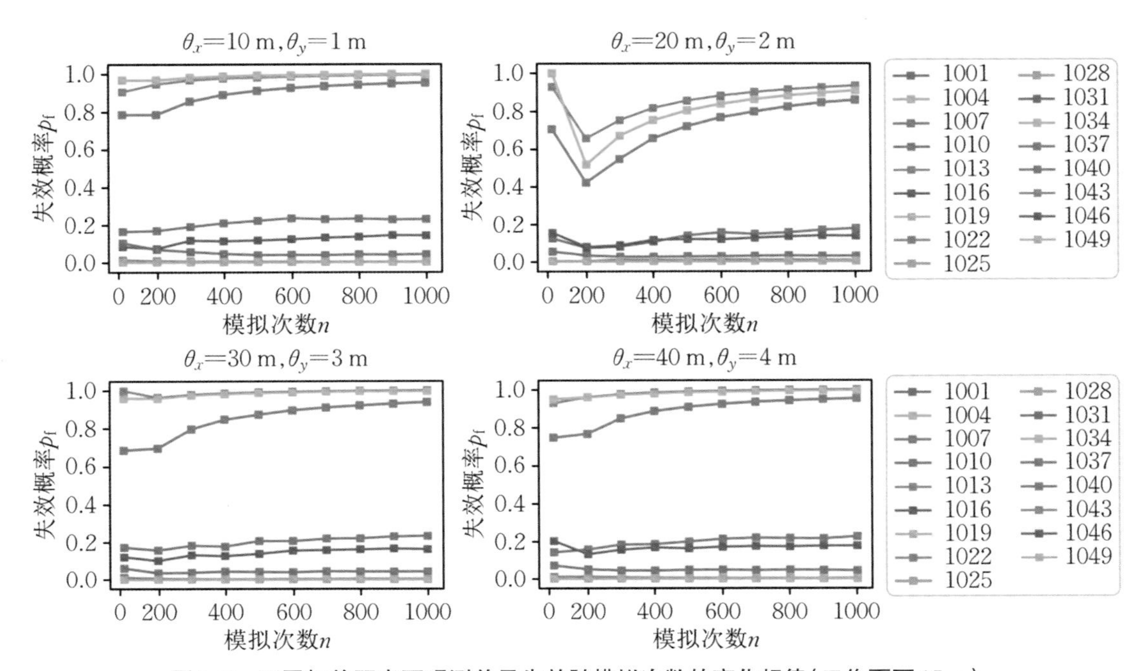

图9.44　不同相关距离下观测单元失效随模拟次数的变化规律(工作面下**15 m**)

如前文所述，相关距离是衡量岩土参数随机场的重要参数，为探究不同相关距离的岩土体失效概率，从单元格角度出发，取底板下方5 m处部分单元，单元体编号分别为1868、1874、1884、1894、1900和1906（图9.45），其失效概率随相关距离的变化规律如图9.46所示。

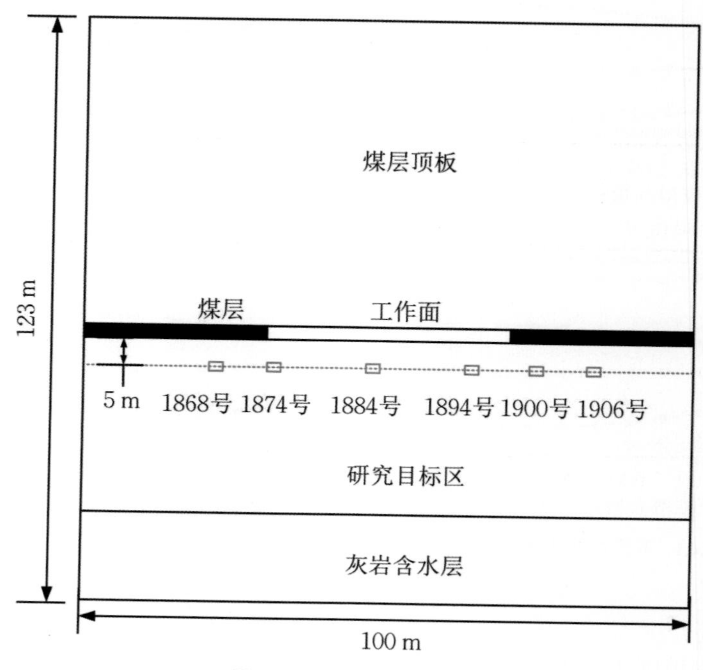

图9.45　选定观测单元

在四种相关距离下，各模拟1000次，从各单元失效概率来看，随着相关距离的增大，失效概率均越来越小，原因是当相关距离增大时，岩体参数的变异性减小，岩体参数的一致性增大，对于同一单元，其失效破坏的次数必然较相关距离小时多，则其失效概率减少。因此，可得相关距离对失效概率的影响规律为：随着相关距离的增大，底板单元格失效概率减小。

本章小结

本章主要阐述了可靠度的基本理论与可靠度计算的常用方法，进行了基于随机有限元的底板采动稳定可靠度数值模拟。设计了固定值参数与随机场参数下的采动稳定可靠度模拟、随机变量与随机场条件下的采动稳定可靠度模拟、随机场条件下不同岩性组合采动稳定可靠度模拟和随机场条件下不同竖向相关距离采动稳定可靠度模拟四种试验方案，通过上述研究可以得到以下几点认识：

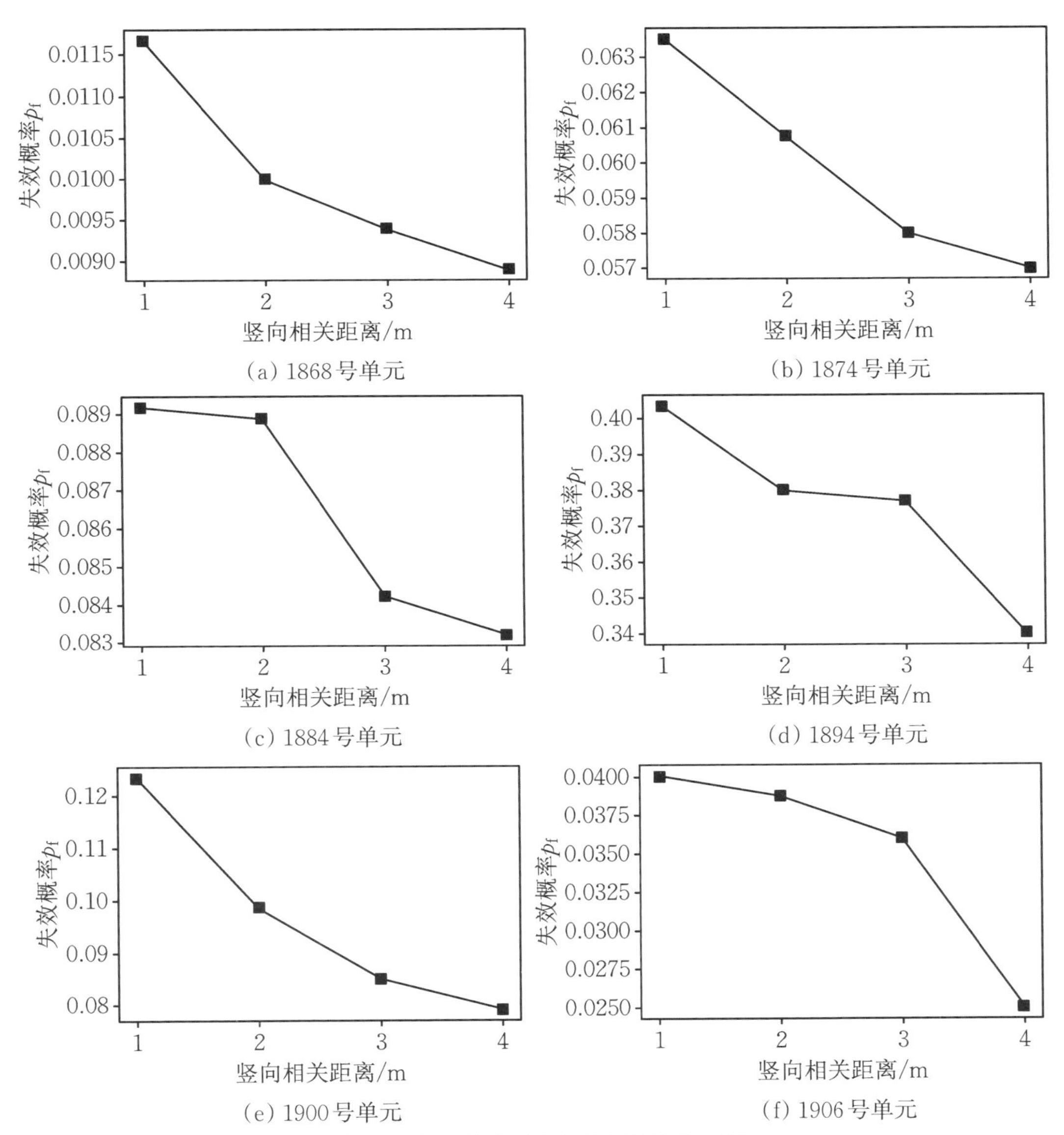

图9.46　失效概率随相关距离的变化规律

(1) 固定值参数底板破坏规律与前人所做工作中的破坏规律相同，固定值参数底板破坏较为连续，破坏形状呈“马鞍”形，并且具有高度对称性；随机场参数底板整体破坏形式与固定值参数底板一致，但因底板参数的随机性与离散性，其破坏范围虽大体集中，但仍呈现一定的离散性。

(2) 底板参数为随机变量时，岩体破坏的横向展布和纵向展布呈现一致性，破坏规律虽与固定值参数底板大致相同，但表现出一定的随机性和离散型。当为随机场时，岩体破坏规律与随机变量大体相同，但因岩体随机场竖向相关距离远小于其横向相关距离，因此，岩体破坏的纵向展布大于横向展布，即竖向方向上的变化性更强。从宏观上说明了随机场对底板岩体破坏的控制作用。

(3) 对于不同的岩性组合，在随机场条件下底板的破坏规律也不相同，随机场对硬岩破坏的影响较软岩弱，随机场条件下软岩的破坏呈现较高的离散性，硬岩离散性较低，对于层状底板，当岩层为上软下硬时，底板岩层的破坏规律与软岩基本相同，但因下部硬岩的控制作用，破坏只集中在软岩区域，当岩层为上硬下软时，破坏规律与单一硬岩底板基本相同，但下部软岩因采动作用会出现一定的随机性破坏，但破坏范围较小，在多次模拟结果中可以忽略不计。

(4) 当岩层的相关距离不同时，在宏观上，煤层底板岩体失效概率等值线图形态基本相同，从单元格角度进行点线分析表明，不同相关距离下的单元失效概率随模拟次数的变化规律仍基本相同，模拟次数小于500次时，失效概率呈现较大的波动性，当模拟次数大于500次，失效概率趋于稳定。研究失效概率随相关距离的变化规律时，选取底板下方5 m部分单元，得出随着相关距离的增大，失效概率呈现减小的趋势的结论。

第10章　桃园煤矿10煤可靠度分析

10.1　矿井地质概况

桃园煤矿位于安徽省宿州市埇桥区桃园镇境内。北距宿州市约11 km，行政区划属于埇桥区管辖。井田范围为北界F1断层，南部以第10勘探线为界与祁南煤矿毗邻，西界为10煤层露头线，东界至32煤层－800 m底板等高线的水平投影。矿井走向长约15 km，倾向宽1.5～3.5 km，面积约29.45 km^2，开采标高－300～－800 m。地理坐标：$X=33°28'22''$～$33°36'15''$。京沪铁路贯穿矿井东北，北距宿州站约11 km，东距西寺坡站约7 km，煤矿铁路运输专线在宋庄站与青芦铁路接轨；京台G3高速合徐段和206国道宿州—蚌埠段从矿井西部穿过；淮河支流浍河从矿井南侧通过，可通航小型机动船，直接进入淮河，交通十分方便。

桃园煤矿矿井被F2断层切割分成南、北两块，并且以F2断层为界，地层走向发生了变化，F2断层以北为北北西向，以南为北北东向。矿井总体为一走向近南北、倾向东的单斜构造，仅局部有小幅度的波状起伏，地层倾角北部较陡，南部较缓，地层倾角呈有规律变化，整体起伏不大。断层较发育，全矿井共查出落差≥10 m断层156条。小构造局部较为发育，在矿井建设与生产过程中已揭露出落差＜10 m的断层442条。局部发育岩浆岩，主要侵入于中部煤组及10煤层组。

10煤层位于山西组中部，上距K_2标志层铝质泥岩51～74 m，平均64 m。煤厚0～6.67 m，平均厚度2.62 m。可采指数为0.86，变异系数52%，面积可采率85%。部分煤层点含1～2层夹矸，矸石多为泥岩，平均厚度约0.28 m。煤类单一。可采区内煤层连续性较好。煤层顶板为泥岩、粉砂岩和细砂岩，个别点为炭质泥岩；底板以泥岩、细砂岩为主，少量粉砂岩，个别点为炭质泥岩。10煤顶底板岩性见图10.1。

本次研究对象为主采煤层10煤的底板采动破坏，采样位置综合10煤层开采深度改变、采区和工作面布置、煤层厚度和硬度变化以及现场施工条件等，在进行现场调研和讨论基础上，确定了现场10煤层采样位置为II6大巷2号钻场，共计布置两组4个钻孔，各组钻孔斜向下打孔至底板细砂岩，如图10.2所示。

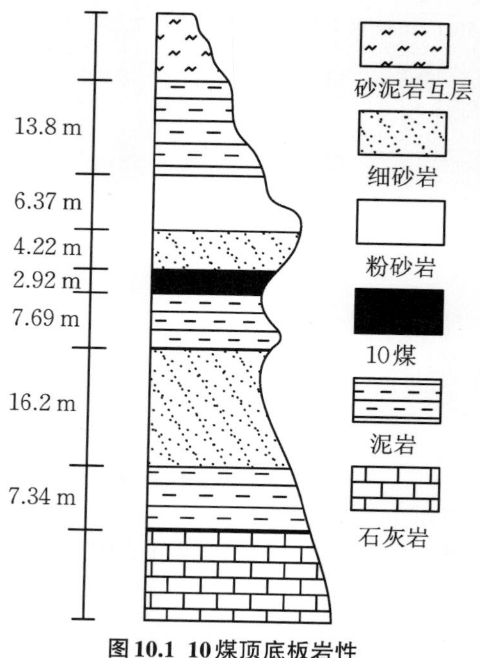

图10.1 10煤顶底板岩性

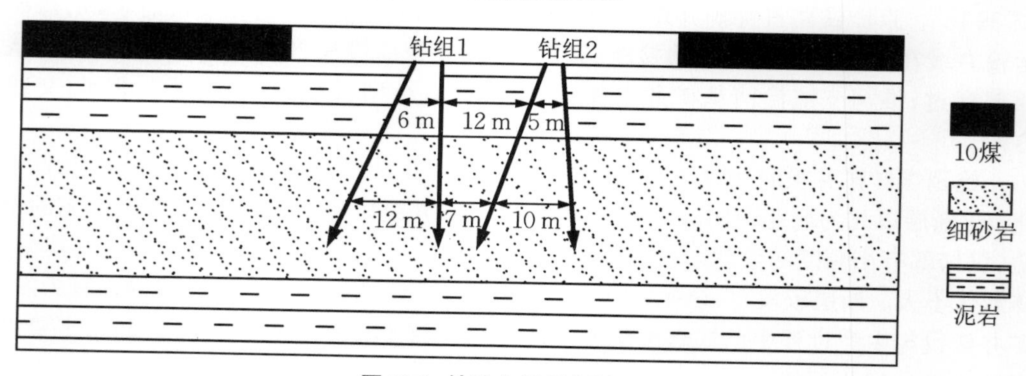

图10.2 钻孔布置示意图

钻孔竖向取样间距为0.5 m，水平向取样距离因斜向孔随深度变化，泥岩层位中部水平孔距分别为6 m、12 m、5 m，细砂岩层位中部水平孔距分别为12 m、7 m、10 m，具体取样要求如下：

(1) 钻进过程全程取芯。在层厚达到的情况下，岩样高度大于150 mm；

(2) 记录钻孔编号、钻孔深度、岩石名称、采样地点、采样时间、取样编号等；

(3) 在钻孔取芯过程中，严格按照所取层位的顺序进行编录，标明序号、层位、岩性描述、长度、取芯率；

(4) 取芯岩样及时带出，保持岩样完整性，融蜡密封；

(5) 待取岩芯工作结束后，将样品带回实验室，进行物理力学性质测定工作，主要测定岩石强度参数，包括内聚力c、内摩擦角φ及抗拉强度t。试验在MTS-816煤岩体力学试验系统上进行。结果如表10.1～表10.4所示。

表10.1　桃园煤矿10煤层底板钻孔1岩样试验结果

岩层名称	试验编号	c/MPa	φ/°	t/MPa
10煤层泥岩	底1n-1	5.4	32	3.2
	底1n-2	7.2	34	3.9
	底1n-3	6.5	33	3.4
	底1n-4	4.3	30	2.6
	底1n-5	5	31	2.8
10煤层底细砂岩	底1s-1	12.3	38	9.3
	底1s-2	11.9	35	9.1
	底1s-3	15.4	41	11.2
	底1s-4	14.3	39	13.4
	底1s-5	17.2	43	14.2

表10.2　桃园煤矿10煤层底板钻孔2岩样试验结果

岩层名称	试验编号	c/MPa	φ/°	t/MPa
10煤层泥岩	底2n-1	4.9	30	2.1
	底2n-2	8.2	36	4.2
	底2n-3	5.5	34	2.9
	底2n-4	3.3	30	2
	底2n-5	5.8	33	3.1
10煤层底细砂岩	底2s-1	15.3	42	7.3
	底2s-2	10.5	37	4.1
	底2s-3	13.8	40	8.2
	底2s-4	16.9	43	9.5
	底2s-5	15.3	41	10.3

表10.3　桃园煤矿10煤层底板钻孔3岩样试验结果

岩层名称	试验编号	c/MPa	φ/°	t/MPa
10煤层泥岩	底3n-1	8.9	37	4.3
	底3n-2	7.4	36	3.1
	底3n-3	6.3	36	2.7
	底3n-4	2.4	29	1.3
	底3n-5	5.2	35	2.5
10煤层底细砂岩	底3s-1	14.3	41	7.9
	底3s-2	17.4	45	8.3
	底3s-3	14.6	39	7.4
	底3s-3	11.8	37	6.8
	底3s-3	12.2	39	7.3

表 10.4 桃园煤矿 10 煤层底板钻孔 4 岩样试验结果

岩层名称	试验编号	c/MPa	φ/°	t/MPa
10煤层泥岩	底 4n-1	9.7	37	5.1
	底 4n-2	8.5	35	4.2
	底 4n-3	7.1	33	3.5
	底 4n-4	4.5	28	2.6
	底 4n-5	5.1	34	3.7
10煤层底细砂岩	底 4s-1	15.1	41	8.8
	底 4s-2	19.3	43	9.4
	底 4s-3	16.5	44	8.6
	底 4s-4	12.9	38	7.7
	底 4s-5	13.1	39	8.4

10.2 相关性参数分析与求解

相关性参数分析与求解是岩土参数随机场建模的基础，对数据进行整理分析可得10煤底板岩体力学参数统计特征，如表10.5所示。

表 10.5 10 煤底板岩体力学参数统计特征

统计量	泥岩			细砂岩		
	c	φ	t	c/MPa	φ/°	t/MPa
均值	6.060	33.150	3.160	14.505	40.250	8.860
方差	3.567	7.503	0.824	5.065	6.829	6.829
变异系数	0.767	0.476	0.287	0.155	0.065	0.295

表10.5为随机场模拟提供了基础数据。概率分布类型是高斯随机场向非高斯随机场转换的关键，由统计数据绘制内聚力、内摩擦角和抗拉强度的频率分布直方图。分别采用正态分布、对数正态分布和均匀分布三种分布类型对其拟合，以内聚力为例，发现均匀分布拟合效果最差，正态分布和对数正态分布拟合优度基本相同，后两种参数仍服从此规律（图10.3），但出于岩体参数的非负性角度考虑，选择对数正态分布作为本例中的概率分布类型。

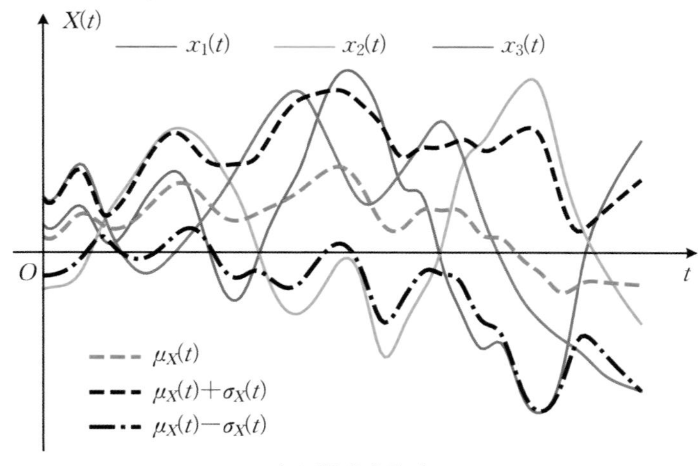

(a) 泥岩内聚力

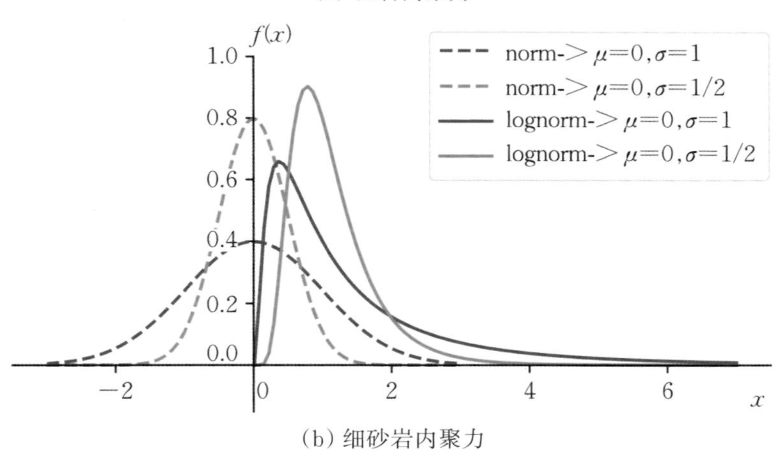

(b) 细砂岩内聚力

图10.3 概率分布类型拟合

鉴于在实际岩石地层中无法做到像土层中高密度取样，因此，难以使用空间递推法或相关函数法进行相关距离求解，故本例中将选用平均零跨距法求解底板岩体竖向和水平向相关距离，竖向距离以竖向取样间距计算，水平向距离以表10.1岩层层位中部水平孔距计算，结果如图10.4和图10.5所示。

由平均零跨距法求得泥岩内聚力、内摩擦角和抗拉强度的竖向相关距离分别为0.9 m、0.85 m、0.91 m，水平向相关距离分别为10.9 m、10.8 m、10.8 m，细砂岩内聚力、内摩擦角和抗拉强度的竖向相关距离分别为0.62 m、0.62 m、0.94 m，水平向相关距离分别为16.4 m、17.8 m、21 m。上述数据可作为底板岩体参数随机场模拟基础参数。

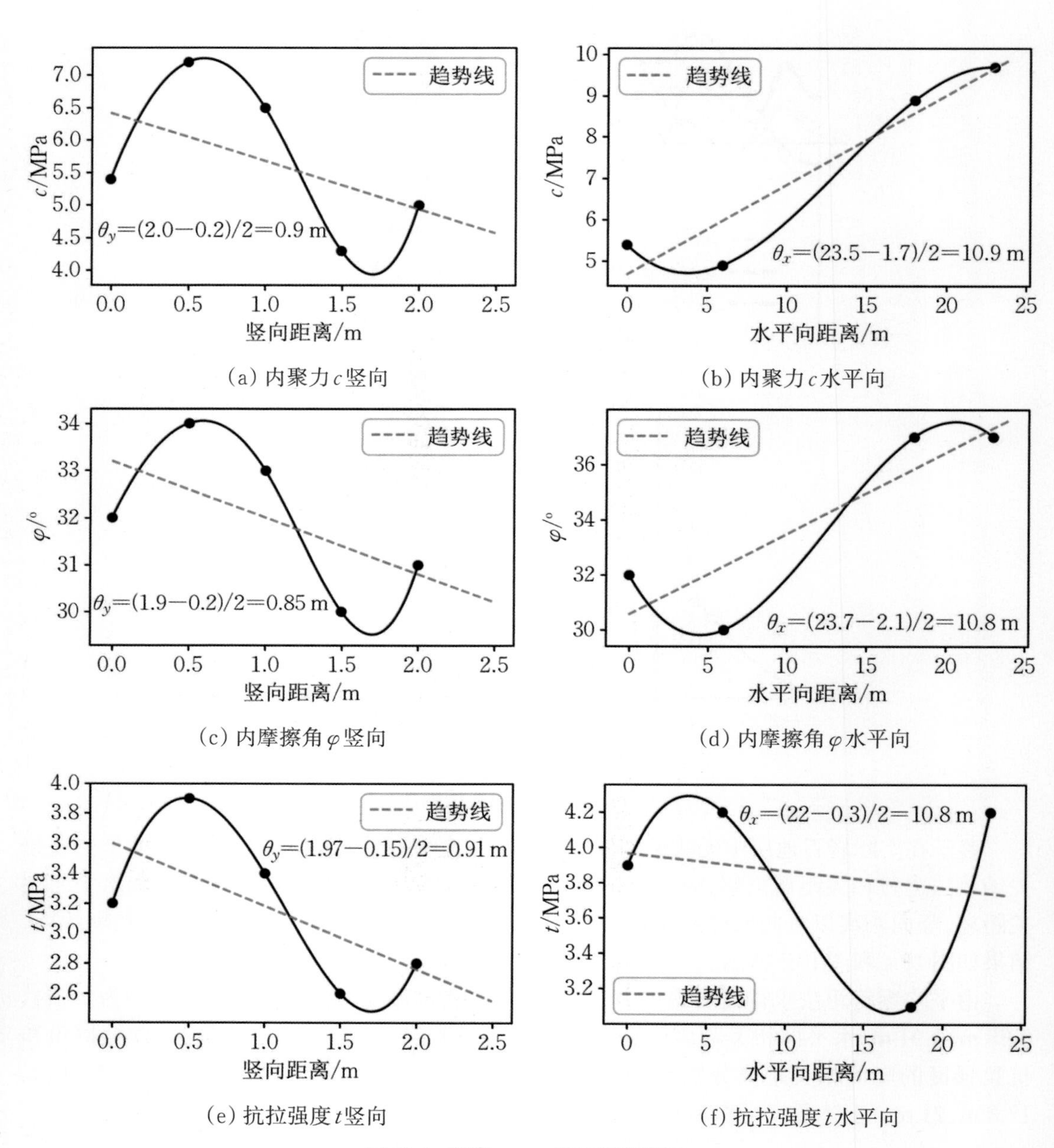

图10.4 泥岩c,φ,t相关距离求解

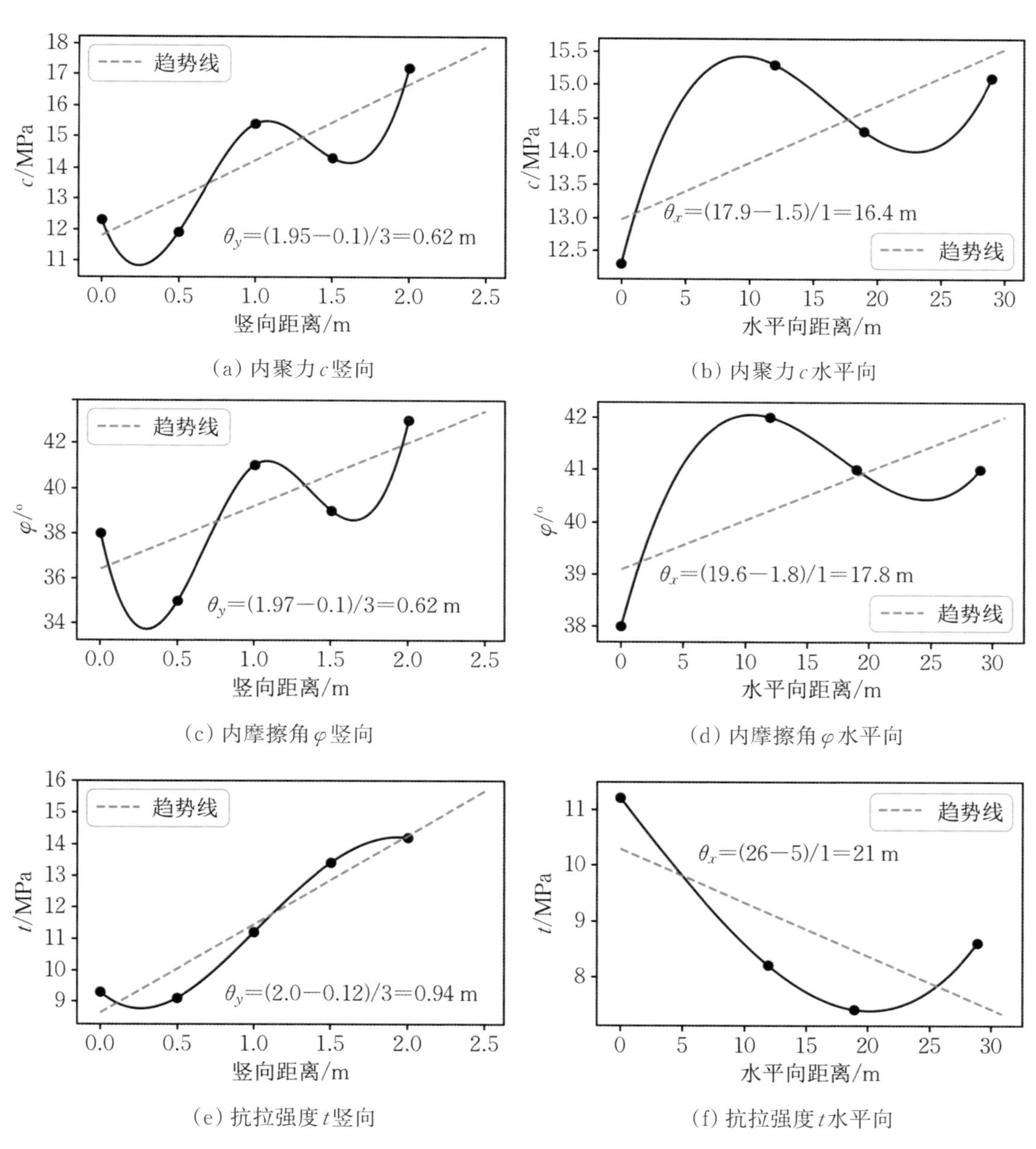

图10.5 细砂岩c,φ,t抗拉强度相关距离求解

10.3 岩体参数随机场建模

上一节相关性分析与求解确定了岩体参数的均值、标准差、竖向和水平向相关距离，在此基础上进行底板参数随机场建模，鉴于数据不足，进行相关函数拟合效果不好，因此这里仍选用指数型相关函数作为土层相关函数。

底板泥岩1和泥岩2厚10 m，拟模拟区域为150 m×10 m，细砂岩厚20 m，拟模拟区域150 m×20 m。随机场模拟初始数据如表10.6所示。

表10.6 10煤底板岩体参数随机场模拟初始数据

岩性	参数	分布类型	$\mu_{\ln}$	$\sigma_{\ln}$	θ_x/m	θ_y/m	相关函数
泥岩	c	对数正态	1.65	0.55	10.9	0.90	$\rho(\tau_x,\tau_y)=\exp\left(-2\sqrt{\frac{\tau_x^2}{\theta_x^2}+\frac{\tau_y^2}{\theta_y^2}}\right)$
	φ	对数正态	3.48	0.22	10.8	0.85	
	t	对数正态	1.17	0.26	10.8	0.91	
细砂岩	c	对数正态	2.61	0.34	16.4	0.62	$\rho(\tau_x,\tau_y)=\exp\left(-2\sqrt{\frac{\tau_x^2}{\theta_x^2}+\frac{\tau_y^2}{\theta_y^2}}\right)$
	φ	对数正态	3.68	0.17	17.8	0.62	
	t	对数正态	2.05	0.52	21.0	0.94	

以泥岩和细砂岩内聚力c为例，使用循环嵌入法生成的参数随机场一次实现如图10.6和图10.7所示。

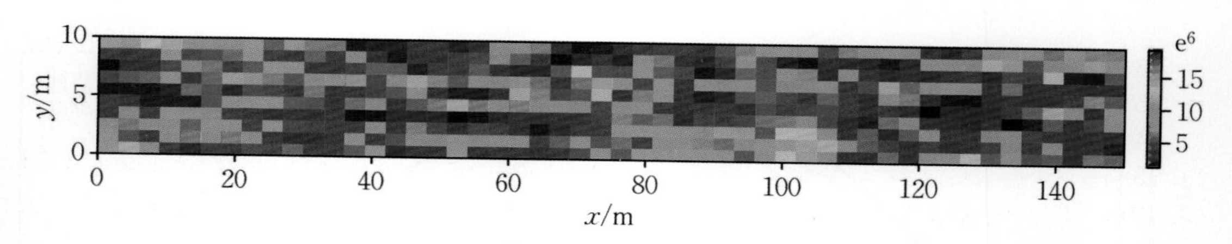

图10.6 泥岩内聚力随机场(一次实现)

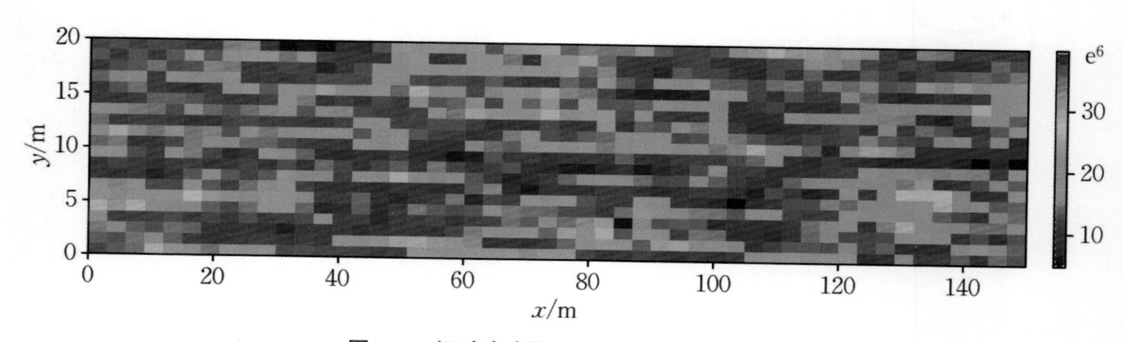

图10.7 细砂岩内聚力随机场(一次实现)

10.4　10煤底板采动稳定可靠度分析

基于第9章研究成果，采用数值模拟方法研究桃园煤矿10煤层底板采动稳定可靠度，数值模型设计如下：根据工作面的实际开采条件，基于FLAC3D软件建立试验数值模型，将研究区域概化为平面物理模型，设计模型尺寸(长×宽×高)为150 m×1 m×125 m，采高3 m。因实际地层多而薄，为方便计算，将层厚较小且强度相近的岩层进行合并，确定模型自下而上分为灰岩含水层、泥岩1、细砂岩1、泥岩2、10煤、细砂岩2、粉砂岩1和泥岩3共计8组岩层，各岩层物理力学参数见表10.7。

表10.7　数值模型参数表

岩性	厚度/m	体积模量/GPa	剪切模量/GPa	内聚力/MPa	内摩擦角/°	抗拉强度/MPa	容重/kg•cm^3
灰岩含水层	15	18	9.6	8.0	36	5.0	2600
泥岩1	10	10.0	5.3	c^{1*}	φ^{1*}	t^{1*}	2170
细砂岩1	20	12.0	7.5	c^{2*}	φ^{2*}	t^{2*}	2400
泥岩2	10	10.0	5.3	c^{3*}	φ^{3*}	t^{3*}	2170
10煤	3	2.5	1.0	1.7	27	0.8	1900
细砂岩2	15	12.0	7.5	6.8	31	4.5	2400
粉砂岩1	20	13.0	8.3	11	33	6.5	2500
泥岩3	32	10.0	5.3	7.0	28	4.0	2170

注：c^{i*}，φ^{i*}，t^{i*}(i=1,2,3)分别表示目标层对应参数随机场。

数值模型坐标原点为正面左下角，水平向右为x方向，竖直向上为z方向，垂直于分析平面的方向为y方向。采用摩尔-库仑屈服准则，赋以表10.7岩体力学参数，模型上表面采用活动约束，底面及侧面采用固定约束。结合实际工程情况确定模型初始地应力，垂直方向地应力σ_v由岩体的自重生成，其计算值根据煤层埋深、模型尺寸和上覆岩体的平均容重进行确定。模型水平地应力σ_h根据垂直地应力乘以侧压系数求得，本例中侧压系数设定为0.5，则x,y两个方向的地应力均为$0.5\sigma_v$ MPa。数值模型如图10.8所示。

模型到达初始平衡状态后进行煤层开挖模拟。采用分步开挖方式，共计开挖90 m，分三步等距开挖，两边各留30 m安全煤柱，因10煤埋深变化范围较大，本次模拟两种情况：① 煤层采深650 m，下部灰岩含水层水压2.5 MPa；② 煤层采深750 m，下部灰岩含水层水压3.5 MPa，反复生成1000次参数随机场，将其赋值给数值模型，模拟煤层开挖1000次，模拟结果如图10.9～图10.12所示。

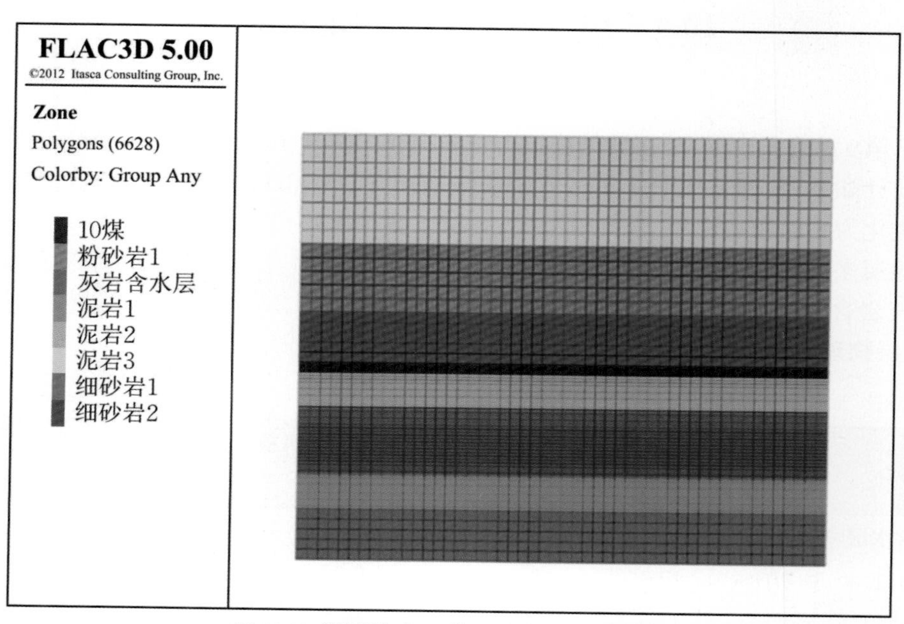

图 10.8　桃园煤矿 10 煤 FLAC3D 数值模型

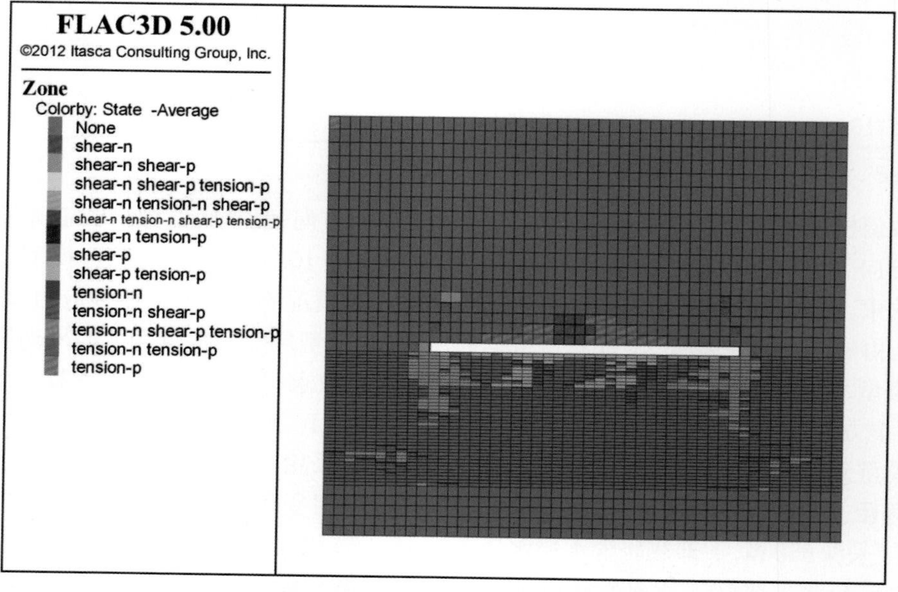

图 10.9　采深 650 m，步距 90 m 时的底板破坏（一次实现）

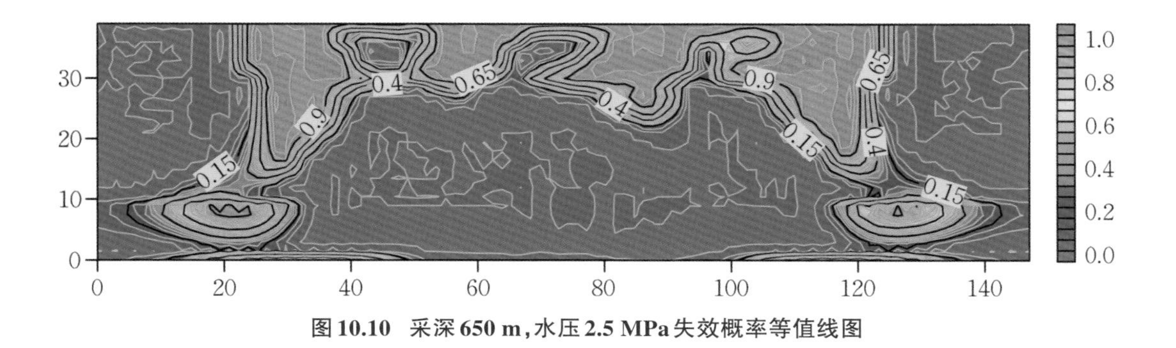

图10.10　采深650 m,水压2.5 MPa失效概率等值线图

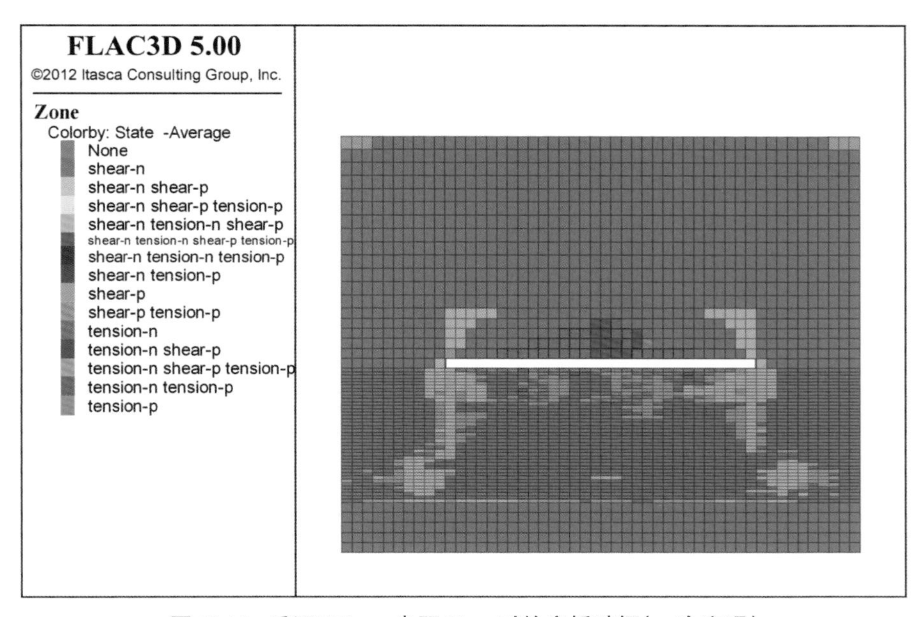

图10.11　采深750 m,步距90 m时的底板破坏(一次实现)

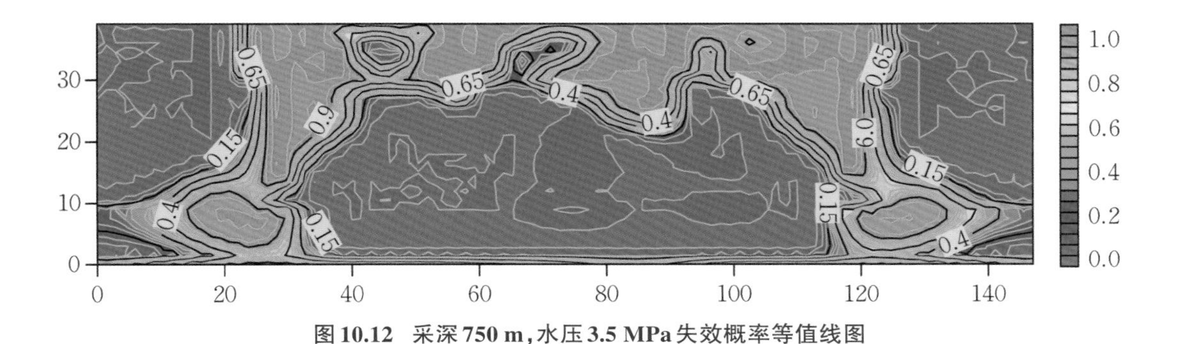

图10.12　采深750 m,水压3.5 MPa失效概率等值线图

由模拟结果可得：当采深为650 m时，开挖90 m后，在上部采动和灰岩含水层水压的共同作用下，底板泥岩2发生大面积破坏，泥岩1也有一定程度破坏，但细砂岩1则破坏范围较小，这里细砂岩1充当了关键强硬层的作用，其避免了因采动破坏导致的底板贯通含水层。从失效概率上来看，失效概率达90%以上的区域仅延伸到底板细砂岩1岩层中部，尤其在细砂岩1岩层中下部，其失效概率较小，仅为10%～20%，认为此时底板无突水危险性，可以安全开采。当采深为750 m时，底板泥岩1、细砂岩1和泥岩2均发生较大程度采动破坏，但泥岩1和细砂岩1破坏范围较泥岩2小，泥岩1和细砂岩1破坏主要集中在工作面两侧正下方，呈“八字”形向下方扩展，泥岩2破坏主要集中在工作面正下方，且因为分步开挖的原因，除两帮外，破坏形态呈阶梯形沿掘进方向展布。从失效概率上来看，泥岩1和泥岩2均有较大范围失效概率，达90%以上，失效概率达90%以上的区域已基本可以贯通整个底板，认为此时底板已具有突水危险性。

在实际承压水上采煤工程中，采用突水系数T_s来判定底板突水危险性。突水系数是单位厚度隔水层承受的水压值，即$T_s=\dfrac{P}{M}$，式中，T_s为突水系数；P为隔水层承受的水压，单位为MPa；M为底板隔水层总厚度，单位为m。当突水系数大于临界值，即认为会发生底板突水，根据《煤矿防治水细则》要求并结合淮北矿区开采实际地质条件，底板突水系数以0.1 MPa/m为临界值。依据突水系数法计算公式，当煤层埋深为650 m时，下部灰岩含水层水压2.5 MPa，煤层底板厚40 m，此时的突水系数为0.0625 MPa/m，小于突水临界值，不会发生底板突水，且数值模拟结果也表明底板中部细砂岩的控制作用导致失效概率0.9以上的区域并未贯通整个底板，认为此时可以安全回采；当煤层埋深为750 m时，下部灰岩含水层水压3.5 MPa，此时的突水系数为0.0875 MPa/m，小于突水临界值，不会发生底板突水，但基于底板随机场的数值模拟结果则显示，采深为750 m时，煤层底板采动破坏失效概率90%以上的区域已基本导通整个底板，可靠概率不足10%，根据文献[86]的研究成果，即井巷工程的可靠概率应不低于90%。基于煤矿生产中的最坏假设，以上计算表明如按传统定值法中的突水系数以及安全系数判定750 m不是10煤层的安全采深，在外界不利因素作用下，底板突水易发生。对比上述结果，认为数值模拟结果较理论计算偏保守，但可靠性高，充分考虑了土体参数不均一性带来的影响，在相同条件下，基于随机场的煤层开采已具有较高的突水危险性，这一结果在实际工程中应充分考虑，从而制定更为安全合理的防治水方案或停止开采。

本章小结

本章以桃园煤矿10煤层为例，将10煤层底板泥岩和细砂岩视为随机场，使用平均零跨距法计算了两种岩层内聚力、内摩擦角和抗拉强度的竖向和水平向相关距离，通过统计分析计算了各参数的均值、标准差等参数。在此基础上，进行了底板参数随机场建模，利用FLAC3D通过FISH语言的二次开发模拟了随机场条件下的底板采动破坏，基于蒙特卡罗原理进行了底板采动破坏失效概率计算，得出：

（1）对桃园煤矿10煤层底板岩石力学参数进行了统计分析，得出了各参数均值、标准差和变异系数，并通过均匀分布、正态分布和对数正态分布进行了参数拟合，得出了参数分布类型，为底板岩体参数随机场建模提供了数据支撑。

（2）鉴于钻孔数据和取样数据的有限性，采用平均零跨距法求得桃园煤矿10煤底板泥岩内聚力、内摩擦角和抗拉强度的竖向相关距离分别为0.9 m、0.85 m、0.91 m，水平向相关距离分别为10.9 m、10.8 m、10.8 m，细砂岩内聚力、内摩擦角和抗拉强度的竖向相关距离分别为0.62 m、0.62 m、0.94 m，水平向相关距离分别为16.4 m、17.8 m、21 m。

（3）基于蒙特卡罗原理分别模拟了煤层采深650 m、下部灰岩含水层水压2.5 MPa和采深750 m、下部灰岩含水层水压3.5 MPa情况下的底板采动破坏，并与突水系数法进行比较，得出：数值模拟结果较理论计算偏保守，但可靠性高，充分考虑了土体参数不均一性带来的影响，在相同条件下，基于随机场的煤层开采已具有较高的突水危险性，其结果在实际工程中应充分考虑。

参 考 文 献

[1] 王双明.对我国煤炭主体能源地位与绿色开采的思考[J].中国煤炭,2020,46(2):11-16.

[2] 王双明,孙强,乔军伟,等.论煤炭绿色开采的地质保障[J].煤炭学报,2020,45(1):8-15.

[3] 袁亮.我国深部煤与瓦斯共采战略思考[J].煤炭学报,2016,41(1):1-6.

[4] 武强.我国矿井水防控与资源化利用的研究进展、问题和展望[J].煤炭学报,2014,39(5):795-805.

[5] 董书宁,虎维岳.中国煤矿水害基本特征及其主要影响因素[J].煤田地质与勘探,2007,(5):34-38.

[6] 魏久传,肖乐乐,牛超,等.2001—2013年中国矿井水害事故相关性因素特征分析[J].中国科技论文,2015,10(3):336-341,369.

[7] 郭惟嘉,刘杨贤.底板突水系数概念及其应用[J].河北煤炭,1989(2):58-62.

[8] Qian M G, Miao X X, Li L J.Mechanical behaviour of main floor for water inrush in longwall mining[J]. Journal of China University of Mining & Technology,1995(1):9-16.

[9] 王作宇,刘鸿泉.承压水上采煤[M].北京:煤炭工业出版社,1993.

[10] Wang J M, Ge J D, Wu Y H, et al. Mechanism on progressive intrusion of pressure water under coal seams into protective aquiclude and its application in prediction of water inrush[J]. Journal of Coal Science & Engineering(China), 1996(2):9-15.

[11] Zhang J C. Investigations of water inrushes from aquifers under coal seams[J]. International Journal of Rock Mechanics and Mining Sciences, 2005, 42(3): 350-360.

[12] 李白英.预防矿井底板突水的"下三带"理论及其发展与应用[J].山东科技大学学报:自然科学版,1999,018(4):11-18.

[13] 李昂,谷拴成,陈方方.带压开采煤层底板破坏深度理论分析及数值模拟——以陕西澄合矿区董家河煤矿5号煤层为例[J].煤田地质与勘探,2013,41(04):56-60.

[14] 李家祥,连传杰,郭惟嘉,等.厚煤层重复采动时底板岩体的破坏深度[J].煤田地质与勘探,1995,23(4):44-48.

[15] 刘伟韬,刘士亮.底板采动破坏深度的力学分析和数值仿真研究[J].矿业研究与开发,2015,35(10):94-98.

[16] 张俊,姚多喜.煤层底板变形破坏的相似材料模拟研究综述[J].唐山学院学报,2019,32(6):47-52.

[17] 孟祥帅,鲁海峰,张曼曼.底板采动破坏深度统计学方法研究[J].地球科学前沿,2020,10(7):578-584.

[18] 孟祥帅,鲁海峰,张曼曼.煤层底板采动破坏深度计算方法研究[J].矿山工程,2020,8(3):338-343.

[19] Zhu H, Zhang L M. Characterizing geotechnical anisotropic spatial variations using random field theory [J]. Canadian Geotechnical Journal, 2013, 50(7): 723-734.

[20] Houmadi Y, Ahmed A, Soubra A H. Probabilistic analysis of a one-dimensional soil consolidation problem[J]. Georisk: Assessment and Management of Risk for Engineered Systems and Geohazards, 2012, 6: 36-49.

[21] Li K S, Lumb P. Probabilistic design of slopes[J]. Canadian Geotechnical, 1987, 11(24): 520-535.

[22] Christakis O. Stochastic analysis of saturated soils using finite elements[J]. Manchester: University of

Manchester, 2000.

[23] 郭林坪.随机场理论在港口工程和海洋工程地基可靠度中的应用[D].天津:天津大学,2014.

[24] Griffiths D V, Huang J S, Fenton G A. Probabilistic infinite slope analysis[J]. ScienceDirect, 2011, 38(4): 577-584.

[25] Vanmarcke E H. Random fields analysis and synthesis[M]. Cambridge: MIT Press, 1983.

[26] 谭文辉,王家臣,周汝弟.岩体强度参数空间变异性分析[J].岩石力学与工程学报,1999,18(5):546-549.

[27] Lumb P. Safety factors and the probability distribution of soil strength[J]. Canadian Geotechnical Journal, 1970, 7(3): 225-242.

[28] 陈立宏,陈祖煜,刘金梅.土体抗剪强度指标的概率分布类型研究[J].岩土力学,2005,26(1):37-40.

[29] Leemis L. Reliability-based design in civil engineering[J]. Technometrics, 1989, 31(1): 126-126.

[30] Bhattacharya G, Jana D, Ojha S, et al. Direct search for minimum reliability index of earth slopes[J]. Computers and Geotechnics, 2003, 30(6): 455-462.

[31] 刘勇,郑俊杰,郭嘉.β分布的参数确定及其在岩土工程中的应用[J].岩土工程技术,2006(5):240-243.

[32] 姚敬茹.岩土参数空间相关性与随机场模拟研究及应用[D].济南:山东建筑大学,2018.

[33] Vanmarcke E H. Probabilistic modeling of soil profiles[J]. Journal of the Geotechnical Engineering Division, 1977, 103(11): 1227-1246.

[34] Vanmarcke E H, Gordon A F. Conditioned simulation of local fields of earthquake ground motion[J]. Structural Safety, 1991, 10(1/2/3): 247-264.

[35] Jaksa M B, Kaggwa WS, Brooker P I. Experimental evaluation of the scale of fluctuation of a stiff clay [C]//proceedings of the ICASP8, Int. Conf. on Applications of Statistics and Probability in Civil Engineering, F, 1999.

[36] O'Connor A J, ASCE A M, Kenshel O. Experimental evaluation of the scale of fluctuation for spatial variability modeling of chloride-induced reinforced concrete corrosion[J]. Journal of Bridge Engineering, 2013, 18(1): 3-14.

[37] Meek, David W. A semiparametric method for estimating the scale of fluctuation[J]. Computers & Geosciences, 2001, 27: 1243-1249.

[38] 冷伍明,赵善锐.土工参数不确定性的计算分析[J].岩土工程学报,1995,17(2):68-74.

[39] 程强,罗书学,高新强.相关函数法计算相关距离的分析探讨[J].岩土力学,2000,21(3):281-283.

[40] 李小勇.土工参数空间概率特性及软粘土地基固结概率分析[D].杭州:浙江大学,2001.

[41] 韩宪军,武清玺,杨明珠.岩石地基弹性模量随机场建模方法研究[J].水利学报,2007(S1):723-728.

[42] 闫澍旺,朱红霞,刘润.随机场完全不相关距离方法及其应用的研究[C]//第一届中国水利水电岩土力学与工程学术讨论会论文集(下册),2006:386-390.

[43] 汪莹鹤,王保田,安彦勇.基于CPT资料的土性参数随机场特性研究[J].岩土力学,2009,30(9):2753-2758.

[44] 王涛,周国庆,阴琪翔,等.岩土参数随机场离散的三角形单元局部平均法[J].岩土力学,2014,35(5):1482-1488,1505.

[45] 林道锦,秦权.有限元可靠度分析中随机场离散方法[J].清华大学学报(自然科学版),2002,42(6):839-842.

[46] 蒋国明,刘俊卿,王炜.岩土随机场空间离散的综合法[J].山西建筑,2007,33(26):12-13.

[47] 靳功.可靠性研究在飞机维护中的应用[J].中国民用航空,2006(9):73-75.

[48] Ang A S, Tang W. Probability concepts in engineering planning and design[M]. Hoboken: Wiley, 1975.

[49] Cornell C A. A Probability-based structural code[J]. Jamerconcrete Inst, 1969, 66(12).

[50] 祝玉学.边坡可靠性分析[M].北京:冶金工业出版社,1993.

[51] 李亮,刘宝琛.边坡极限承载力的下限分析法及其可靠度理论[J].岩石力学与工程学报,2001,20(4):508-513.

[52] 谢立全,于玉贞,张丙印.土石坝坡三维随机有限元整体可靠度分析[J].岩土力学,2004(S2):235-238.

[53] 刘春原.基于GIS系统的岩土参数随机场特性研究[D].天津:天津大学,2003.

[54] 王丽.基于岩土参数随机场的钻孔灌注桩基础的可靠性分析[D].石家庄:河北工业大学,2004.

[55] 陈东方.基于随机有限差分的层状岩体洞室失稳风险分析[D].沈阳:东北大学,2016.

[56] Onyejekwe S, Kang X, Ge L. Evaluation of the scale of fluctuation of geotechnical parameters by autocorrelation function and semivariogram function[J]. Engineering Geology, 2016, 214: 43-49.

[57] Phoon K K, Fred H. Kulhawy. Characterization of geotechnical variability[J]. Canadian Geotechnical Journal, 1999, 36(4): 612-624.

[58] 闫澍旺,邓卫东.土性剖面随机场模型的平稳性和各态历经性验证[J].岩土工程学报,1995,17(3):1-9.

[59] Dasaka S M, Zhang L M. Spatial variability of in situ weathered soil[J]. Géotechnique, 2012, 62(5):375-384.

[60] Stuedlein A W. Random field model parameters for columbia river silt[J]. Geotechnical Special Publication, 2011(224): 169-177.

[61] Stuedlein A W, Kramer S L, Arduino P, et al. Geotechnical characterization and random field modeling of desiccated clay[J]. Journal of Geotechnical and Geoenvironmental Engineering, 2012, 138(11):1301-1313.

[62] Baecher G, Christian J T. Reliability and statistics in geotechnical engineering[D]. Hoboken: Wiley, 2003.

[63] Cafaro F, Cherubini C. Large sample spacing in evaluation of vertical strength variability of clay soil[J]. Journal of Geotechnical & Geoenvironmental Engineering, 2002, 128(7): 558-568.

[64] 王建文.宁波软土力学参数空间变异性研究[D].武汉:湖北工业大学,2019.

[65] Giovanna V, Russo S. Random field theory to interpret the spatial variability of lacustrine soils[J]. Biosystems Engineering, 2015, 168: 4-13.

[66] Ching J Y, Wu T J, Stuedlein A W, et al. Estimating horizontal scale of fluctuation with limited CPT soundings[J]. Geoscience Frontiers, 2018, 9(6): 8-19.

[67] 林军,蔡国军,邹海峰,等.基于随机场理论的江苏海相黏土空间变异性评价研究[J].岩土工程学报,2015,37(7):1278-1287.

[68] 郭林坪,孔令伟,徐超,等.静力触探参数自相关距离确定方法与影响因素分析[J].岩土力学,2017,38(S1):271-276.

[69] Tan X H, Li P, Shen M F, et al. Evaluation of the spatial variability characteristics of the unsaturated clay in Hefei, China[J]. Soils and Foundations -Tokyo, 2020, 60(2):454-465.

[70] 杨军.基于随机场理论的单桩竖向承载力可靠性研究[D].南京:南京理工大学,2008.

[71] 徐斌,王大通.用相关函数法求静探曲线相关距离的讨论[J].岩土力学,1998,19(1):55-55.

[72] 闫澍旺,朱红霞,刘润,等.关于土层相关距离计算方法的研究[J].岩土力学,2007,(8):1581-1586.

[73] Kozintsev B. Computations with Gaussian random fields[D].College Park:Computer Science, 1999.

[74] Kroese D P, Botev Z I. Spatial process generationar[J]. Xiv: Computation, 2013: n. pag.

[75] 张继周,缪林昌,林飞,等.苏中腹地湖相沉积土层相关距离的统计分析[J].工程地质学报,2014,

22(2):348-354.

[76] Jaksa M B, Yeong K S, Wong K T, Lee S L. Horizontal spatial variability of elastic modulus in sand from the dilatometer[C]//proceedings of the Australia New Zealand Conference on Geomechanics, F, 2004.

[77] Hasofer A M, Lind N C. Exact and invariant second moment code format[J]. Journal of Engineering Mechanics, 1974, 100111-100121.

[78] Faravelli L. Response-surface approach for reliability analysis[J]. Journal of Engineering Mechanics-asce - J ENG MECH-ASCE, 1989, 115: 2763-2781.

[79] Myers R H, Montgomery D, Vining G G, et al. Response surface methodology: A retrospective and literature survey[J]. Journal of Quality Technology, 2004,36(1): 53-77.

[80] Jahani E, Shayanfar M A, Barkhordari M A. A new adaptive importance sampling Monte Carlo Method for structural reliability[J]. KSCE Journal of Civil Engineering, 2013, 17.

[81] 白永昕,段相辉.连续性随机变量随机数产生的机理[J].宜宾学院学报,2016,16(6):68-72,77.

[82] 周泓,邓修权,高德华.生产系统建模与仿真[M].北京:机械工业出版社,2012.

[83] 王丙参,魏艳华,孙永辉.利用舍选抽样法生成随机数[J].重庆师范大学学报(自然科学版),2013,30(6):86-91.

[84] 张璐璐,张洁,徐耀,等.岩土工程可靠度理论[M].上海:同济大学出版社,2011.

[85] Chwaa M.Optimal placement of two soil soundings for rectangular footings[J]. Journal of Rock Mechanics and Geotechnical Engineering, 2021, 13(3): 603-611.

[86] 何满潮,苏永华.地下软岩工程可靠度研究[J].岩土工程学报,2003,25(1):55-57.

后　记

本书以煤层岩体参数随机场和采动稳定可靠度问题为研究对象，以数值模拟高精度化为研究手段，对采动底板岩体参数的随机性与采动可靠度进行了较为全面、深入的探讨。同时将研究成果与工程实际问题相结合，探究其适用性。通过研究分析随机场建模及可靠度计算基础理论，并基于随机有限元采用蒙特卡罗方法进行了底板采动可靠度数值模拟研究，开展了固定值参数与随机场条件下的采动稳定可靠度模拟、随机变量与随机场条件下的采动稳定可靠度模拟、随机场条件下不同岩性组合采动稳定可靠度模拟和随机场条件下不同竖向相关距离采动稳定可靠度模拟，最后将研究成果应用于桃园煤矿10煤层。得出以下结论：

(1) 采用四种方法进行随机场的模拟，得出：模拟随机场均为高斯随机场，模拟结果均近似服从正态分布，移动平均法生成的高斯随机场正态分布拟合效果较差，在一点处较大范围内的模拟值相近，虽表现出来较强的各向同性，但离散范围已远大于相关距离，模拟效果不佳。就随机场模拟耗时而言，局部平均法与协方差矩阵分解法计算过程极为耗时，移动平均法和循环嵌入法模拟效率较前二者快上百倍。就模拟精度而言，循环嵌入法和协方差矩阵分解法以中心点代表单元格整体，局部平均法则以单元格积分形式先计算单元格的局部平均，再以局部平均的均值、方差和协方差表征区域随机场，其精度较其他三者高。

(2) 基于随机有限元采用蒙特卡罗法进行煤层采动数值模拟，得出：固定值参数底板破坏规律与前人所做工作中的破坏规律相同，固定值参数底板破坏较为连续，破坏形状呈现“马鞍”形，并且具有高度对称性，随机场参数底板整体破坏形式与固定值参数底板一致，但因底板参数的随机性与离散性，其破坏范围虽大体集中，但仍呈现出一定的离散性，这是实际工程中需要重点关注的区域。

(3) 底板参数为随机变量时，岩体破坏的横向展布和纵向展布呈现一致性，破坏规律虽与固定值参数底板大致相同，但表现出了一定的随机性和离散型。当为随机场时，岩体破坏规律与随机变量大体相同，但因岩体随机场竖向相关距离远小于其横向相关距离，因此，岩体破坏的纵向展布大于横向展布，即竖向方向上的变化性更强。从宏观上说明了随机场对底板岩体破坏的控制作用。

(4) 对于不同的岩性组合，在随机场条件下底板的破坏规律也不相同，随机场对硬岩破坏的影响较软岩弱，随机场条件下软岩的破坏呈现较高的离散性，硬岩离散性较低，对于层状底板，当岩层为上软下硬时，底板岩层的破坏规律与软岩基本相同，但因下部硬岩的控制作用，破坏只集中在软岩区域，当岩层为上硬下软时，破坏规律与单一硬岩底板基本相同，但下部软岩因采动作用会出现一定的随机性破坏，但破坏范围较小，在多次模拟结果中可以忽略不计。

(5) 当岩层的相关距离不同时，在宏观上，煤层底板岩体失效概率等值线图形态基本相同，从单元格角度进行点线分析研究表明，不同相关距离下的单元失效概率随模拟次数的变化规律仍基本相同，模拟次数小于500次时，失效概率呈现较大的波动性，当模拟次数大于500次，失效概率趋于稳定。研究失效概率随相关距离的变化规律，选取底板下方5 m部分单元，得出随着相关距离的增大，失效概率呈现减小的趋势的结论。

(6) 以桃园煤矿10煤底板采动破坏为例，基于蒙特卡罗原理分别模拟了煤层采深650 m、下部灰岩含水层水压2.5 MPa和采深750 m、下部灰岩含水层水压3.5 MPa情况下的底板采动破坏，并与突水系数法进行比较，得出：数值模拟结果较理论计算偏保守，但可靠性高，充分考虑了土体参数不均一性带来的影响，在相同条件下，基于随机场的煤层开采已具有较高的突水危险性，其结果在实际工程中应充分考虑。

本书由于各种主观因素和客观因素的影响，所展开的研究存在较多不足之处，同时，笔者在开展研究过程中有一些体悟与对进一步研究的展望。主要为以下几点：

(1) 本书在进行随机场的离散与模拟时缺少与实测数据的对比分析，仅从理论上对随机场模拟精度进行了研究，后续研究应选定某一实测区域进行密集取样分析验证随机场模拟的可靠性。

(2) 在进行底板采动破坏蒙特卡罗模拟中，本书将内聚力、内摩擦角和抗拉强度的竖向相关距离视为一样，水平向相关距离均取为竖向相关距离的10倍，该做法忽略了参数间的差异，建议在以后研究中基于实测数据选用实测值进行模拟。

(3) 在本书研究中尚未考虑参数间的互相关性，建议在进行随机有限元的采动模拟时充分考虑参数间的互相性以获取更加准确的研究成果。